LA FOURMI ET LE SOCIOBIOLOGISTE

PIERRE JAISSON

LA FOURMI ET LE SOCIOBIOLOGISTE

EDITIONS
ODILE JACOB

ISBN : 2-7381-0207-7

15, RUE SOUFFLOT, 75005 PARIS

À mes étudiants, qui par leur soif de connaître, leur esprit ouvert, et leur exigence à l'égard de leur professeur, m'ont aidé à progresser dans mes propres concepts.

« Il ne nous faut guère non plus d'offices, de règles et de lois de vivre, en notre communauté, qu'il n'en faut aux grues et aux fourmis en la leur. Et, ce néanmoins, nous voyons qu'elles s'y conduisent très ordonnément sans érudition. Si l'homme était sage, il prendrait le vray prix de chaque chose selon qu'elle serait la plus utile et propre à sa vie. »

Michel de Montaigne, *Essais*, livre II, chapitre 12 *(Apologie de Raymond Sebond)*, Simon Millanges, Bordeaux, 1580.

Introduction

La fourmi a bonne presse. Les publicitaires jouent de son image positive pour lui associer leurs produits, persuadés d'accroître ainsi leurs chances de gagner notre confiance, et notre porte-monnaie. Lorsqu'un haut responsable français déclarait récemment que les Japonais vivent comme des fourmis, nos amis nippons s'en sont vexés un peu vite, pour n'avoir pas perçu qu'au travers de cette image se dissimulait notre fascination secrète pour leur réussite économique. Car les fourmis exercent une sorte de fascination. La Fontaine, sans doute, en porte quelque responsabilité, lui qui louait le sérieux et l'efficacité de la fourmi, si différente de la frivole cigale. Et quel naturaliste aussi n'est pas resté subjugué par l'observation d'une fourmilière ? Quand on saura que le poids de toutes les fourmis de la planète est du même ordre de grandeur que celui de l'humanité entière, on comprendra que l'intérêt pour ces insectes est loin d'être injustifié.

La sociobiologie commence pour ainsi dire par les fourmis. Constatant que l'extraordinaire succès écologique de cette forme de vie représente un phénomène biologique de premier ordre, elle a fait sien l'intérêt pour cet insecte. Cette discipline constate que la socialité est un *même phénomène* apparu indépendamment dans différents groupes animaux. Chez les primates, elle n'a pas été inventée par l'Homme [1], mais par un lointain ancêtre qui lui est commun avec

1. Je mets une majuscule quand il peut aussi bien s'agir d'une femme que d'un homme, et une minuscule lorsque le mot désigne un humain de sexe mâle.

différents singes actuels. Apportant une efficacité très supérieure dans l'exploitation des ressources du milieu, par rapport à la vie solitaire, la société apparaît désormais comme l'un des événements majeurs de l'Évolution. Le but de la sociobiologie est d'en rechercher à la fois les causes et les conséquences. C'est là son mérite. C'est aussi ce qu'on lui reproche.

Car le mot sociobiologie continue, aujourd'hui encore, de susciter la méfiance souvent, parfois l'indignation. Cette réaction – et l'affectivité qui l'accompagne – repose rarement sur des arguments rationnels ou sur une connaissance véritable de la sociobiologie en tant que discipline scientifique : elle relève généralement de la rumeur et du préjugé.

La méfiance persistante vis-à-vis de cette discipline nouvelle peut s'expliquer par la polémique idéologique qui fit rage, en France, entre 1977 et 1981, empêchant toute discussion sur le fond. Il est vrai qu'auparavant, cette jeune science, codifiée par Edward Wilson, avait eu une naissance troublée aux États-Unis [2]. Certaines déclarations maladroites, certains écrits insuffisamment nuancés des premiers sociobiologistes n'avaient pas arrangé la situation. Mais la communauté scientifique américaine a rapidement fait la part des choses entre la discipline scientifique elle-même, et les prises de position qui poursuivaient d'autres buts, surtout idéologiques ou politiques. Il y avait ainsi des partisans douteux, à la recherche d'une caution scientifique qui justifierait leur volonté de ne voir dans le comportement humain que l'expression de déterminismes génétiques ; mais il y avait aussi des adversaires farouchement – et dogmatiquement – opposés à toute incursion du biologique dans le social, perçue comme une véritable agression. La confusion s'est dissipée assez vite, et le philosophe Charles Frankel, peu susceptible de la moindre sympathie pour les sombres desseins (racisme, sexisme, maintien du *statut quo* social, etc.) prêtés à la sociobiologie par ses plus virulents détracteurs, disait de Wilson, dès 1979 [3] : « Il appartient donc à la catégorie des grands visionnaires ; mais plutôt que dans la tradition de Marx ou de Spencer, il se situe dans celle de Descartes. [...] les visionnaires et les prophètes du premier jour s'acquittent d'une tâche indispensable. Même si les possibilités qu'ils envisagent se trouvent dans leur ensemble hors de

2. Comme en témoigne l'article de Nicholas Wade, « Sociobiology : troubled birth for new discipline », *Science*, n° 191, 1976, p. 1151-1155.

3. C. Frankel, « La sociobiologie et ses critiques », traduction d'un article paru en 1979 dans *Commentary*, *Sciences et tensions sociales, Bulletin du Groupe de recherche sur l'histoire du racisme* (CNRS), n° 1, 1979, p. 7-19.

portée, ils entrevoient des objectifs invisibles pour leurs contemporains ; et certains de ces objectifs sont atteints. »

L'autonomie réelle des universités américaines et la décentralisation de l'initiative scientifique ont permis aux chercheurs de tester les approches proposées par la sociobiologie. L'épreuve des faits a été fatale à la polémique : devant l'accumulation des découvertes nouvelles, le nombre d'équipes scientifiques travaillant dans le paradigme sociobiologique n'a cessé de croître, entraînant des reconversions spectaculaires. Le bilan de la sociobiologie fut reconnu dans des articles publiés, pour son dixième anniversaire, aussi bien aux États-Unis qu'en Grande-Bretagne [4].

En France, pour cause de centralisme, une telle régulation n'a pas eu lieu. La sociobiologie a été irrémédiablement victime de ce que le philosophe et politologue Pierre-André Taguieff a appelé une « logique de l'amalgame, par réduction du sens d'une théorie à d'indésirables effets qu'on lui impute en tant qu'inéluctables [5] ».

Si le bilan de la sociobiologie avait été nul ou même médiocre, nous ne pourrions que nous féliciter que l'attitude adoptée dans notre pays ait permis d'éviter de perdre temps et énergie dans l'exploration d'une direction stérile scientifiquement, mais riche en controverses : la fin aurait fait oublier les moyens. Mais c'est le contraire qui s'est produit, et le tabou anti-sociobiologique a eu pour résultat d'appauvrir singulièrement le développement de la biologie des organismes et des populations. En outre, la défaite est double, car du fait de l'absence de compétences officiellement reconnues, on a laissé sans contrôle ce domaine délicat et important du point de vue éthique, ouvrant la voie à tous les dérapages.

Le *12 avril 1980*, un hebdomadaire écrivait sous le titre « Les supercheries du Pr. Wilson » : « Aujourd'hui, l'aventureux Pr. Wilson semble à la fois confondu par la biologie et par les sciences humaines [6]. » Le *17 janvier 1991*, sous le titre « Des fourmis et des hommes », il s'interrogeait : « Et si Edward Wilson, longtemps dépeint comme un dangereux réductionniste, était en fait un visionnaire ? » Il aura fallu douze ans, en France, pour découvrir ce que Frankel, aux États-Unis, écrivait dès 1979 ! Tant d'années de retard dans ce secteur de la

---

4. Par exemple : « Sociobiology yields fresh insights into the behavior of animals », *The New York Times*, 15 octobre 1985, p. C1 & C3 ; J. Maynard Smith, « A decade of sociobiology », *New Scientist*, n° 1475, 26 septembre 1985, p. 48-50 ; J. Krebs, « Sociobiology ten years on », *ibid.*, n° 1476, 3 octobre 1985, p. 40-43.

5. P. A. Taguieff, *La Force du préjugé*, Gallimard, Paris, 1990, p. 68.

6. Il s'agit de *L'Express*. Pour être juste, précisons que cet article est l'un des plus modérés parus dans la presse de l'époque.

biologie moderne ne pourront se rattraper sans d'importants efforts : en 1991, parmi les cent cinquante-sept membres de la Société européenne de sociobiologie, on ne comptait qu'un seul Français...

Anthropomorphisme et « formicomorphisme »

L'Homme détient assurément le monopole du culturel, c'est-à-dire de cette forme de connaissance acquise qui s'accumule sans cesse, se transmet à l'intérieur des générations et passe aux générations suivantes par un luxe de moyens de communication. Mais ce serait une illusion de penser qu'il en va de même pour ce qui est du social, comme on le croit si souvent. L'anthropomorphisme nous est familier ; il teinte inévitablement le regard que nous portons sur les animaux : c'est ainsi qu'on attribue des intentions aux fourmis, qu'on leur fait tirer des charrettes, conduire des véhicules ou naviguer sur des radeaux, etc. En revanche, renverser la situation, penser certains de nos comportements à partir du modèle des fourmis nous paraît insupportable. Pourtant, nous en sommes parfois plus proches que nous le croyons... Lorsque, dans le livre de la *Genèse*, le patriarche Isaac, aveugle et se fiant à son odorat, est dupé par Jacob, son fils cadet, qui revêt les vêtements de l'aîné pour usurper une bénédiction [7], la situation est très analogue à celle qui prévaut chez la fourmi. En effet, c'est en les flairant qu'elle reconnaît ses apparentés dans les profondeurs obscures de la fourmilière. Les découvertes récentes du rôle de l'olfaction dans la reconnaissance interindividuelle chez l'Homme permettent d'appuyer encore l'analogie, même s'il nous coûte de l'admettre...

Les sociétés animales sont fondées sur des comportements d'entraide mutuelle. Mais comment expliquer ces comportements d'entraide, voire de sacrifice à la collectivité, qui supposent que certains animaux œuvrent pour le succès de la société à laquelle ils appartiennent plutôt que d'assurer leur propre survie ? On pouvait s'attendre à ce que l'étude des insectes, relativement moins complexes que les vertébrés, offre à la sociobiologie ses progrès les plus spectaculaires. Des avancées significatives ont eu lieu aussi dans la compréhension

7. « Il s'approcha et embrassa son père, qui respira l'odeur de ses vêtements. Il le bénit ainsi : “ Oui, l'odeur de mon fils est comme l'odeur d'un champ fertile que Yahvé a béni. ” », *La Bible de Jérusalem*, Gen. 27, 27, Éditions du Cerf, Paris, 1955.

de la vie sociale des oiseaux et des mammifères. Malgré des succès encourageants, ces dernières années, la superposition du culturel et du social ainsi que la limitation (nécessaire) des possibilités expérimentales ont limité les savoirs en sociobiologie humaine.

Darwin malmené par les fourmis

Le succès des insectes sociaux apparaît particulièrement frappant si l'on considère que plus de 95 % des individus sont stériles. Comment comprendre que la sélection naturelle y ait favorisé des caractères prédisposant aux comportements sociaux, et quelle est l'explication de leur succès adaptatif ?

Darwin n'avait pas manqué de se poser ces questions. En 1859, âgé de cinquante ans, il publiait le livre qui allait ouvrir une ère nouvelle dans la compréhension du vivant : *The Origin of Species by Means of Natural Selection* (*L'Origine des espèces par le moyen de la sélection naturelle*). L'un des quatorze chapitres que comptait l'ouvrage était consacré à l'instinct. Pour illustrer comment, selon lui, les instincts avaient été modifiés par la sélection naturelle, Darwin choisit trois exemples : le comportement du coucou (qui pond ses œufs dans le nid d'autres oiseaux), le comportement esclavagiste de certaines espèces de fourmis, enfin la construction des rayons de la ruche par les abeilles domestiques. Le fait que deux de ces trois exemples soient empruntés aux insectes sociaux traduit assez l'intérêt que leur portait l'illustre naturaliste. Pourtant, ils lui donnèrent bien du fil à retordre : de son propre aveu, les sociétés d'insectes constituèrent pour lui « une difficulté particulière, qui d'abord [lui] apparut insurmontable, et réellement fatale à [sa] théorie dans son ensemble [8] ». En effet, la théorie de l'Évolution repose sur le concept de sélection naturelle des individus les plus aptes [9], les êtres étant placés *de facto* en situation de compétition (appelée parfois « lutte pour la vie »). Or, dans une société d'insectes, non seulement la majeure partie des individus sont exclus de la reproduction, mais cette exclusion peut être si radicale

8. La citation exacte est : « One special difficulty, which at first appeared to me insuperable, and actually fatal to my whole theory. », *cf. The Origin of Species*, 1859, chap. 7, p. 236.

9. Les individus les plus aptes se définissent comme ceux qui se reproduisent avec davantage d'efficacité que les autres.

qu'elle est susceptible d'aller jusqu'à l'absence de toute trace d'appareil génital, comme chez les ouvrières de nombreuses espèces de fourmis. Dans ces conditions, on voit difficilement comment les caractères portés par ces insectes stériles pourraient être transmis à une quelconque descendance et, par conséquent, comment l'altruisme accompagnant un tel sacrifice individuel des ouvrières pourrait se perpétuer au sein de l'espèce. Pourtant, les fourmis sont des millions de milliards et colonisent tous les milieux terrestres situés entre les deux cercles polaires : cela suffit à témoigner de leur succès écologique. Comment comprendre qu'elles aient pu se perpétuer et connaître une telle fortune en fondant leur mode de vie sur une règle d'entraide conduisant, pour la plupart d'entre elles, à l'abandon de la fonction reproductrice ? Comment les avantages adaptatifs liés à l'entraide pouvaient-ils se maintenir en l'absence d'une descendance directe susceptible d'hériter des caractéristiques des ouvrières [10] ? On comprend la perplexité de Darwin : si la théorie de l'Évolution devait entièrement reposer sur le concept de sélection naturelle strictement appliqué aux individus, les fourmis et autres insectes sociaux lui opposeraient un démenti flagrant.

Le génie précurseur de Darwin lui permit de contourner l'obstacle. Il réconcilia les insectes sociaux avec sa théorie de la sélection naturelle : « Cette difficulté, bien qu'apparaissant insurmontable, est amoindrie ou, comme je le pense, disparaît quand il est rappelé que la sélection peut s'appliquer à la famille, aussi bien qu'à l'individu [11]. »

Avec le concept de *sélection familiale*, il était persuadé d'avoir trouvé le cadre explicatif permettant de sauver sa théorie. Il innovait également par rapport au reste de son ouvrage, consacré à la sélection individuelle ; mais il laissait à ses successeurs le soin de confirmer la pertinence du phénomène et d'en découvrir les mécanismes. Il a fallu attendre 1964 pour voir cette tâche menée à bien par un étudiant de l'université de Londres, William Donald Hamilton, qui a développé une théorie de « l'Évolution génétique du comportement social [12] », plus connue sous le nom de théorie de la sélection de parentèle [13] (traduit de l'anglais *kin selection theory* ou *kinship theory*).

---

10. Notons au passage que si les insectes sociaux constituèrent *a priori* une difficulté pour la théorie de la sélection naturelle, cet obstacle fut carrément insoluble pour la théorie néolamarckienne de l'hérédité des caractères acquis (*cf.* encart p. 130).

11. La citation exacte est : « This difficulty, though appearing insuperable, is lessened, or, as I believe, disappears, when it is remembered that selection may be applied to the family, as well as to the individual... », *Ibid.*, p. 237.

12. W. D. Hamilton, « The genetical evolution of social behaviour », I, II. *Journal of Theoretical Biology*, n° 7, 1964, p. 1-52.

13. On utilise généralement l'expression abrégée de « théorie de la parentèle » ou « sélection de parentèle ».

Pour en finir avec quelques idées reçues sur la sociobiologie

« La sociobiologie est une théorie ou une idéologie » : la sociobiologie n'est ni une théorie, ni une idéologie, mais une discipline scientifique qui regroupe plusieurs théories, parfois incompatibles entre elles.

« Wilson est le théoricien de la sociobiologie » : il en est le créateur. Il a codifié la discipline, en a fixé le champ et les objectifs. Il est le co-auteur d'une seule théorie sociobiologique, dite de la coévolution gène-culture [14] (*cf.* chap. 10).

« La sociobiologie, c'est la prédétermination des comportements par les gènes » : la plupart des sociobiologistes considèrent que les aptitudes comportementales des animaux et de l'Homme sont permises par leurs potentialités génétiques. Pour eux, les gènes ne prédéterminent pas, mais ils *prédisposent* au développement de capacités comportementales qui se mettront en place au cours du développement épigénétique, donc sous l'influence du vécu de l'individu. La sociobiologie animale possède en fait à son actif de nombreuses découvertes de phénomènes d'acquisition à travers l'expérience vécue, notamment dans la reconnaissance des partenaires sociaux ou sexuels (*cf.* chap. 6 à 9).

« Dans la polémique, éteinte il y a dix ans, les partisans de la sociobiologie étaient d'extrême droite et ses adversaires d'extrême gauche » : cette assertion fausse a été accréditée, en France, où les rares sociobiologistes n'ont jamais participé à la controverse, par le fait que les polémistes favorables à la sociobiologie semblaient provenir en bonne partie des rangs de la « nouvelle droite ». Mais, comme l'a montré Taguieff, des membres influents de ce cercle d'intellectuels de la droite radicale étaient, au contraire, hostiles à la sociobiologie [15]. Quant aux opposants, ils provenaient de tous horizons. Aux États-Unis, ils étaient très souvent marxistes, à l'instar de leur chef de file, le généticien Richard Lewontin. Mais des intellectuels d'extrême gauche, et non des moindres, n'ont pas fait mystère de leur intérêt pour la sociobiologie, comme le linguiste Noam Chomsky, que Lewontin tenta vainement d'entraîner dans sa croisade [16].

« La sociobiologie est sexiste » : la sociobiologie humaine considère que les différences biologiques entre femmes et hommes, par rapport à d'autres primates, ont été importantes pour la structuration des premières sociétés humaines de chasseurs-collecteurs. Elle s'intéresse également, dans une perspective évolutive, aux différences de critères entrant dans les préférences sexuelles chez les hommes et chez les femmes [17]. Mais les sociobiologistes n'ont jamais assimilé ces différences à des inégalités – elles participent à la richesse globale de l'espèce. Dans ce débat, le raisonnement selon lequel une différence biologique devrait nécessairement entraîner une inégalité sociale semble plutôt avoir germé, jusqu'à présent, dans l'esprit de ceux qui ont soupçonné la sociobiologie d'être sexiste.

« La sociobiologie est raciste » : la sociobiologie humaine s'intéresse aux comportements universels de l'espèce humaine de façon à en caractériser les prédispositions biologiques éventuelles et mieux en comprendre l'Évolution (*cf.* chap. 10). Il n'y a pas de travaux sociobiologiques sur des comparaisons interethniques (la notion de *race* est particulièrement floue chez l'Homme). L'accusation est sans fondement. À l'encontre de ce préjugé, il faut souligner que les sociobiologistes sont généralement parmi les plus sensibilisés des biologistes au sujet des problèmes de bioéthique (*cf.* chap. 10).

« Wilson est totalement isolé et discrédité » : cette curieuse affirmation, parfois entendue ou sous-entendue, est complètement fausse. Il est au contraire respecté, tant aux États-Unis (il appartient à la fois à l'Académie des sciences et à celle de philosophie) qu'à l'étranger. Il a reçu de nombreux prix et distinctions, nationales ou internationales, pour la sociobiologie comme pour le reste de son œuvre [18].

---

14. C. J. Lumsden & E. O. Wilson, « Translation of epigenetic rules of individual behavior into ethnographic patterns », *Proceedings of the National Academy of Sciences of the USA*, n° 77, 1980, p. 4382-4386.
15. *Op. cit*, p. 69.
16. On peut se reporter, par exemple, à l'interview accordée par Lewontin au journal *Le Monde* : « Le combat de Richard Lewontin contre la sociobiologie », *Le Monde*, 28 septembre 1980.
17. Un exemple typique de cette approche : D. M. Buss : « Sex differences in human mate preferences : evolutionary hypotheses tested in 37 cultures », *Behavioral and Brain Sciences*, n° 12, 1989, p. 1-49.
18. Parmi lesquels la Médaille nationale des sciences (1977) pour ses travaux de sociobiologie, le prix Crafoord de l'Académie suédoise de sciences (considéré comme une sorte de « Nobel d'écologie ») pour ses travaux sur les fourmis (1990), et le prix Pulitzer à deux reprises (1979 et 1990) pour deux de ses livres.

Des fourmis, des Hommes et des polémiques

Pour Hamilton, qui s'est appuyé sur le modèle des insectes sociaux (fourmis, abeilles et guêpes), l'individu stérile mais altruiste assure la propagation de son propre patrimoine héréditaire en favorisant sélectivement la reproduction de congénères fertiles avec lesquels il est apparenté de façon suffisamment étroite. Grâce à lui, la génétique et le comportement allaient valider le postulat darwinien de la sélection familiale, proposé un siècle plus tôt. Pourtant, le travail de Hamilton est paru dans l'indifférence générale. Ses professeurs n'estimèrent pas qu'il méritait le titre de docteur, qu'on ne lui accorda qu'en 1968 – aujourd'hui, il est l'un des biologistes les plus cités au monde. Lorsqu'en 1965 Edward O. Wilson, éminent spécialiste des fourmis et professeur à Harvard, découvrit la publication de cet étudiant inconnu, en des temps où la biologie des organismes et des populations manquait un peu d'imagination, il en fut captivé. Voyant le profit qu'on pouvait en tirer en élargissant son champ d'application aux vertébrés sociaux, il s'employa à la faire connaître. Quelques années plus tard, rassemblant la théorie de la parentèle et d'autres concepts nouveaux de l'éthologie, de l'écologie et de la génétique des populations, il codifia la sociobiologie [19], la constituant en science nouvelle. Il lui fixa pour objectif *l'étude systématique des bases biologiques du comportement social et de son Évolution, chez l'animal comme chez l'Homme*. Selon lui, elle devait bientôt englober d'autres sciences, comme l'éthologie et la sociologie. L'acte de naissance de la sociobiologie consista en un volume publié par Wilson en 1975, ouvrage encyclopédique remarquablement documenté et illustré [20]. Mais dans le dernier [21] des vingt-sept chapitres composant ce livre, Wilson s'intéressait à l'espèce

---

19. Remise en usage d'un terme utilisé seulement de temps à autre depuis la création, en 1896, du concept de biosociologie sous la plume de Léon Bourgeois, président du Conseil de la IIIe République (1895-1896) et prix Nobel de la Paix (1920). Darwinien, Léon Bourgeois défendait une conception progressiste de la société basée sur la « solidarité » et « l'union pour la vie », en opposition avec une lecture conservatrice de la théorie de l'Évolution prônée par la tendance opposée du darwinisme social, favorable au *statu quo* social et à la notion de « lutte pour la vie ». Pour plus d'informations le lecteur se reportera à l'article de Linda Clark, « Le darwinisme social en France », *La Recherche*, n° 196, 1988, p. 192-196.

20. E. O. Wilson, *Sociobiology, The New Synthesis*, Harvard University Press, 1975.

21. Intitulé : *Man : from sociobiology to sociology* (L'Homme : de la sociobiologie à la sociologie).

humaine, dont les comportements étaient présentés, à l'instar des animaux sociaux, comme la conséquence de prédispositions génétiques sélectionnées au cours de la longue histoire évolutive des ancêtres de l'Homme actuel. C'est ce vingt-septième et dernier chapitre, le plus contesté, qui entraîna toute la polémique. Il est difficile de dire si Wilson voulait sciemment croiser le fer sur la question du déterminisme du comportement social de l'Homme ou si, tout simplement, il s'était laissé aller un peu naïvement à la réflexion débridée d'un naturaliste essayant obstinément d'attirer l'attention des sciences sociales sur la nécessité de tenir enfin compte parmi les autres de la variable de l'Évolution biologique dans la compréhension du comportement humain. En outre, la parution du livre était inopportune, dans un contexte encore troublé par une dispute violente sur l'hérédité du quotient intellectuel, qui avait beaucoup agité les intellectuels américains et dont les effets n'étaient pas totalement apaisés. De plus, les premiers écrits de Wilson n'étaient sans doute pas suffisamment nuancés, et il a été parfois débordé par le zèle excessif de certains admirateurs de la première heure, plus « wilsonniens » qu'il ne l'était lui-même.

En France, plusieurs livres ont été publiés pour ou contre la sociobiologie ; aucun n'a été réalisé par un spécialiste des sociétés animales. Il était grand temps de faire le point sur la question, plus de quinze ans après la naissance de la discipline. Que le lecteur se rassure : à l'exception de quelques incursions historiques au dernier chapitre, cet ouvrage ne sera nullement consacré à l'autopsie d'une polémique idéologique dépassée, même si les effets en sont encore visibles. Il s'agira avant tout d'être clair sur cette question complexe, dans le but de faire connaître au public des découvertes scientifiques qui lui ont été trop longtemps soustraites [22]. Beaucoup d'exemples seront volontairement puisés dans des travaux publiés par les revues spécialisées les plus exigeantes [23], ou les revues généralistes les plus prestigieuses [24]. Je garderai le souci d'éviter le dogmatisme, souci qui m'a valu d'être cité, à l'appui de leurs thèses, par des auteurs *a priori* hostiles à la sociobiologie [25].

---

22. Y compris, bien souvent, dans les universités où la biologie est enseignée.
23. En particulier *Animal Behaviour*, *Annual Review of Ecology and Systematics*, *Behavioral Ecology and Sociobiology*, *Behaviour*, *Ethology*, *Insectes Sociaux*, etc.
24. En particulier *Nature*, *Science* ou *Proceedings of the National Academy of Sciences of the* USA.
25. Par exemple Gérard Vaysse et Jean Médioni, dans *L'Emprise des gènes*, Privat, Toulouse, 1982, p. 306. Marcel Blanc reprend l'interprétation des auteurs précédents dans son ouvrage pourtant plus récent, *Les Héritiers de Darwin*, Le Seuil, Paris, 1990 (p. 186).

Le lecteur de bonne foi pourra ainsi, je l'espère, se faire une opinion par lui-même, et mesurer la portée philosophique et conceptuelle ainsi que les conséquences pratiques éventuelles de la sociobiologie animale.

Comment lire ce livre ?

La meilleure option de lecture est bien sûr de suivre l'ordre normal des chapitres, en respectant la cohérence de l'ensemble. Le premier chapitre situe la socialité en tant que fait d'Évolution et propose le concept de *coopéron,* le second chapitre présente la théorie de la parentèle, le troisième développe le modèle des insectes sociaux, le quatrième expose certains des autres concepts de la sociobiologie, le cinquième est consacré au parasitisme social (à partir de l'exemple des fourmis), le sixième définit et étudie le concept de reconnaissance des apparentés. Les chapitres 7 et 8 offrent chacun deux exemples situés à des niveaux évolutifs distincts des invertébrés ou des vertébrés, le chapitre 9 compare l'utilisation des aptitudes à la reconnaissance sociale et parentale dans les comportements reproducteurs et propose le concept de convivialité, enfin le dixième et dernier chapitre donne des exemples de travaux en sociobiologie humaine et rappelle également quelques détails historiques de la polémique sur la sociobiologie.

Bien que ce ne soit pas la méthode recommandée, le lecteur pourra également, s'il le souhaite, se consacrer d'abord aux chapitres qui privilégient les données factuelles (3, 5, 7, 8, 9 et 10) et terminer par les chapitres plus conceptuels (1, 2, 4 et 6).

Toutes les notes et références bibliographiques figurent en bas de pages. Enfin, un index global (sujets et auteurs) ainsi qu'une bibliographie sommaire sont à la disposition du lecteur à la fin de l'ouvrage.

Chapitre 1

La société : un fait d'Évolution

L'Évolution [1] n'est pas seulement l'ensemble des processus par lesquels le vivant se transforme en adoptant de nouvelles structures et de nouvelles fonctions : par ces modifications, elle favorise la survie de l'individu et sa reproduction en lui permettant de mieux tirer parti de son environnement, de mieux organiser ses interactions avec le milieu. Ces interactions, qui constituent le mode de vie de l'individu, sont donc un enjeu majeur de l'Évolution. La vie en société est un des modes de vie possibles au sein du monde animal, et son succès adaptatif est manifeste. Peut-on pour autant envisager l'apparition de la socialité comme l'un des grands événements de l'Évolution ? De fait, notre vision de l'histoire du vivant a elle-même évolué : si les principaux groupes d'êtres vivants sont connus depuis plusieurs siècles – les noms des grandes classes de vertébrés datent d'Aristote – en revanche, ce n'est que depuis une époque toute récente que l'on commence à mettre en lumière les filiations qui les relient. Les derniers progrès de la biologie moléculaire et des sciences de l'Évolution permettent désormais d'esquisser un schéma intégrant effectivement les sociétés animales au sein de l'Évolution générale des espèces. Si diverses que soient les déterminations qui conduisent les êtres vivants à constituer des sociétés, il apparaît en tout cas que cette Évolution vers la socialité s'accompagne de modifications génétiques. On peut donc parler d'une biogenèse de la socialité, et considérer le fait social

1. Écrit avec une majuscule, le mot « évolution » se référera à sa signification scientifique en biologie plutôt qu'à son sens ordinaire.

et le processus de socialisation en tant que tels comme de véritables faits d'Évolution s'inscrivant parmi les stratégies adaptatives du vivant. En étudiant les sociétés animales, on cherche à percer les secrets de leur genèse, à reconstituer l'histoire de leur apparition, et à mettre en lumière les avantages adaptatifs qu'elles procurent.

La société dans l'histoire de l'univers

La formation de notre planète date d'environ 4 600 millions d'années. Au début, la surface de la terre est fort inhospitalière : la croûte terrestre, encore très mince, est soumise à de fréquents et gigantesques cataclysmes sous l'effet de l'immense puissance du magma sous-jacent. Alors que se forment les premiers océans, l'atmosphère primitive est constituée, pour l'essentiel, d'ammoniac, de méthane, d'azote et de vapeur d'eau auxquels viennent s'ajouter de l'oxyde de carbone, puis du gaz carbonique et un peu d'oxygène : les quatre éléments clés de la matière vivante (carbone, azote, hydrogène et oxygène) sont déjà présents. Il ne manque plus qu'une source d'énergie, qui sera fournie par la foudre et les rayons ultra-violets du soleil. Des molécules organiques de plus en plus complexes (protéines, sucres, bases azotées entrant dans la composition de l'ADN, etc.) apparaissent alors et s'accumulent dans les océans en constituant la « soupe chaude primitive ». C'est à la formation du *progénote* [2], la forme de vie la plus primitive, l'ancêtre commun à tous les êtres vivants que les interactions entre ces molécules complexes aboutissent finalement, il y a plus de 3 600 millions d'années. Ensuite apparaissent rapidement les bactéries et les algues bleues, qui sont des *procaryotes*, cellules simples et dépourvues de noyau : ce seront les seuls habitants de la Terre pendant plus de 2 000 millions d'années. Leurs traces les plus anciennes ont été retrouvées dans des roches de l'Ouest australien datant de 3 500 millions d'années.

Le rythme de diversification de la vie sur notre planète apparaît plus clairement si on ramène les temps géologiques à l'échelle d'une année du calendrier (*cf.* fig. 1.1). Ainsi, la terre étant formée au

---

2. Selon le terme proposé par Carl R. Woese (*cf.* : « Archaebacteria », *Scientific American*, 1981, vol. 244, nº 6). On ignore quelle est la structure de ce premier être vivant terrestre mais il est vraisemblablement proche des archébactéries.

premier janvier, la vie apparaît vers la mi-mars, d'abord sous la forme du progénote. Après une longue période de stagnation probablement liée à la rareté de l'oxygène et au danger que représentent les rayons ultraviolets, les premières cellules à noyau, ou eucaryotes unicellulaires (*cf. infra*), s'individualisent à la mi-septembre, et les eucaryotes multicellulaires (animaux et plantes) début novembre. Ces derniers partent à la conquête des milieux terrestres à la fin du même mois. Après une première tentative sous la forme des colonies de coraux, les sociétés de multicellulaires n'émergent, chez les insectes, que le 12 décembre avant d'atteindre les vertébrés vers le 20. Quant à notre propre espèce, elle entre en scène 45 minutes seulement avant les douze coups de minuit... le 31 décembre !

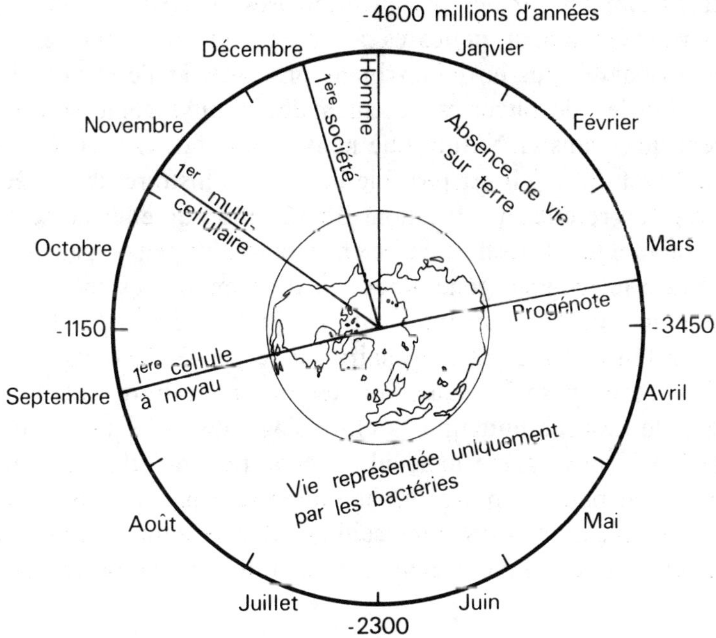

Fig. 1.1. Le calendrier de la vie : l'histoire de l'Évolution de la vie sur Terre, ramenée à l'échelle d'une année, la formation de la planète (−4600 millions d'années) se situant au matin du 1er janvier [3].

3. Figure inspirée du livre de Mary E. White, *The Greening of Gondwana*, REED, 1986.

Le passé biologique : un héritage encombrant pour l'Homme ?

Les étapes du développement de la vie sur terre montrent clairement que l'Évolution entraîne une complexité progressive des formes et des organisations du vivant – confirmant une idée qu'il faut porter au crédit de Lamarck, si décrié par ailleurs – et que son rythme s'accélère de plus en plus, en particulier dans le règne animal. Se trouvant en bout de chaîne, l'observateur humain a fatalement une vision « écrasée » de l'histoire de la biosphère. La grande difficulté, pour le chercheur, est de comprendre des mécanismes évolutifs qui se sont développés sur des durées immenses, à partir des deux types de données également délicates à interpréter que sont les menus indices du passé, plus ou moins bien conservés, et l'état actuel de la Nature. Or les découvertes récentes de la phylogénie moléculaire montrent que, dans la Nature que nous avons sous les yeux – dernier état de l'Évolution –, il est possible de situer l'histoire des espèces en comparant entre elles des fractions de génome [4] qu'elles possèdent de façon homologue. En effet, la science parvient peu à peu à mieux comprendre le langage génétique et à développer des techniques de lecture pour accéder aux informations qu'il renferme : elle dispose alors d'un témoignage extraordinaire sur le passé des êtres vivants.

Cela étant posé, lorsque l'on considère la durée de l'histoire évolutive de l'espèce humaine, la chronologie évoquée plus haut et les données de la phylogénie moléculaire montrent qu'elle est beaucoup plus marquée par son passé pré-hominien que par son passé récent. Si l'on dévidait tout l'ADN [5] des cellules d'un Homme, on obtiendrait un filament d'une longueur égale à huit mille fois l'aller-retour de la

---

4. Génome, ou génotype ou patrimoine héréditaire : message génétique transmis par la voie héréditaire, et dont le contenu conditionne les structures et le fonctionnement de la matière vivante. Une part de ce message caractérise l'individu, une autre est commune à tous les individus de la même espèce, et d'autres sont partagées par des groupes évolutifs beaucoup plus larges (genre, famille, ordre, classe, etc.). Le codage est basé sur les caractéristiques chimiques de molécules d'ADN.

5. L'acide désoxyribonucléique ou ADN est une grosse molécule (macromolécule) incluant une succession d'éléments simples, les nucléotides, eux-mêmes constitués d'une base azotée (parmi quatre possibles) associée à un sucre, le désoxyribose. L'ADN ne peut pas fabriquer directement la matière vivante : il doit passer par un intermédiaire, l'acide ribonucléique ou ARN, dont il contrôle la synthèse. L'ARN ressemble beaucoup à l'ADN à ceci près que son sucre est du ribose et que l'une des quatre bases azotées lui est spécifique.

Terre à la Lune. Sur ce très long filament, seule une partie minime (nettement moins de 2 %[6]) correspond à du matériel héréditaire spécifiquement humain. Pourquoi donc serait-il erroné *a priori* de penser que l'Homme puisse être influencé, dans son comportement actuel, par la très longue histoire évolutive qui a précédé son apparition ? De multiples recherches expérimentales ont en effet accumulé les preuves que le comportement des animaux témoigne du passé de leur espèce, modulé par le vécu de l'individu au contact de son environnement.

Si aucun fait scientifique ne rend cette question erronée *a priori*, il ne faut pas nier que bien souvent, ici, l'émotion prend le pas sur la raison. Les biologistes sont surpris de constater qu'elle peut être vécue comme une véritable tragédie par beaucoup d'intellectuels, y compris dans leurs propres rangs. C'est peut-être parce qu'elle porte en elle l'idée que des différences biologiques peuvent intervenir dans des différences comportementales, ce qui pourrait permettre d'établir des discriminations à l'intérieur même de l'espèce. Or l'histoire a montré que ces discriminations étaient l'argument traditionnel justifiant, de la part de ceux qui se voulaient les plus authentiquement humains, les comportements les plus odieusement inhumains. La question est donc devenue tabou et sujet d'aversion, voire de peur panique. En fait, il est probable que la difficulté provienne, en grande partie, d'une confusion souvent inconsciente, mais parfois voulue, entre différence et inégalité, entre le naturel et le bien. Ces confusions sont lourdes de conséquences philosophiques. Elles se rencontrent aussi bien parmi des esprits qui prônent une idéologie inégalitaire que chez les partisans de l'égalité, qui luttent âprement contre toute idée de différence biologique, soit par crainte qu'elle ne justifie des inégalités sociales, soit parce qu'ils considèrent que les peuples ne sont pas suffisamment matures pour éviter la confusion entre différence biologique et inégalité sociale. Un pas de plus, et le penseur se fait censeur, s'arrogeant le droit de veiller sur l'idée qu'il se fait de notre santé morale et de celle de notre société, et luttant farouchement contre la diffusion de certaines connaissances scientifiques, convaincu de mener une sainte croisade : à ses yeux, l'image que l'on doit donner de la Nature et de la nature humaine doit être conforme à son *a priori* idéologique. Faudrait-il renoncer à la science parce que son

6. D'après les comparaisons d'ADN homologue entre l'Homme et l'espèce qui en est la plus proche, le chimpanzé, faites par Sibley et Ahlquist : « The phylogeny of the hominoid primates as indicated by DNA-DNA hybridization », *Journal of Molecular Evolution*, n° 20, 1984, p. 2-15.

utilisation peut devenir dangereuse ? Les physiciens auraient-ils pu cacher la physique nucléaire de peur qu'elle ne tombât entre des mains irresponsables ? Était-ce leur devoir de le faire ? C'est une sorte de « bombe atomique » morale et sociale que redoutèrent de voir exploser bon nombre de ceux qui se sont lancés avec passion dans ce débat historique contre la sociobiologie. Nous y reviendrons à la fin de cet ouvrage.

Généalogie du vivant

Les sociétés n'apparaissent qu'au terme d'un long processus d'Évolution des formes du vivant. L'explication du phénomène social impose donc de comprendre l'orientation générale de cette histoire évolutive, et ses conséquences sur la diversité des formes des êtres vivants. Il y a vingt-cinq ans, au moment où je suivais mes études universitaires de biologie, beaucoup de mes maîtres considéraient (non sans quelque interrogation d'ailleurs) que la vie sur terre se distribuait entre deux règnes, végétal et animal. Les bactéries, dépourvues de noyau, étaient généralement affiliées au premier. Il fallut attendre 1969, pour qu'un chercheur américain, R. H. Whittaker [7], avance l'existence de cinq règnes :

- les animaux,
- les plantes,
- les champignons,
- les protistes (êtres unicellulaires),
- les procaryotes, règne qui rassemblait l'ensemble des êtres n'ayant pas de noyau, en opposition avec les quatre règnes précédents, tous eucaryotes [8].

Cependant, un tel classement restait muet sur l'esquisse (et même l'existence) d'un arbre généalogique (ou phylogénique, selon le terme scientifique) reliant entre eux les différents règnes et laissait le

7. R. H. Whittaker : « New concepts of kingdoms of organisms », *Science*, n° 163, 1969, p. 150-160.

8. Seuls les eucaryotes (unicellulaires ou organismes multicellulaires) possèdent une cellule comprenant un noyau, qui contient la molécule de l'hérédité (acide désoxyribonucléique ou ADN), entouré du cytoplasme dans lequel sont inclus des organites divers (mitochondries, ergastoplasme, Golgi, chloroplastes, etc.) et lui-même délimité à l'extérieur par la membrane cellulaire (ou membrane plasmique).

taxonomiste [9] insatisfait. L'unique point commun était l'adhésion des quatre premiers règnes à la formule « cellule à noyau ». Ce noyau a toujours fasciné les biologistes. L'un de mes professeurs de biologie cellulaire, au début des années soixante, à la Sorbonne, voyait dans le noyau le « tabernacle » contenant à lui seul la totalité du « sacro-saint » ADN de la cellule. Gare à l'étudiant qui, à l'examen, enfreignait cette règle absolue et qui, distrait, signalait la présence d'ADN dans le cytoplasme : le paradis des diplômés lui était interdit !

Depuis cette époque, une première révolution s'est produite lorsqu'on a mis en évidence la présence d'ADN dans deux types d'organites du cytoplasme cellulaire : les mitochondries présentes chez tous les eucaryotes et que l'on compare souvent à la « centrale énergétique » de la cellule, et les chloroplastes, propres aux végétaux et qui sont le siège de la photosynthèse.

C'était la preuve que, depuis les protistes jusqu'à l'Homme, des bactéries symbiotiques fournissent l'énergie nécessaire à la vie de chaque cellule de l'organisme. Quant aux chloroplastes de la cellule des végétaux, ce sont d'anciennes « algues » bleues, qui sont en fait des bactéries pourvues de chlorophylle. Cette symbiose est, elle aussi, extraordinairement importante puisqu'elle est à la base du phénomène adaptatif qui explique le succès des végétaux et l'explosion de leur développement : elle leur confère en effet l'aptitude à utiliser l'énergie lumineuse de façon optimale. De ce fait, elle est aussi à l'origine, indirectement, du développement tout aussi explosif des animaux qui vivent aux dépens des végétaux.

La découverte d'une véritable génétique des mitochondries et des chloroplastes, autonome par rapport à l'hérédité du noyau cellulaire, consacrait une révolution complète de la connaissance dans tout un secteur de la biologie fondamentale. L'étudiant d'aujourd'hui ne doit surtout pas omettre d'indiquer, dans sa copie, la présence d'ADN à l'extérieur du noyau cellulaire !

Cette découverte venait aussi corroborer la théorie de l'origine endosymbiotique de la cellule eucaryote, défendue en particulier par la biologiste américaine Lynn Margulis [10]. Après d'illustres précurseurs comme Leibniz, Maupertuis et Buffon, elle soutenait que la cellule nucléée (eucaryote) était une communauté d'êtres plus simples (pro-

---

9. Systématicien, ou biologiste spécialisé dans l'étude de la classification des espèces et de leurs parentés.

10. Pour plus d'informations, se reporter à : L. Margulis, « Symbiosis in Cell Evolution », *Life and its environment on the Early Earth*, Freeman, San Francisco, 1981 ; et L. Margulis et D. Sagan, *L'Univers bactériel*, Albin Michel, Paris, 1989.

caryotes) et secondairement modifiés. On ignore encore si l'incorporation de bactéries « mitochondriales » dans le cytoplasme s'est produite une seule fois ou à plusieurs reprises au cours de l'Évolution ; mais il est admis qu'elle est intervenue indépendamment et antérieurement à celle des chloroplastes.

Une seconde révolution, liée à la précédente, a commencé il y a une dizaine d'années seulement, grâce au développement des technologies de plus en plus performantes de la biologie moléculaire. Elles permettent aujourd'hui la description et la comparaison de séquences de macromolécules parmi les plus fondamentales de la vie, véritables « universaux biochimiques ». La presse mentionne parfois la technique du « DNA *finger-print* [11] » – selon l'appellation de ses inventeurs britanniques – c'est-à-dire des empreintes génétiques, ainsi nommées en raison de leur utilisation de plus en plus fréquente dans l'élucidation d'affaires judiciaires (recherche de paternité, identification de violeurs, d'assassins, de victimes, etc.). Nos cellules portent en effet une signature génétique qui les identifie de façon presque infaillible, à condition que l'on dispose des techniques permettant de déchiffrer avec précision les informations codées par l'ADN. En adaptant ces techniques, on peut découvrir, en plus de l'identité de la cellule, son arbre généalogique. Si l'on parvient à isoler certaines portions du code génétique, il devient possible d'enquêter sur le passé évolutif des espèces, des familles, des ordres, etc. Pour ces recherches, les grosses molécules d'acide nucléique ribosomal (ou ARNr [12]), directement traduites de l'hérédité, c'est-à-dire de l'ADN, ont très vite recueilli les faveurs des spécialistes. Partout, des bactéries à l'Homme, ces macromolécules se prêtent magnifiquement à des comparaisons évolutives. Elles ont en effet fidèlement conservé la trace des mutations qui se sont succédé au cours de l'Évolution et représentent un grand nombre de molécules élémentaires, donc un grand nombre de caractères, souvent indépendants et toujours quantifiables. Ainsi, tous les éléments identiques des ARNr de deux espèces témoignent d'un passé commun plus ou moins lointain, tandis que les différences chimiques sont autant d'arguments pour les séparer sur des branches distinctes de l'arbre

11. DNA = ADN en anglais.

12. La définition de l'ARN est donnée en note 4. Les ribosomes sont de minuscules granulations du cytoplasme de la cellule visibles au microscope électronique. Leur nature chimique inclut plusieurs molécules d'ARN associées à des protéines. Ils sont la cible des « instructions » envoyées par l'ADN pour la fabrication de la matière vivante (protéines dites de structure) et des enzymes. Les ribosomes existent aussi bien dans les cellules à noyau que chez les procaryotes. Il est donc normal de les trouver également dans les mitochondries, qui sont des bactéries modifiées secondairement.

évolutif. En ce sens, la phylogénie moléculaire respecte un postulat de la taxonomie classique : la relation entre « ressemblance » et « proximité sur l'arbre phylogénique ».

Ainsi, une fois trouvées les portions homologues de l'ARNr de deux espèces vivantes, on peut désormais tenter de connaître leur filiation. Cela signifie qu'un rêve fou peut devenir réalité : ce vieux rêve de savoir d'où est née une espèce nommée *Homo sapiens*...

Utilisant cette méthode, des chercheurs des universités d'Indiana et d'Illinois ont pu récemment esquisser un arbre phylétique universel [13] :

À cet arbre universel (*cf.* fig. 1.2), il manque la racine car nous ignorons encore la nature du « progénote », ancêtre de tous les ancêtres. Il constitue néanmoins l'arbre généalogique le plus fiable dont nous disposions. Il montre que les êtres vivants se répartissent en trois grands règnes primaires cohérents : les bactéries archaïques, ou archébactéries, les bactéries supérieures, ou eubactéries, et les êtres vivants à cellule(s) pourvue(s) d'un noyau, ou eucaryotes. La disparité évo-

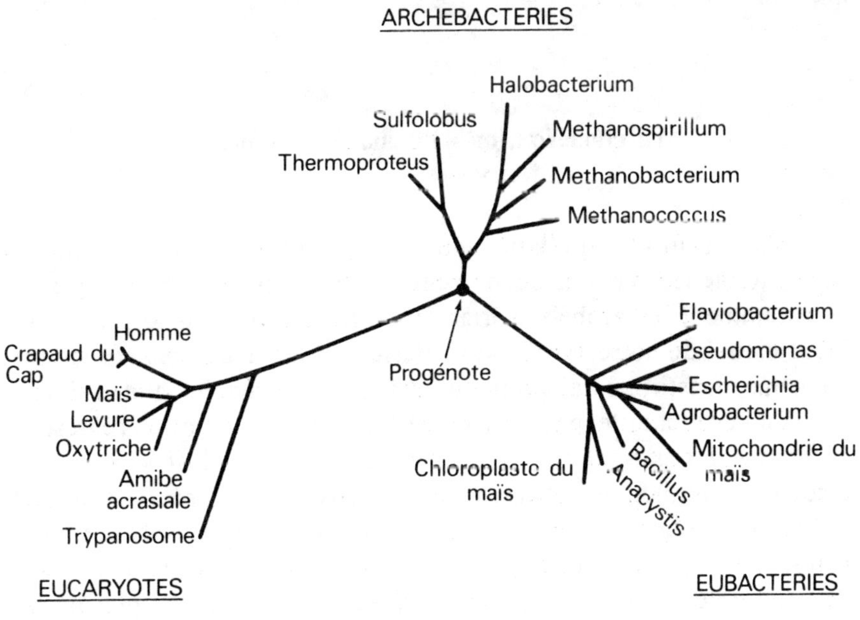

Fig. 1.2. Les trois grands super-règnes (reconstitué d'après Pace et coll. [13]).

13. Pour davantage de précisions, voir N. R. Pace, G. J. Olsen & C. R. Woese : « Ribosomal RNA Phylogeny and the Primary Lines of evolutional Descent », *Cell*, n° 45, 1986, p. 325-326.

lutive des bactéries est une découverte considérable : elle révèle qu'il y a un fossé beaucoup plus grand, du point de vue du matériau biologique, entre une archébactérie et une eubactérie qu'entre l'Homme et le maïs ou l'Homme et un champignon. Enfin, les investigations des chercheurs les ont conduits à se demander où se situaient, dans cette généalogie, l'ARNr des mitochondries et celui des chloroplastes, inclusions du cytoplasme des eucaryotes : c'est ainsi que la théorie de l'origine endosymbiotique de la cellule d'eucaryote s'est trouvée une nouvelle fois validée. On a découvert, en effet, qu'il fallait les ranger parmi les bactéries et, plus précisément, parmi les eubactéries. Il y a donc beaucoup plus de proximité, au regard de leur filiation évolutive, entre l'Homme et le maïs qu'entre le maïs et les mitochondries contenues dans ses propres cellules (voir la figure ci-dessus). Nous pouvons raisonnablement prévoir que l'ARNr des mitochondries humaines viendra se situer quelque part sur l'arbre du super-règne des eubactéries, probablement à proximité des mitochondries du maïs, si, comme on le pense assez généralement, elles sont venues vivre en endosymbiose dans les cellules d'un ancêtre commun aux plantes et aux animaux actuels.

Le coopéron, ou « l'union fait la force »

S'il est fort improbable que le « progénote » subsiste dans la nature actuelle, en revanche, on peut supposer que ce sont les bactéries, et notamment les archébactéries, qui s'en rapprochent le plus. Dans l'état actuel de notre savoir, la bactérie, qui est une forme de vie très ancienne, constitue l'unité autonome de matière vivante la plus simple.

En revanche, le protiste, ou eucaryote unicellulaire, représente la première organisation vivante au sein de laquelle coopèrent des êtres plus simples du niveau inférieur. Il constitue, par conséquent, un stade d'intégration entre individualités complémentaires et mutualistes, stade que j'appellerai le *coopéron cellulaire*. Dans cette association, et lorsqu'il y a reproduction sexuée, seul le cytoplasme des cellules femelles fournit, en général, les mitochondries des cellules-œufs de la génération suivante, les spermatozoïdes se bornant à fournir un stock d'ADN nucléaire. Par conséquent, les mitochondries de ces derniers n'ont aucune descendance mais favorisent celle de l'eucaryote, donc celle des mitochondries de la lignée femelle. On voit se réaliser ainsi une forme d'association dans laquelle les membres perdent en quelque sorte leur individualité et leur autonomie pour se fondre dans une entité nouvelle, un nouveau degré d'individuation et d'autonomie. Apparaît alors un être vivant, formé d'autres êtres vivants jadis autonomes – c'est-à-dire aptes à assurer leur survie pour leur propre compte et par leurs propres moyens –, mais qui ont abdiqué cette autonomie en s'associant dans une entité d'échelle supérieure, le coopéron cellulaire. C'est le coopéron qui devient le nouvel organisme vivant : les éléments d'échelle inférieure s'y intègrent comme des acteurs de son métabolisme, et participent de son identité. Dans la mesure où ce coopéron est mieux adapté à la survie, ses composants garantissent plus sûrement leur propre succès en s'intégrant et en se spécialisant au sein de cette organisation plurielle, qu'ils n'auraient pu le faire en restant isolés. Ce gain d'efficacité adaptative conditionne le développement de la complexité des formes de vie.

La relation mutualiste qui existe au sein de la cellule eucaryote a représenté un pas décisif mais difficile à franchir dans l'Évolution de la vie sur Terre. En effet, il s'est écoulé deux fois moins de temps (mille millions d'années) entre la formation de la Terre et l'apparition des premières bactéries, qu'entre ce dernier événement et la naissance du coopéron cellulaire. Mais celui-ci se révèle très bien adapté aux exigences de l'environnement : les propriétés nouvelles que lui confère l'harmonie de ses éléments complémentaires aboutissent rapidement à une explosion des espèces.

Cette explosion s'est considérablement accrue, huit cents millions d'années plus tard, avec l'apparition du *coopéron multicellulaire*. Celui-ci constitue en réalité un système qualitativement nouveau : les cellules élémentaires qui le composent ont toutes la même origine, la cellule œuf, et partagent donc le même potentiel génétique nucléaire. Le coopéron multicellulaire constitue presque toujours un clone [14]. La complémentarité ne résulte pas de l'association d'individus d'origines différentes [15], comme c'était le cas des chloroplastes et des mitochondries – qui gardent leur fonction reproductrice propre –, mais de la coopération de cellules spécialisées, différenciées à partir d'un même stock génétique. Au cours de son développement, le coopéron multicellulaire engendre ses propres différences internes, créant des spécialisations qui se complètent et collaborent de façon altruiste, assurant

14. Descendance végétative (par divisions cellulaires) d'un même individu.
15. Il y a cependant une exception dans le cas des lichens, où deux lignées cohabitent, l'une provenant d'un champignon et l'autre d'une algue.

à l'organisme dans son ensemble, le coopéron multicellulaire, un succès optimal. Le sacrifice consenti par les cellules non reproductrices du clone (cellules somatiques) au bénéfice des cellules reproductrices (ou germinales) a une contrepartie : elle augmente en effet les chances de propagation, par ces dernières, d'un génome représentant le même pool que celui des cellules somatiques elles-mêmes, puisqu'il est commun aux deux. Par conséquent, il était vain d'opposer, comme on le faisait au début de ce siècle, *soma* et *germen*, c'est-à-dire la lignée des cellules somatiques sans descendance, à celle des cellules germinales, car chacune remplit une fonction indispensable à la survie des individus, donc à leur capacité reproductrice et, par là même, à la pérennité de l'espèce.

Le succès évolutif des eucaryotes est sans conteste : ils représentent environ 95 % des espèces actuelles. Les procaryotes sont les moins nombreux malgré leur ancienneté (3,5 milliards d'années), avec seulement deux mille espèces d'algues bleues et environ dix mille de bactéries ; les protistes (coopérons unicellulaires) représenteraient environ cinquante mille espèces tandis que les eucaryotes multicellulaires dépassent un million cinq cent mille espèces. Le passage d'un coopéron au suivant semble bien conférer un avantage nouveau, mesurable déjà par la diversification des espèces. On peut certes contester cette façon d'évaluer et de comparer des « succès évolutifs », car les procaryotes, malgré leur petit nombre d'espèces, ont traversé des périodes beaucoup plus longues et jouent un rôle irremplaçable dans les équilibres naturels. Cependant, lorsqu'ils avaient l'âge des eucaryotes d'aujourd'hui, ils étaient certainement loin d'atteindre une semblable diversité d'espèces. C'est pourquoi le critère de la diversification des espèces, bien qu'imparfait, constitue un moyen valable d'évaluer le succès adaptatif d'une catégorie d'êtres vivants au cours de l'Évolution. Le succès adaptatif d'un coopéron peut aussi se mesurer à l'aide d'un autre critère : celui du poids de matière vivante (ou *biomasse*) qu'il représente actuellement dans la nature.

Le coopéron social

Après le coopéron multicellulaire, un nouvel événement vint bouleverser le paysage naturel : l'apparition d'une forme d'association

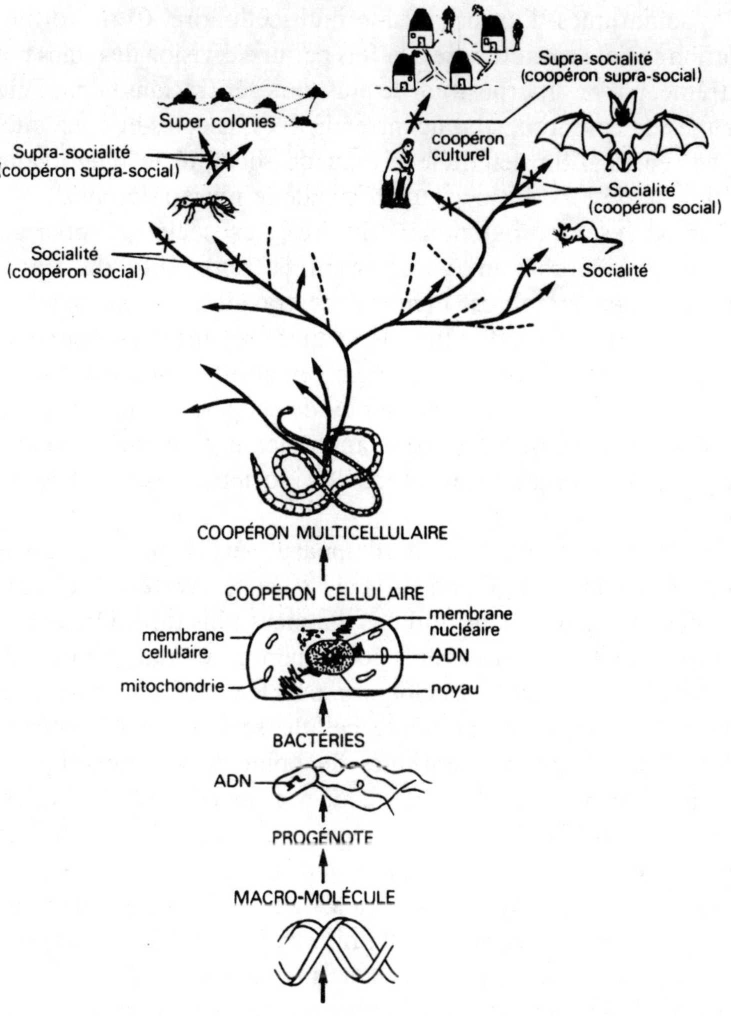

Fig. 1.3. La succession des coopérons au cours de l'Évolution.

réunissant des individus multicellulaires de même espèce en communautés stables et organisées – les sociétés. De même que chez les coopérons cellulaires et multicellulaires, il y a division des rôles entre les membres de la société. Cette répartition des rôles sociaux peut se limiter aux fonctions d'approvisionnement ou de défense, comme chez la plupart des vertébrés sociaux, y compris l'Homme, mais elle peut aussi englober la reproduction, qui se trouve alors assurée par une minorité d'individus spécialisés au sein de la société, les non-reproducteurs assurant les tâches d'approvisionnement et de nourrissage, de construction, d'entretien et de défense, comme le font déjà les cellules somatiques d'un organisme multicellulaire. Cette forme d'organisation sociale caractérisée à la fois par une division des rôles poussée à l'extrême, par la superposition de plusieurs générations et par l'élevage des jeunes en commun, se rencontre chez les insectes et chez quelques rares vertébrés. Elle définit le niveau de socialité le plus avancé du point de vue de l'Évolution, qu'on appelle le niveau *éosocial.*

Comparées aux individus solitaires, les sociétés apportent un avantage considérable en garantissant la rentabilité du travail de chacun de leurs membres, même si ce travail est resté inachevé du fait de la mort d'un individu : il est alors récupéré et poursuivi par ses compagnons, ce qui augmente la rentabilité sélective du groupe. L'analogie avec les formes précédentes de coopération est telle, comme nous allons le voir, que l'on peut appliquer également le concept de coopéron à ces organismes réunis en société : nous parlerons de *coopéron social.*

Le coopéron social est d'abord apparu chez les insectes, il y a plus de deux cents millions d'années, puis chez les vertébrés (oiseaux et mammifères), environ cent millions d'années plus tard. On peut y voir une étape supplémentaire après le coopéron cellulaire, qui unit des individus génétiquement très éloignés, puis le coopéron multicellulaire, résultant du clonage d'une seule cellule souche en d'innombrables cellules filles quasiment identiques du point de vue génétique, mais fonctionnellement diversifiées. Le coopéron social, quant à lui, est une association entre plusieurs de ces clones multicellulaires, qui peuvent être génétiquement proches, comme nous le verrons dans les chapitres suivants. Le plus souvent, les sociétés sont constituées d'un groupe familial ou de plusieurs groupes familiaux juxtaposés ou intégrés.

S'il y a bien émergence dans la nature, comme un fait d'Évolution, d'une forme de vie organisant l'existence des individus dans un coopéron social, alors ce mode de vie doit présenter des avantages adaptatifs justifiant son succès. Quelques exemples vont aider à mettre en lumière les avantages nouveaux qu'offre la société par rapport à d'autres modes d'organisation.

Les comportements parentaux élaborés qui existent chez les oiseaux sont des comportements sociaux. Ils constituent indiscutablement un avantage appréciable, comparé au gâchis que représente l'abandon des œufs chez la plupart des poissons, des amphibiens ou des reptiles. Bien que nous ne soyons pas en mesure d'affirmer que les reptiles volants de l'ère secondaire n'aient eu aucun comportement parental, nous savons que les oiseaux ont certainement joué un rôle important dans leur extinction : ils étaient leurs adversaires écologiques, et les comportements sociaux, notamment, ont pu les avantager. Chez les mammifères, les comportements sociaux sont encore plus développés car ils débordent très souvent les seules relations parentales. Ce groupe zoologique, par sa diversification, a lui aussi contribué à précipiter la déchéance des reptiles, y compris des reptiles à mamelles [16]. En effet, les comportements sociaux des mammifères permettent une protection plus ou moins permanente du groupe et un investissement plus sûr dans la progéniture.

Chez les insectes, on possède des données précises permettant de comparer l'impact écologique – donc le succès adaptatif – des formes sociales par rapport aux formes non sociales. Ainsi [17], les insectes sociaux du centre de l'Amazonie, où toutes les familles d'insectes sont représentées, constituent plus des trois quarts de la biomasse totale des insectes (on se reportera au chapitre 3 pour des données plus détaillées). De ce chiffre, on peut déduire qu'un collecteur se rendant en Amazonie pour capturer un insecte au hasard aurait environ sept chances sur dix de récolter un insecte social. Cette évaluation traduit l'énorme succès écologique des formes sociales d'insectes, qui ne constituent pourtant que 2 % de toutes les espèces que compte cette classe.

À considérer l'histoire des organismes vivants comme cette succession de coopérons (cellulaire, multicellulaire, social), il est difficile d'échapper à l'impression qu'ils sont trois étapes fondamentales et analogues d'un même processus évolutif qui caractériserait la vie sur terre – et peut-être ailleurs. Ce processus favoriserait, dans des limites déterminées par les propriétés naturelles des êtres vivants, l'avènement de nouvelles étapes d'organisation résultant de l'association entre unités de l'étape antérieure. L'hypothèse d'un processus coopératif analogue reproduit à différents niveaux d'organisation du vivant est suggérée par l'histoire de l'Évolution elle-même, puisque l'étape nouvelle, de complexité plus grande, a toujours un succès adaptatif supérieur à l'étape précédente, de moindre complexité. En tant que systèmes biologiques, ces coopérons doivent finalement affronter le même environnement, donc développer des réponses – des fonctions – analogues ; nous y reviendrons à propos de la théorie du *superorganisme*. En tout état de cause, si l'histoire évolutive peut effectivement être interprétée comme une succession de coopérons, on peut

---

16. Groupe de reptiles apparu au début de l'ère secondaire. Absents de la faune actuelle, ils étaient pourvus de mamelles et sont considérés comme les ancêtres des mammifères.
17. Selon les travaux de E. J. Fittkau & H. Klinge, « On biomass and trophic structure of the central Amazonian rain forest ecosystem », *Biotropica*, n° 5, 1973, p. 2-14.

s'interroger sur ce que pourrait être l'étape suivante de coopération rencontrée par les êtres vivants.

Au-delà de la société

Quelle forme de coopération succédera au stade du coopéron social ? Peut-être avons-nous déjà la réponse sous les yeux, dans la faune actuelle, et peut-être aussi en nous-mêmes : si l'on suit la progression du procaryote à la société, le stade suivant, en toute logique, devrait être la « société de sociétés », c'est-à-dire le *coopéron supra-social*. Cela pourrait ressembler à une aimable fiction si la chose n'était pas déjà effectivement concrétisée par plusieurs espèces de fourmis, qui constituent des « super-colonies » ou « super-sociétés ». Bien que peu nombreux, les exemples sont des plus spectaculaires, comme celui de la fourmi rousse japonaise *Formica yessensis*, qui vit le long de la côte de la baie d'Ishikari, sur la mer du Japon, à l'Ouest de l'île d'Hokkaïdo. Étudiée par Seigo Higashi et Katsusuke Yamauchi, de l'université de Sapporo, cette fourmi de moins d'un centimètre de long a constitué une fédération de 45 000 colonies occupant 270 hectares et rassemblant plus de 300 millions d'ouvrières et 1,1 million de reines [18]. Ces colonies sont interconnectées par un réseau de plus de 100 kilomètres de pistes [19]. En Europe, le myrmécologue suisse Daniel Chérix a découvert dans le Jura vaudois un coopéron supra-social chez la fourmi des bois *Formica lugubris* (1 200 fourmilières sur 70 hectares). Il y a aussi des exemples en France, comme la fourmi d'Argentine (*Iridomyrmex humilis*). Importée malencontreusement à Toulon par bateau au début du siècle, elle s'est trouvée très avantagée dans un milieu dépourvu de ses ennemis naturels. Aujourd'hui, alors que dans son pays d'origine elle est plutôt discrète, la fourmi d'Argentine constitue chez nous une seule et immense super-société qui s'étend sur le Roussillon, la côte varoise, la côte d'Azur et la Riviera italienne. Le tout constitue un gigantesque réseau d'innombrables petites colonies reliées par des pistes. Il y a constam-

18. S. Higashi & K. Yamauchi : « Influence of a supercolonial ant *Formica* (*Formica*) *yessensis* Forel on the distribution of other ants in Ishikari Coast », *Japanese Journal of Ecology*, n° 29, 1979, p. 257-264.
19. D. Chérix : « Note préliminaire sur la structure, la phénologie et le régime alimentaire d'une super colonie de *Formica lugubris* Zelt », *Insectes sociaux*, n° 27, 1980, p. 226-236.

ment des échanges de couvain, d'ouvrières et même de reines entre les groupes. Aux premières heures du jour, l'été, il n'est pas rare de voir des reines circuler sur les pistes et changer ainsi de colonie. Les ouvrières, elles, circulent en permanence pendant la journée. Il n'y a pas d'agression entre les ouvrières membres de cette super-colonie qui, selon toute vraisemblance, rassemble des milliards d'individus. La petite taille de ces fourmis (moins de 5 mm) leur permet toutefois de ne pas trop se faire remarquer par l'Homme, sauf par leur fâcheuse tendance à piller les garde-manger. Il s'agit pour nos régions méditerranéennes d'une catastrophe zoologique et écologique supplémentaire, car l'*Iridomyrmex* détruit l'une après l'autre toutes les espèces de fourmis autochtones, rompant ainsi de fragiles équilibres naturels. En outre, la fourmi d'Argentine, que l'on classe parmi les fourmis dites « vagabondes » – traduction de l'anglais *tramp species* –, colonise intempestivement, grâce aux moyens de transport humains, bien d'autres régions du globe offrant ce climat méditerranéen qui leur convient (sud de l'Australie, Afrique australe, Afrique du Nord, Proche-Orient, etc.).

Indépendamment de ces fourmis, l'espèce humaine – probablement la seule parmi les vertébrés – est entrée dans le club très restreint des espèces parvenues au niveau du coopéron supra-social. Pour notre espèce, le groupe social de base est la bande de chasseurs-collecteurs (généralement apparentés) qui existait déjà chez notre ancêtre *Homo habilis*. Mais, chez *Homo sapiens*, les bandes se fédèrent en tribus dotées de structures particulières, qui constituent chacune un coopéron supra-social. Chez l'Homme comme chez les trois espèces de fourmis déjà mentionnées, on peut rencontrer séparément des coopérons sociaux (de plus en plus rares) et des coopérons supra-sociaux.

Un coopéron culturel ?

Mais l'Homme a peut-être emprunté une seconde voie pour dépasser le stade du coopéron social : avec le développement d'un cortex cérébral hypertrophié, il a gagné une richesse et une variété comportementale tout à fait nouvelles. L'hypertrophie constante du cerveau, accélérée pendant les deux derniers millions d'années, s'explique par l'avantage adaptatif que procure cet organe. Il crée en effet des propriétés qualitativement nouvelles et tout à fait exceptionnelles. En particulier, il permet de tirer profit non seulement de la multitude des expériences vécues, mais aussi d'expériences imaginées : il nous confère en effet la faculté de créer un monde imaginaire, suffisamment semblable au monde réel pour que les expériences vécues dans l'imagination puissent être mises à profit dans la vie concrète.

Ces propriétés nouvelles permises par le développement du cerveau constituent une avancée évolutive considérable. On peut alors s'interroger : le niveau évolutif sans précédent auquel l'Homme actuel a pu accéder grâce à cet organe ne pourrait-il être considéré comme un nouveau coopéron : le *coopéron culturel* ? Le cerveau nous permet de construire et d'accumuler des connaissances, non seulement dans notre relation avec le monde concret, mais également avec celui de l'imaginaire et du symbole. Il nous permet de codifier ces connaissances, de les transmettre et de les recevoir d'autrui, à travers des relations de type *pédagogique.* La somme de ces connaissances constitue finalement un patrimoine héréditaire, d'une hérédité qui, pour une fois, n'est pas darwinienne, mais lamarckienne [20]. Le coopéron culturel, s'il est possible de le nommer ainsi en le situant à un sommet de la perspective qui vient d'être dessinée, permet pour la première fois une coopération entre individus distants dans l'espace comme dans le temps : selon la valeur des connaissances qu'ils ont apportées, des êtres peuvent maintenir leur participation au coopéron au-delà de leur propre mort. L'hérédité lamarckienne de la culture entraîne un effet cumulatif, de génération en génération. Les dimensions du coopéron culturel augmentent plus vite que les capacités du cerveau qui est son outil de base. Celui-ci a donc recours, pour accompagner la croissance du coopéron culturel, à des supports matériels (livres, machines) qui archivent pour lui le patrimoine hérité.

Cependant, l'Évolution étant généralement économe de ce qu'elle gagne, il est peu probable que l'avènement d'un cerveau aussi performant ait entraîné corrélativement l'élimination de la totalité de l'héritage patiemment accumulé durant l'ensemble de l'histoire évolutive de l'espèce et de ses ancêtres, dont la mémoire est présente dans le code génétique. Chez l'Homme comme chez les autres êtres vivants, il n'y a aucune raison pour que l'histoire évolutive et l'histoire individuelle ne collaborent pas étroitement et indissolublement à façonner le présent [21].

---

20. *Cf.* encadré sur lamarckisme et darwinisme, p. 130.
21. La succession, à partir de la bactérie, unité la plus simple de matière vivante

Le super-organisme : une société d'insectes faisant corps

Le succès adaptatif – nous pourrions dire « écologique » – des sociétés d'insectes montre que la réponse aux contraintes du milieu est plus efficace dans des structures coopératives que chez les individus isolés. Dans la compétition imposée par la sélection naturelle, on est plus fort quand on s'associe, de manière à former – à l'instar des coopérons cellulaires et multicellulaires – non plus simplement une collection d'individus, mais une espèce de super-individu, plus apte à survivre lui-même et à assurer de ce fait la survie de chacun de ses membres. Ce constat a conduit un chercheur américain, William Morton Wheeler [22], à proposer, en 1911, la théorie du super-organisme.

La théorie de Wheeler a été élaborée à partir des sociétés d'insectes, leur fonctionnement étant assimilé à celui d'un organisme multicellulaire. Elle revient à dire qu'il n'y a pas plus de conflit d'intérêt entre reine et ouvrières d'une ruche d'abeilles qu'il n'y en a entre les cellules reproductrices (*germen*) et les cellules non reproductrices (*soma*) d'un organisme multicellulaire. En travaillant pour sa société, l'ouvrière répond à la même finalité que toute cellule somatique : aboutir à la production d'un maximum d'entités filles. Cette théorie est parfaitement compatible avec la notion de coopéron social. De fait, si l'on examine attentivement toutes les fonctions vitales que doivent remplir aussi bien les sociétés que les organismes, on est frappé par l'analogie des réponses apportées des deux côtés. En voici quelques exemples.

---

autonome, des quatre niveaux de coopérons évoqués ci-dessus (cellulaire, multicellulaire, social, supra-social ou cérébral) peut apparaître au regard rétrospectif comme une suite inéluctable et entièrement déterminée. Il est difficile de dire si cette impression est fondée : pour le vérifier, il faudrait savoir si l'organisation de la vie sur les autres planètes où elle existe peut-être, a suivi le même cheminement. Et si cela était vérifié, comment expliquer ce déterminisme ? Faut-il y voir l'œuvre d'un démiurge qui réglerait les étapes de la progression de l'organisation du vivant ? Ou est-ce par l'effet de lois propres à l'univers qu'une organisation complexe, intégrant des éléments du niveau inférieur, apparaît par émergence, c'est-à-dire comme une totale innovation qualitative, où les propriétés de l'ensemble nouvellement constitué ne se réduisent pas à la simple somme de celles de ses éléments – ce saut qualitatif permettant au nouvel ensemble émergent de s'imposer. La première hypothèse est invérifiable tandis que la seconde ne peut encore recevoir de réponse.

22. W. M. Wheeler, « The ant colony as an organism », *J. Morphol.*, nº 22, 1911, p. 307-325.

La défense

L'organisme peut être l'objet d'intrusions agressives d'origine virale, bactérienne, etc., contre lesquelles il se défend par divers moyens. Chez certains invertébrés (tuniciers et crustacés notamment) et chez les vertébrés supérieurs, il existe un système d'histocompatibilité (c'est-à-dire de reconnaissance de tissus), comme par exemple le « complexe majeur d'histocompatibilité » de l'espèce humaine, dit « système HLA ». Ce mécanisme repose largement sur des cellules agressives spécialisées, les lymphocytes ou globules blancs, chargées de repérer et de détruire les corps étrangers à l'organisme. Leur carence entraîne immédiatement un déficit immunitaire mettant en péril l'organisme dans son ensemble. Dans les sociétés d'insectes, la défense repose également sur une catégorie d'individus spécialisés, agressifs et souvent dotés d'armes redoutables. Comme les lymphocytes, ils périssent fréquemment au combat. L'abeille ouvrière, par exemple, ne survit jamais à la piqûre qu'elle inflige à ses ennemis vertébrés. Dans les sociétés de termites et de certaines espèces de fourmis, il existe même des individus possédant des spécialisations morphologiques surprenantes destinées à la défense. Il s'agit fréquemment de grosses mandibules hypertrophiées, commandées par une puissante musculature. Les termites nasutés, dont les mandibules sont au contraire atrophiées, ont adopté une autre tactique : ils ont développé une énorme glande frontale sécrétant un liquide toxique et visqueux – véritable arme chimique – qui peut être projeté sur l'ennemi par un tube qui surmonte la tête, d'où le nom donné à ces insectes. Chez un autre genre de termites pourvus de mandibules, les *Globitermes* d'Indochine, on trouve même des soldats kamikazes qui vont au-devant de leurs ennemis puis explosent spontanément en les aspergeant d'une glu toxique d'un jaune vif, provenant de la rupture de deux réservoirs salivaires hypertrophiés qui s'étendent dans l'abdomen. Ces stratégies de défense, particulièrement efficaces, contribuent au succès des insectes sociaux ; mais il est clair que l'individu défenseur compte aussi peu, comme individu, que n'importe lequel de nos globules blancs, défenseurs anonymes sacrifiés à l'intégrité de notre corps. Globules blancs et soldats nasutés apparaissent comme la cible de la « sélection familiale » imaginée par Darwin et conceptualisée sous le terme de sélection de parentèle par Hamilton. Dans l'organisme multicellulaire comme dans la société, l'efficacité de la défense repose sur un système de reconnaissance performant et précis. Nous verrons au chapitre 9 que la ressemblance entre les deux peut aller beaucoup plus loin qu'une simple analogie puisque des travaux récents sur les mammifères tendent à démontrer que le complexe majeur d'histocompatibilité est directement impliqué dans la reconnaissance inter-individuelle, sans doute en agissant sur des indices de discrimination olfactive. En outre, il apparaît de plus en plus clairement que, dans la reconnaissance sociale comme dans le fonctionnement du système immunitaire, ces indices doivent être appris à des moments critiques de la vie des individus.

Les spécialisations fonctionnelles

À l'origine de l'organisme multicellulaire, une seule cellule œuf donne naissance à une multitude de cellules filles clonées, lesquelles se répartissent en tissus spécialisés (sang, os, muscles, nerfs, glandes, etc.). De la même façon, une société de fourmis par exemple, fondée à partir d'une reine, regroupe une population d'ouvrières pouvant atteindre, dans les cas extrêmes, vingt millions d'individus, qui se répartissent toujours dans des catégories caractérisées par un profil comportemental spécialisé. Ainsi, on peut distinguer celles qui soignent les œufs et les petites larves, celles qui soignent les larves moyennes ou grosses, celles qui s'occupent des cocons, les domestiques, les gardiennes, celles qui ont en charge l'approvisionnement et celles qui, en attente de différenciation comportementale, sont qualifiées d'inactives. La convergence est frappante entre les catégories tissulaires, remplissant des fonctions physiologiques spécialisées, et les « sous-castes » qui, au sein d'une société de fourmis, possèdent des spécialisations complémentaires.

La distribution de l'information

Assurée dans l'organisme par le système nerveux et par l'émission de produits hormonaux (les deux étant parfois liés), cette fonction repose, dans la société d'insectes, sur des communications tactiles et surtout sur l'émission de phéromones à l'extérieur du corps. Les phéromones sont des composés chimiques sécrétés par des glandes exocrines, et qui ont la propriété, soit de déclencher certains comportements chez les partenaires, soit de réguler certaines de leurs fonctions physiologiques par effet psychosomatique [23]. On remarquera que dans l'un et l'autre des deux coopérons se trouvent associés un mode physique et un mode chimique de communication.

La distribution de la nourriture

Dans l'organisme elle est assurée par le transfert, vers le liquide sanguin, des éléments nutritifs que des cellules spécialisées de la paroi digestive extraient du bol alimentaire. Dans la société d'insectes, elle est réalisée par des comportements d'échanges alimentaires (trophallaxies). Chez les fourmis, les abeilles et les guêpes, ces comportements mettent en présence un individu pourvoyeur qui, de retour dans sa colonie, distribue sa provende à ceux qui, spécialisés dans des tâches domestiques, ne sortent pas du nid.

La permanence (ou homéostasie) morphologique

Cette fonction est remplie, dans l'organisme multicellulaire, par les mécanismes de cicatrisation et de régénération tissulaire. Chez l'insecte social, on trouve des phénomènes analogues qui aboutissent à la formation de nouveaux individus en réponse aux pertes entraînées par des agressions de l'environnement. Ainsi, en quelques jours ou semaines, la physionomie initiale de la société peut être retrouvée.

L'homéostasie thermique

Le maintien d'une température corporelle constante a contribué au succès des oiseaux et des mammifères par rapport aux animaux à

---

23. Chez les abeilles, par exemple, la substance royale, phéromone émise par la reine, inhibe le développement ovarien des ouvrières. Elle n'est pas uniquement ingérée par ces dernières mais agit aussi en stimulant des organes sensoriels portés par leurs antennes. C'est pourquoi on parle d'effet psychosomatique.

sang froid. Cette propriété caractérise également certaines sociétés d'insectes. Ainsi, les abeilles maintiennent la ruche à une température interne constante de 35° C, valeur proche de la température optimale de l'activité enzymatique. L'homéostasie thermique de la ruche est assurée par le métabolisme physiologique des abeilles mais aussi par la modulation du comportement de celles qui, à l'entrée du nid, assurent la ventilation en coordonnant leurs battements d'ailes.

Ces exemples montrent à quel point l'analogie entre le fonctionnement de l'organisme et celui de la société qui se comporte comme un super-organisme confirme la pertinence du concept de coopéron social, dans le cas des sociétés d'insectes. Il semble bien que l'élément individu se comporte en effet vis-à-vis de la société à laquelle il appartient – et dont il dépend – comme la cellule vis-à-vis de l'organisme. Dans cette mesure, le concept de coopéron semble en effet pouvoir s'appliquer, non seulement à des entités cellulaires infra-individuelles, mais aussi à des individus qui ont eux-mêmes une certaine autonomie vitale, tout en restant étroitement tributaires d'une structure sociale assimilable, par son fonctionnement, à une structure organique.

À ce stade, on dispose donc de quelques arguments pour étayer une conception de l'Évolution biologique depuis le « progénote » comme une succession de coopérons, parmi lesquels figurent les coopérons sociaux. Cette conception apparaît compatible avec le postulat darwinien de l'existence d'une « sélection familiale » (Darwin) ou « sélection de parentèle » (Hamilton), qui rend solidaires entre eux les membres de la société, très souvent frères ou demi-frères (*cf.* chapitre suivant). Même s'ils ne possèdent pas de descendance directe, ils favorisent, par leurs aptitudes propres, la production d'une descendance indirecte par des partenaires étroitement apparentés. Dans certains cas, cette formule peut s'avérer particulièrement rentable pour la propagation des gènes mêmes du non-reproducteur.

Cette théorie constitue une interprétation sociobiologique intéressante du coopéron social, dans le cas des sociétés d'insectes qui avaient inspiré Darwin, et dans quelques autres, où tous les efforts individuels et inconditionnels des membres de la société peuvent aller jusqu'à l'abandon total de toute reproduction propre. Pour l'être humain, il reste difficile de concevoir qu'une logique sociale puisse transcender l'individu au point qu'il en perde sa finalité propre : aussi les entomologistes se sont-ils empressés de poser une couronne sur la tête de l'individu reproducteur, cette dignité imaginaire étant sensée justifier le comportement des ouvrières qui le servent. Au-delà de l'anthropomorphisme de certains termes consacrés, de nombreuses questions doivent être élucidées, notamment pour expliquer le pourquoi et le comment de ce comportement altruiste de l'individu vis-à-vis des membres de la société à laquelle il appartient, et d'eux seuls. Comment expliquer que l'individu soit amené à consacrer une partie de ses énergies à des activités collectives, sans qu'il y ait pour lui de bénéfice apparent, plutôt que de s'occuper d'assurer sa survie et sa descendance en exerçant pleinement l'ensemble de ses fonctions ? S'il est vrai que la Nature ne fait rien en vain, il faut trouver quel est l'intérêt qui a pu permettre la sélection de tels comportements. Il faut comprendre aussi les mécanismes biologiques qui en conditionnent la mise en œuvre.

Chapitre 2

Histoire naturelle des sociétés

Si l'on doit replacer la genèse de la société parmi les processus de l'Évolution, et lui assigner – aux côtés d'autres facteurs –, des déterminations biologiques, il reste à résoudre plus d'une énigme. En particulier, il faut répondre à la question suivante : s'il est vrai que la vie est « l'ensemble des fonctions qui résistent à la mort », selon la définition du grand médecin et biologiste Bichat, si par conséquent elle cherche essentiellement à se pérenniser, et donc, si le but principal des organismes vivants est de se perpétuer et de perpétuer leurs traits au moyen des fonctions de reproduction, comment expliquer que des individus soient mis à l'écart de ces fonctions, comme c'est le cas dans les sociétés de fourmis ? Cette question en entraîne une autre : comment les comportements d'entraide peuvent ils se transmettre à la génération suivante si l'individu altruiste se reproduit peu, voire pas du tout, comme dans le cas des fourmis ouvrières, qui sont souvent complètement stériles ? Devant ces questions, la possibilité même de la forme de socialité développée par certains insectes devient énigmatique, au regard de la théorie de la sélection naturelle. Darwin proposa une explication, avec le concept de sélection familiale. Hamilton appuie ce concept sur des données génétiques : la socialité des hyménoptères devient la première illustration des prédispositions génétiques qui conduisent au comportement social, au cours de l'Évolution.

Le gène et la socialité : la théorie de la parentèle

Le travail de Hamilton, bien que publié dans une revue respectée [1], est passé inaperçu jusqu'au printemps 1965, plusieurs mois après sa publication, lorsque Wilson, professeur de l'université Harvard, en prit connaissance à la faveur d'un voyage en train entre Boston et Miami.

Wilson raconte qu'il eut d'abord une réaction admirative teintée d'incrédulité [2]. Le raisonnement de Hamilton était si étonnamment simple qu'il en rechercha la faille des heures durant. À l'arrivée en gare de Miami, notre professeur à Harvard était converti : « Je dus admettre que Hamilton, qui connaissait infiniment moins de choses que moi sur les insectes sociaux, avait réalisé sur eux l'unique grande découverte de ce siècle. Il y était parvenu avec un mode de raisonnement qui, sans lui, m'aurait probablement échappé toute ma vie. »

Wilson avait immédiatement perçu les implications du raisonnement proposé par Hamilton : celui-ci, pour la première fois, apportait un modèle d'explication génétique à l'apparition du comportement social au cours de l'Évolution. Bien que Hamilton ait appliqué son raisonnement principalement aux sociétés d'insectes les plus perfectionnées, il en étendit lui-même implicitement la pertinence aux sociétés de vertébrés, y compris à l'Homme. En septembre de la même année 1965, lors d'un symposium de la Royal Entomological Society, Wilson donna à Londres une conférence sur le comportement des insectes sociaux. Devant un auditoire parsemé des plus grandes gloires de l'entomologie britannique, il créa la surprise en consacrant le tiers de son intervention aux idées de Hamilton, très peu connu jusqu'alors. On imagine aisément la situation créée par la démonstration d'un professeur américain dévoilant aux plus prestigieux de ses collègues britanniques, médusés, les travaux méconnus de l'un de leurs propres étudiants !... Quelques années plus tard, en 1971, la communauté scientifique internationale découvrait « l'Évolution géné-

1. W.D. Hamilton, « The genetical evolution of social behaviour », *Journal of Theoretical Biology*, n° 7, 1964, p. 1-52.
2. E. O. Wilson, « In the Queendom of the Ants : A Brief Autobiography », *Leaders in the Study of Animal Behaviour : Autobiographical Perspectives*, publié sous la direction de D. A. Dewsbury, Bucknell University Press, Cranbury, NJ, États-Unis, 1985.

tique du comportement social » de Hamilton, grâce à la parution du premier grand ouvrage de Wilson : *The Insect Societies.*

Hamilton aurait-il été reconnu si Edward Wilson ne l'avait pas lui-même tiré de l'ombre ? Toujours est-il que l'ancien étudiant londonien a connu une notoriété considérable et que sa découverte de 1964, et celles qui ont suivi font de lui l'un des auteurs les plus cités de la biologie contemporaine. Certaines de ces citations font d'ailleurs sourire car elles reproduisent fidèlement une erreur qui s'est glissée, involontairement sans doute, dans la liste de références bibliographiques donnée à la fin du livre de Wilson [3]. Ce qui signifie que beaucoup d'auteurs, tant approbateurs que critiques, n'ont peut-être pas consulté la source aussi attentivement qu'ils auraient dû le faire !

L'apport de Hamilton est considérable, puisqu'il donne un contenu génétique au concept de sélection familiale de Darwin. De fait, si les chromosomes étaient connus à l'époque de Darwin, leur implication dans l'hérédité, elle, n'était que rarement soupçonnée. Les lois fondamentales de l'hérédité n'étaient pas mieux connues, puisque leur codification par le botaniste autrichien Gregor Mendel ne fut publiée qu'en 1865, plusieurs années après la parution de *L'Origine des espèces*. En outre, Mendel n'avait pas eu la chance d'avoir un Wilson pour promouvoir ses découvertes : c'est seulement en 1900, bien après sa mort, que trois botanistes ont redécouvert, simultanément, les lois fondamentales de la génétique mendélienne, et rendu enfin justice à ce prédécesseur aussi inconnu que génial, qui les avait devancés trente-cinq ans auparavant. La véritable puissance de la théorie darwinienne n'a pu être mesurée qu'au cours de la première moitié de notre siècle, lorsqu'on vit la génétique s'y insérer aussi parfaitement que la pièce maîtresse d'un puzzle. C'est ce qui a écarté, jusqu'à nos jours, le lamarckisme – ou du moins ce que l'on entend communément sous ce nom [4] – des théories « sérieuses » de l'Évolution. Cependant, la solution darwinienne au problème de la socialité n'a trouvé de confir-

3. Le titre de la référence erronée imprimée dans le livre *The Insect Societies* est : « The genetical theory of social behaviour », le titre exact étant « The genetical evolution of social behaviour ».

4. On prête à Lamarck la paternité d'une théorie fausse, ce qui n'est en fait qu'une caricature de sa pensée. Il est intéressant de lire ce qu'écrivit à ce propos le paléontologiste américain Stephen Jay Gould : « Bien que j'accepte de me plier à l'usage contemporain et que je définisse le lamarckisme comme la notion selon laquelle les organismes évoluent en acquérant des caractères adaptatifs et en les transmettant sous la forme d'une information génétique transformée, je tiens à faire remarquer que ce nom honore bien mal un très grand savant qui mourut voici cent cinquante ans. L'intelligence et la richesse de sa pensée sont ainsi trop souvent dégradées. » (*Le Pouce du Panda*, Grasset, Paris, 1982, p. 72.)

mation génétique qu'en 1964, lorsque Hamilton [5] proposa son modèle de sélection de parentèle *(kin selection)* à partir de l'exemple des hyménoptères [6] sociaux (fourmis, abeilles, et guêpes). En substance, selon ce modèle, l'individu stérile, mais altruiste, assure le succès de son propre patrimoine génétique en favorisant la reproduction des individus fertiles avec lesquels il est étroitement apparenté. Ainsi, la génétique venait valider le concept de « sélection familiale » proposé par Darwin plus d'un siècle auparavant. Wilson a souhaité ensuite généraliser la démonstration à l'ensemble des espèces, y compris à l'Homme.

La sélection naturelle

Avant de présenter la théorie de la sélection de parentèle, il est nécessaire de préciser ce que l'on entend par sélection naturelle. Les recherches menées par une équipe lyonnaise [7] sur le comportement des rats serviront à illustrer ce concept.

Ces chercheurs ont montré que, même après de nombreuses générations d'élevage en laboratoire, les rats, lorsqu'ils sont exposés pour la première fois à l'odeur des excréments de renard, manifestent spontanément une réaction émotionnelle caractéristique intense, accompagnée d'une forte augmentation du rythme cardiaque. Il ne s'agit pas d'une aversion pour tout excrément en général, mais bien d'une réaction spécifique envers ceux d'un carnivore, c'est-à-dire d'un ennemi traditionnel redoutable. Le fait que ce comportement ne s'appuie sur aucune expérience préalable montre qu'il correspond à une information génétique. Le signal chimique responsable a pu être identifié : il s'agit d'un mélange de cis- et trans-δ-3 thiazoline. La théorie de l'Évolution permet d'interpréter la présence de ce comportement d'évitement spontané au sein de l'espèce par le fait qu'il a dû avantager considérablement ceux qui, au cours de l'histoire évolutive

5. *Op. cit.*

6. Littéralement : « insectes à ailes nues », contrairement aux coléoptères (scarabées), dont les ailes sont protégées par des élytres. Les hyménoptères comprennent la plupart des sociétés supérieures d'insectes.

7. Se reporter en particulier à E. Vernet-Maury, J. Le Magnen et J. Chanel, « Comportement émotif chez le rat ; influence de l'odeur d'un prédateur et d'un non-prédateur », *Compte rendu de l'Académie des Sciences*, Paris, nº 267, 1968, p. 331-334 et E. Vernet-Maury, E. H. Polak & A. Demael, « Structure-activity relationships of stress-inducing odorants in the rat », *Journal of Chemical Ecology*, 1984, nº 10, p. 1007-1018.

des rats ou de leurs ancêtres, eurent la chance d'être les premiers à le manifester. L'individu possédant le caractère transmissible « aversion pour l'odeur de l'excrément de carnivore » a pu mieux se maintenir à l'écart de son prédateur, qui représente la pression sélective du milieu. Mieux adaptés, les porteurs de gènes favorables à cette aptitude ont pu se reproduire en plus grand nombre jusqu'à ce que, la pression des prédateurs aidant, le caractère ait envahi toute l'espèce. La sélection naturelle s'est ici exercée positivement, agissant directement sur le ou les gènes impliqués dans la perception de la δ-3 thiazoline et dans son incidence émotionnelle. La même aversion pour les excréments de loup ou de chien est connue chez des herbivores, notamment chez le mouton (l'agneau de la fable de La Fontaine faisait certainement partie des malchanceux ne possédant pas ce caractère – à moins qu'il ne l'ait réprimé au profit de fâcheuses tendances individualistes – puisqu'il n'eut, comme chacun sait, aucune descendance). Récemment, deux chercheurs de l'Institut national de recherches agronomiques (INRA), Cécile Arnould et Jean-Pierre Signoret, ont montré que le mouton ne pouvait s'habituer à l'odeur des excréments de chien : il refuse de paître sur un pâturage pourtant alléchant, mais préalablement arrosé d'un peu d'eau portant l'odeur incriminée. Il s'obstinera à dédaigner cette pâture même en présence d'un congénère qui, rendu anosmique [8], la broutera allègrement sous ses yeux : ici, n'en déplaise à Panurge, aucun comportement d'imitation n'apparaît chez le mouton, peu soucieux de se conformer à la réputation qu'on lui a faite [9].

Dans le cas des rats, l'absence de prédateurs dans le milieu nouveau que constitue le laboratoire, où ils sont élevés depuis plusieurs générations, n'implique pas nécessairement la disparition immédiate de l'aptitude héréditaire à se protéger des prédateurs, dans la mesure où elle n'entraîne pas de désavantage par ailleurs. Il est difficile, en l'état actuel des connaissances, de dire si ce caractère très avantageux est apparu chez le rat après l'arrivée du prédateur, par sélection d'une ou plusieurs modifications fortuites du patrimoine génétique résultant d'une mutation, ou bien s'il se trouvait déjà à l'état latent chez certains individus, à partir desquels il se serait propagé à l'espèce, dès lors qu'il acquérait une utilité adaptative du fait de la présence du prédateur. Ce dernier n'est sans doute pas en reste, en ce qui concerne

8. Anosmique : inapte à sentir.

9. C. Arnould, J. P. Signoret, « Sheep Food Repellents : Efficacy of various Products, Habituation and social Facilitation », *Journal of Chemical Ecology*, n° 19, 1993, p. 225-236.

les modifications adaptatives. En effet, l'Évolution n'aboutit pas seulement à la sélection de stratégies de « parade » des proies sous l'effet sélectif des prédateurs. Ceux-ci, de leur côté, vont devoir réagir et développer de nouvelles stratégies pour déjouer ces parades qui menacent leur survie. Les proies constituent donc à leur tour une force de pression sélective favorisant la propagation, chez les prédateurs, de caractères servant à déjouer les parades qu'elles inventent. On peut se demander si le comportement de recouvrement des excréments chez bon nombre de félins ne servirait pas, en partie, à remplir cette fonction...

Si la pression de la sélection naturelle qui s'exerce sur les populations d'individus génétiquement différents reste probablement le mécanisme le plus important de l'Évolution, ce n'est certainement pas le seul. Pour ne citer qu'un ou deux exemples, on sait maintenant que l'expression du génotype dépend, « à chimie égale », de la proximité des gènes les uns par rapport aux autres sur les chromosomes. Il y a donc des interactions modulées entre gènes en fonction de ce qu'on peut appeler « l'environnement génétique ». Il n'est pas impossible que des modifications induites par de tels réarrangements aient pu agir au cours de l'Évolution de la lignée humaine, car le degré de similitude est très élevé entre l'ADN de l'Homme et celui du chimpanzé, notre plus proche parent parmi les primates actuels [10]. Le réarrangement du matériel génétique a pu être aussi déterminant, dans le processus d'hominisation, que son évolution strictement chimique. Des études sur les panoplies chromosomiques ont montré qu'en collant bout à bout deux paires de chromosomes de chimpanzé, on obtenait l'image exacte de la seule paire de chromosomes humains qui n'ait pas son équivalent dans la panoplie du chimpanzé. Ce réarrangement, à lui seul, a pu engendrer des caractères plus spécifiquement humains par la simple proximité, sur un même chromosome nouveau, de gènes séparés auparavant [11].

Au cours de l'Évolution, il peut également arriver que la sélection d'un caractère organique venant remplir une fonction « A » s'avère fortuitement avantageuse pour remplir une autre fonction « B » pour laquelle il n'avait pas été primitivement sélectionné. On voit que la

---

10. Cette proximité est particulièrement grande dans le cas du chimpanzé pygmée ou Bonobo (*Pan paniscus*), malheureusement sur le point de s'éteindre, faute d'une politique courageuse de conservation, et dont le patrimoine génétique ne différerait du nôtre que de 1 %, du point de vue de la chimie des gènes.

11. *Cf.* J. de Grouchy, *De la naissance des espèces*, Robert Laffont, 1978.

formule « un gène = un caractère » est devenue singulièrement désuète : dans le phénotype de l'organisme dans son ensemble (c'est-à-dire dans l'expression du génome), l'interaction gène-gène interfère de façon complexe et probablement synergique avec l'interaction gène-environnement. Par ailleurs, la matérialité du gène peut s'avérer difficile à cerner. C'est pourquoi l'emploi du mot « gène » devient souvent assez métaphorique : il en vient à signifier généralement « information génétique participant au développement d'un ou plusieurs caractère(s) donné(s) ».

Mais il reste vrai, malgré cette intrication complexe des causes, que les individus dont le phénotype manifeste un niveau d'adaptation supérieur à celui de leurs congénères au sein d'une population seront avantagés par la sélection naturelle. Donc, les caractéristiques génétiques qui engendrent ce bénéfice adaptatif seront davantage propagées.

Sélection, mais à quel niveau ?

Avec le concept de sélection familiale, Darwin entendait-il que la sélection naturelle exerçait ses effets sur le *coopéron social* pris dans son ensemble ? Prudemment, il n'aborda pas vraiment la question dans son ouvrage. Elle fait pourtant régulièrement l'objet de débats parmi les spécialistes de l'Évolution. En 1962, l'écologiste britannique V. C. Wynne Edwards, spécialiste des coqs de bruyère – et l'un des précurseurs de la sociobiologie –, défendait l'idée que la sélection naturelle s'appliquait au niveau des groupes d'individus pris globalement, ce qui, d'après lui, avait pu favoriser l'apparition des comportements sociaux les plus courants [12]. Selon lui, l'avantage adaptatif d'un tel mode de sélection était une auto-régulation démographique des populations. Ensuite, pendant toute une période, les spécialistes furent majoritairement hostiles à la sélection de groupe, et les idées de Wynne Edwards tombèrent dans le discrédit. En effet, les chercheurs eurent tendance à valoriser exclusivement la sélection individuelle, au niveau des gènes, même si quelques-uns admettaient que la sélection de groupe pouvait intervenir aussi, mais de façon relati-

12. V. C. Wynne Edwards, *Animal Dispersion in Relation to Social Behaviour*, Oliver & Boyd, Édimbourg, 1962.

vement mineure [13]. Beaucoup restèrent persuadés, tels Hamilton ou Dawkins, que le gène était le seul niveau de sélection possible. Dawkins a exprimé ce point de vue plutôt crûment, dans son livre *Le gène égoïste* [14]. Dans une vision qui pourrait rappeler la célèbre formule « la poule est le moyen trouvé par l'œuf pour faire d'autres œufs », les organismes sont, pour lui, des enveloppes protectrices et nutritives entièrement manipulées par les gènes, pour leur propagation dans la compétition qui les oppose aux autres gènes. Depuis la fin des années 1970 réapparaissent des écrits plus favorables à la sélection de groupe [15]. Un pas décisif semble avoir été franchi par Michael Wade, de l'université de Chicago : s'appuyant sur des résultats expérimentaux, il défendit l'idée que la sélection de parentèle était en fait une forme de sélection de groupe, et que la sélection de caractères nouveaux pouvait s'opérer très rapidement dans des populations animales dès lors qu'ils étaient avantageux à la fois pour l'individu et pour le groupe [16]. De son côté, Patrick Bateson, de l'université de Cambridge, fait remarquer que rares sont les gènes qui agissent indépendamment les uns des autres : ils travaillent en équipe. Les organismes sont les expressions phénotypiques [17] de ces équipes de gènes ce qui, d'après Bateson, les hisserait au rang « d'entités de plein droit » sur lesquelles la sélection naturelle s'exercerait globalement, ne prenant pas en compte un gène en particulier.

Mon opinion est que la sélection naturelle peut s'exercer simultanément au niveau du gène, du coopéron multicellulaire ou du coopéron social, l'un ou l'autre étant plus ou moins prépondérant selon le cas [18]. Dans un groupe social clonal, si l'un des membres est porteur d'un gène inadapté (exposant, par exemple, à une maladie fréquente), il sera éliminé. Mais en même temps seront éliminés, pour les mêmes raisons, tous les autres membres du clone. Dans ce cas, la sélection portera à la fois sur le gène et sur les organismes. Mais si le groupe n'est pas un clone, s'il est génétiquement hétérogène, même faiblement, il y aura cohabitation, dans un même ensemble, de potentialités

13. Par exemple E. O. Wilson, *Sociobiology*, 1975.
14. Richard Dawkins, *The Selfish Gene*, Oxford University Press, 1976. Version française : *Le Gène égoïste*, Mengès, Paris, 1978.
15. Comme ceux de Richard Alexander, célèbre sociobiologiste (bien qu'il récuse le terme) de l'université du Michigan et l'un des auteurs de la théorie de la « manipulation parentale » (*cf.* chap. 4).
16. M. J. Wade, « An experimental study of kin selection », *Evolution*, n° 34, 1980, p. 844-855.
17. Phénotype = expression du génome à travers l'environnement.
18. P. Jaisson, « Social Behaviour », publié sous la direction de G. A. Kerkut & L. I. Gilbert, *Comprehensive Insect Physiology, Biochemistry and Pharmacology*, Pergamon Press, Oxford, 1985, vol. 9, p. 673-694.

différentes. Dans ce cas, si l'un des membres du groupe est vulnérable à un facteur de sélection, l'effet sera direct et sans appel sur ses propres gènes, éliminés avec leur « enveloppe nutritive » – alors bien peu protectrice. S'il jouait un rôle déterminant dans le groupe, sa disparition pourra être fatale à d'autres membres, même non porteurs du gène déficient du premier. Dans ce cas, c'est finalement sur l'ensemble du coopéron social que s'exercera la sélection naturelle.

Quoi qu'il en soit, le débat reste ouvert et le gène, l'organisme, le groupe social, voire la population sont autant de candidats possibles pour l'action de la sélection, en fonction des circonstances.

L'adéquation adaptative globale, ou de l'avantage d'aimer son prochain pour mieux s'aimer soi-même

La difficulté posée par les sociétés d'insectes était de comprendre comment la sélection naturelle avait pu les promouvoir, autrement dit d'expliquer comment des comportements altruistes pouvaient se développer et se pérenniser sans bénéfice apparent pour l'individu, et sans transmission directe, par celui-ci, de son patrimoine génétique. Tout le génie de William Hamilton consista à reprendre la notion de sélection familiale de Darwin et à lui donner une réalité génétique, proposant ainsi une explication évolutive cohérente à l'apparition de la socialité et des comportements sociaux. Comme beaucoup d'idées de génie, celle-ci se caractérise par sa simplicité [19].

Hamilton émit l'hypothèse que la valeur – ou l'adéquation – adaptative d'un individu se mesure non seulement à son succès personnel en matière de reproduction, mais aussi au bénéfice qu'il peut retirer de la reproduction d'un tiers, dès lors qu'il possède en commun avec ce tiers une portion substantielle de son génome, c'est-à-dire qu'il en est un parent proche. Si, par son comportement, il augmente la reproduction de ce parent, ce comportement sera qualifié d'*altruiste*, même si l'individu altruiste parvient ainsi, par la médiation de ses parents bénéficiaires, à accroître la propagation de ses propres gènes. La somme de l'adéquation adaptative propre [20] de l'altruiste et

---

19. Plusieurs précurseurs avaient approché de très près l'idée de Hamilton : Fisher en 1930 ; Haldane en 1955 ; et Williams & Williams en 1957.

20. Qui se mesure à sa reproduction propre.

du bénéfice génétique indirect qu'il retire de son altruisme à l'égard d'un parent est appelée par Hamilton *inclusive fitness*, ce que nous traduisons par « adéquation adaptative globale [21] ».

Ainsi, l'adéquation adaptative globale Fx, de l'individu x, altruiste à l'égard d'un parent y, est égale à la somme de son adéquation adaptative propre, Rx, et du produit de l'effet (∂Ry) de son altruisme sur la reproduction de y, multiplié par le pourcentage de gènes variables (Gxy) qu'il possède en commun avec son bénéficiaire (encore appelé *coefficient de proximité génétique* : *cf.* encart p. 171). Soit :

$$Fx = Rx + \partial Ry.Gxy$$

Il en résulte que l'effet de la sélection naturelle sera de favoriser la propagation de gènes prédisposant à l'altruisme, dès lors que le coût de l'altruisme sera inférieur au gain de propagation génétique que l'individu altruiste retire du *bonus* de reproduction qu'il induit chez le bénéficiaire (il y a coût dans la mesure où l'altruiste aurait pu investir son énergie et son temps dans sa propre reproduction, comme cela se fait dans les espèces non sociales). Cette déduction, baptisée « règle de Hamilton », est traduite par la relation :

$$Cx < \partial Ry.Gxy$$

où Cx représente le coût de l'altruisme en terme de réduction de la reproduction propre de l'individu x et $\partial Ry.Gxy$ le gain retiré du surcroît de reproduction chez le bénéficiaire y.

Une telle relation rend possible une certaine prédiction des conditions dans lesquelles la socialité aura le plus de chance d'apparaître puis, éventuellement, d'évoluer. En effet, la règle de Hamilton permet de déduire que la probabilité d'apparition de la socialité sera plus élevée dans les cas suivants :

– premièrement, lorsque la proximité génétique est importante entre l'altruiste et son bénéficiaire potentiel, de telle sorte que le maximum de gènes communs seront propagés (en particulier tous ceux qui, directement ou indirectement, favorisent l'altruisme). Plus la parenté sera grande entre les deux individus, plus la rentabilité génétique sera élevée pour l'altruiste, preuve de son succès adaptatif. Le coefficient de parenté maximum étant 1, le cas le plus favorable serait, *a priori*, représenté par le clone, ensemble d'êtres issus d'un

21. Cette traduction est probablement la moins mauvaise que nous ayons. L'idéal consisterait à utiliser « inclusive fitness » en anglais dans le texte, comme le font les anglophones lorsque aucune traduction anglaise ne les satisfait pour un terme français.

seul individu par bourgeonnement, donc sans reproduction sexuée. Nous verrons plus loin que les insectes hyménoptères se rapprochent de ce coefficient idéal grâce aux caractéristiques particulières de leur sexualité.

– Deuxièmement, lorsque les comportements altruistes induits par la modification du génome sont plus efficaces pour accroître la reproduction de celui qui en bénéficie. Nous verrons que cette prédiction se trouve illustrée par le fait que le sort évolutif de l'altruiste peut être de perdre toute aptitude à se reproduire, au profit d'une rentabilisation maximum de ses comportements favorables aux congénères. En effet, dans le système qualitativement nouveau que constitue la société, il y a deux façons d'organiser le travail entre les individus membres. Une première possibilité est que chaque individu réalise toutes les tâches qui lui incomberaient s'il vivait en solitaire (approvisionnement, travaux domestiques, défense du nid, reproduction, etc.). La seconde possibilité est celle d'une répartition des rôles selon des spécialisations fonctionnelles. Plusieurs travaux théoriques, notamment ceux des Américains R. Barlow et F. Proschan [22], montrent que l'efficacité d'un tel système social est très supérieure dans la seconde formule, celle de la division des rôles, dès lors que chacun de ses membres avait lui-même une certaine efficacité dans l'accomplissement de sa tâche spécialisée. On comprend intuitivement qu'un individu réalisant à lui seul toutes les tâches perdra l'ensemble de son travail s'il connaît une défaillance à un niveau quelconque de l'enchaînement des étapes à accomplir, tandis que dans le cas d'une spécialisation il pourra être remplacé par un spécialiste du même type que lui, évitant ainsi la perte du travail accompli en amont.

Si ces deux conditions n'étaient pas remplies, l'individu porteur d'un ou plusieurs gènes prédisposant à l'altruisme serait supplanté par ceux de ses congénères qui maintiendraient la stratégie plus traditionnelle d'une reproduction qualifiée, par contraste, d'*égoïste*. En effet, dans un milieu où leur comportement altruiste ne leur procure aucun avantage, les individus altruites seront supplantés par ceux qui, poursuivant une stratégie individualiste, profitent sans rien donner en échange. Dans ce cas, la théorie de la sélection naturelle prédit l'élimination des gènes qui prédisposent à l'altruisme non récompensé.

Ces raisonnements constituent la base de ce qu'on appelle la théorie de la parentèle, qui n'a pas été sérieusement contestée par les

---

22. R. Barlow & F. Proschan, *Statistical Theory of Reliability and Life Testing*, Holt, Rinehart & Winston, New York, 1975.

spécialistes des sociétés animales. Élaborée plus particulièrement à propos des insectes sociaux, son usage est théoriquement applicable à toute espèce sociale mettant en présence des comportements altruistes liés à une reproduction différenciée. Sa relative simplicité et sa totale attache avec le darwinisme ont suscité, çà et là, bien des suspicions. Mais, au fil des ans, elle a fait preuve d'une indiscutable valeur heuristique et prédictive, et a permis une progression importante des connaissances. Avant de l'appliquer aux sociétés d'insectes, auxquelles est consacré le chapitre 3, nous allons en donner une illustration à propos du comportement de certaines variétés d'amibes.

Altruisme et égoïsme chez les amibes

Au XIXe siècle, certaines amibes furent réunies dans le groupe des acrasiales parce qu'elles avaient des caractéristiques très particulières parmi les protistes [23]. Longtemps confondues avec les microscopiques champignons myxomycètes car elles ont en commun la propriété de former des fructifications pluricellulaires ressemblant à des champignons, les amibes acrasiales sont aujourd'hui mieux connues, en particulier grâce aux travaux de John Bonner, de l'université de Princeton [24] ; mais leur biologie n'a certainement pas fini de nous surprendre. Aujourd'hui, il ne fait aucun doute que les amibes acrasiales constituent bel et bien un groupe à part, malgré leur petit nombre d'espèces (on en connaît environ vingt-cinq). Organismes assez rares et dont la reproduction sexuée est encore mal connue, les amibes acrasiales mènent une existence unicellulaire et rampante pendant la plus grande partie de leur vie. On les trouve dans le sol, l'humus, le bois en décomposition ou les excréments. Ce sont des prédateurs très actifs de bactéries dans un milieu qui en est généralement richement doté. Elles se multiplient par divisions cellulaires successives (mitoses) et, dans des conditions favorables, leur densité peut s'accroître rapidement jusqu'à ce que les conditions du milieu commencent à se dégrader (en particulier lorsque la nourriture se raréfie). Se manifeste alors une différence fondamentale par rapport aux amibes « clas-

23. Le règne des protistes rassemble toutes les espèces unicellulaires, lesquelles étaient jadis réparties entre végétaux et animaux (anciens protozoaires).
24. J. T. Bonner, *The Cellular Slime Molds*, Princeton University Press, 1967.

siques » : au lieu de s'enkyster individuellement pour passer le cap défavorable, les amibes acrasiales adoptent une stratégie sociale. Les premières à être affectées par la détérioration du milieu émettent un médiateur chimique, l'acrasine [25], qui diffuse alentour vers tous les congénères. Ces derniers sont alors excités et rampent vers les amibes émettrices en suivant le gradient de concentration de l'acrasine. Les cohortes d'amibes forment ainsi des structures en étoile qui convergent vers le point d'attraction (fig. 2.1). En quelques heures, elles s'agglutinent jusqu'à former une masse allongée en forme de saucisse, qui comprend des milliers de cellules juxtaposées. Cette masse va rapidement s'affaisser et prendre la forme d'une minuscule limace d'environ 2 millimètres de long. La comparaison ne se limite pas à la forme, puisque la « limace » amibiale, appelée pseudoplasmide, est dotée de mouvements coordonnés rappelant la reptation des vraies limaces.

À l'intérieur du pseudoplasmide chacune des amibes constitutives garde son individualité cellulaire ; cependant, leurs mouvements sont loin d'être anarchiques puisqu'il y a bien un arrière et un avant par lequel le pseudoplasmide se dirige vers la chaleur et la lumière. Ce périple peut durer plusieurs jours. Rendu à la surface du substrat, le pseudoplasmide finit par stopper sa progression et se ramasser en une masse sphérique. C'est le prélude à la fructification car cette sphère va se transformer en un sporocarpe qui, tel un champignon, comprend un pied et une capsule sporifère. Le pied s'individualise le premier dans l'axe central de la sphère, à partir d'amibes qui prennent une forme allongée et cylindrique. Cet allongement entraîne un étirement du pied, qui pousse en même temps vers le sommet les autres amibes, qui s'enkystent par centaines en formant la capsule sporifère (voir fig. 2.1). Cette dernière se trouve finalement à l'air libre nettement au-dessus du substrat, ce qui fournit aux amibes enkystées une meilleure opportunité d'être entraînées par un vecteur (air, eau, ou animal) vers des milieux plus propices. Placé de nouveau dans de bonnes conditions, le kyste amibien à membrane cellulosique épaisse germe en quelques heures et donne naissance à une nouvelle génération par multiplication. En somme, au moment où va se constituer le sporocarpe, chaque amibe d'un plasmodium est placée devant l'alternative suivante :

25. L'acrasine est en fait de l'AMP cyclique (3',5' adénosine monophosphate), comme l'ont démontré T. M. Konijn, J. G. C. van de Meene, J. T. Bonner & D. S. Barkley : « The acrasin activity of adenosine-3',5'-cyclic phosphate », *Proceedings of the National Academy of Sciences of the USA*, n° 58, 1967, 1152-1154. L'AMP cyclique est connu comme médiateur intracellulaire chez tous les organismes.

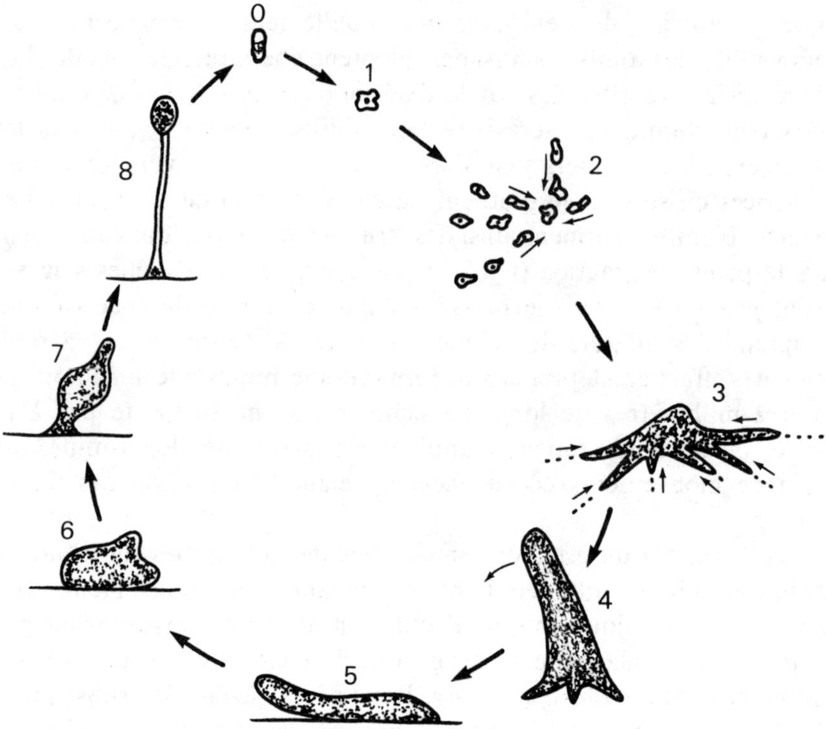

Fig. 2.1. Cycle de l'amibe acrasiale *Dictyostelium discoideum* (reconstitué d'après les descriptions de Bonner, 1967) : *0,* ensemencement du milieu par éclosion d'une spore amibiale ; *1,* les amibes se multiplient tant que le milieu est favorable ; *2,* les conditions écologiques se dégradent : la population d'amibes converge vers le premier individu ayant émis le signal chimique de « stress » ; *3* et *4,* les amibes s'accumulent en formant progressivement une colonne qui s'affaisse et finit par tomber sur le flanc ; *5,* le pseudo-plasmide ou « limace » amibiale se déplace à la superficie du milieu ; *6* et *7* le pseudo-plasmide s'arrête et bourgeonne peu à peu en une fructification, le sporocarpe ; *8,* le sporocarpe achevé comprend un pédicelle surmonté d'une capsule qui contient des amibes enkystées, appelées spores. Elles seules pourront ensemencer un nouveau milieu (*cf. 0*).

s'enkyster et devenir une cellule de la capsule sporifère, avec la possibilité de faire souche dans un milieu nouveau, ou bien se transformer en cellule du pied, c'est-à-dire périr, mais en aidant les amibes de la capsule à survivre avec succès.

Dès 1975, dans son ouvrage *Sociobiology*, Wilson manifesta une lucidité qui a de quoi surprendre pour l'époque, en reconnaissant dans le sporocarpe des acrasiales un modèle de l'altruisme dont l'intérêt théorique, selon ses propres termes, n'avait rien à envier aux vertébrés ou aux insectes [26]. Les amibes du pied représentent en effet le choix

26. E. O. Wilson, *Sociobiology*, p. 128.

altruiste : elles n'ont aucune chance de se reproduire mais, sans elles, celles qui sont enkystées dans la capsule sporifère n'en auront pas davantage. Se plaçant dans la logique de la théorie de la parentèle et du concept d'adéquation adaptative globale, Wilson posa la question de la proximité génétique entre amibes du pied et amibes de la capsule. En effet, l'application de la théorie au modèle des acrasiales permet de prédire que la sélection naturelle devrait favoriser les individus qui sont plus prompts à se sacrifier dans le pied du sporocarpe, lorsqu'ils partagent une plus grande proportion de leur génome avec les bénéficiaires potentiels de ce sacrifice (c'est-à-dire les amibes qui s'enkystent). C'est ce qu'un groupe de chercheurs américains dirigé par Steven Kolmes s'est récemment proposé de vérifier en faisant l'expérience sur l'amibe acrasiale *Dictyostelium discoideum*[27].

L'hypothèse de départ était que la longueur du pied et le diamètre de la capsule sporifère devaient varier l'un par rapport à l'autre en fonction du degré de proximité génétique existant entre membres d'une même « limace » amibiale (ou pseudoplasmide). Ainsi, la longueur du pied mesurant le degré d'altruisme, et le diamètre de la capsule le degré d'égoïsme, le rapport *diamètre de la capsule/longueur du pied* devait avoir une valeur plus élevée pour un sporocarpe composé d'amibes issues de deux souches distinctes, que pour un sporocarpe d'amibes toutes originaires d'une même souche génétique pure. Kolmes et ses collègues réalisèrent trois lots de cultures d'amibes : deux lots provenant de deux souches pures distinctes élevées séparément et un lot de cultures mixtes ensemencées simultanément par des amibes provenant des deux souches précédentes. Après avoir placé toutes ces cultures dans des conditions favorables à la formation de pseudoplasmides et de fructifications, ils mesurèrent les longueurs des pieds et les diamètres des capsules de cent soixante-quinze sporocarpes de chacun des trois types. Les résultats furent conformes à la prédiction : le diamètre des capsules sporifères était nettement supérieur par rapport à la longueur du pied du sporocarpe dans les cultures mixtes. On vérifie ainsi que, dans cette situation, les amibes choisissent plus souvent la stratégie égoïste consistant à s'enkyster. À l'inverse, dans les deux cultures pures, la proportion d'amibes choisissant de se sacrifier en renforçant le pied du sporocarpe, ce qui accroît *in fine* les chances de dissémination des congénères enkystées, était très

27. M. J. De Angelo, V. M. Kish & S. A. Kolmes, « Altruism, selfishness, and heterocytosis in cellular slime molds », *Ethology, Ecology & Evolution*, n° 2, 1990, p. 439-443. Cette recherche fut réalisée aux Hobart & William Smith Colleges de Geneva (État de New York).

significativement supérieure aux cultures mixtes. Dans ce cas, c'est donc la stratégie altruiste qui est valorisée.

À ce stade, il serait bien sûr très prématuré de considérer que la théorie sociobiologique de Hamilton est définitivement validée. En revanche, l'expérience menée sur les amibes confirme sa valeur prédictive, c'est-à-dire sa capacité à inspirer des hypothèses scientifiquement fécondes, et à faire progresser la connaissance. Nous en verrons d'autres exemples concrets.

L'égoïsme des gènes

Il apparaît donc que des données génétiques jouent un rôle dans la détermination du comportement, leur action étant commandée par une espèce d'axiome fondamental qui serait la tendance des êtres vivants à reproduire et à transmettre aussi largement et fidèlement que possible leur patrimoine héréditaire. Poussant à l'extrême la théorie de Hamilton, le sociobiologiste britannique Richard Dawkins [28] considéra que si l'organisme est apparemment altruiste, ses gènes sont au contraire d'un égoïsme particulièrement performant : pour lui, l'altruisme serait finalement le mécanisme le plus efficace que les gènes auraient développé au cours de l'Évolution pour manipuler les organismes qui les portent, afin de s'assurer une propagation optimale.

L'égoïsme d'un organisme aura pour effet l'absence de toute augmentation de la reproduction chez un tiers qu'il côtoie, qu'il y ait ou non des interactions comportementales entre eux. Enfin, selon Hamilton, à l'opposé de l'altruisme et au-delà de l'égoïsme, on trouve aussi des comportements de *malveillance* (*spite*) [29].

Les stratégies élaborées pour pérenniser le patrimoine héréditaire sont diverses. Dès que de nouveaux gènes apparaissent et canalisent le comportement de leurs porteurs vers l'une de ces trois directions, un même impératif préside à leur sélection au cours de l'Évolution : l'avantage qu'ils apportent à l'individu en termes de propagation de son patrimoine génétique doit surpasser les inconvénients éventuels.

28. *Op. cit.*
29. W.D. Hamilton, « Selfish and Spiteful behaviour in an evolutionary model », *Nature*, n° 5277, 1978, p. 1218-1220.

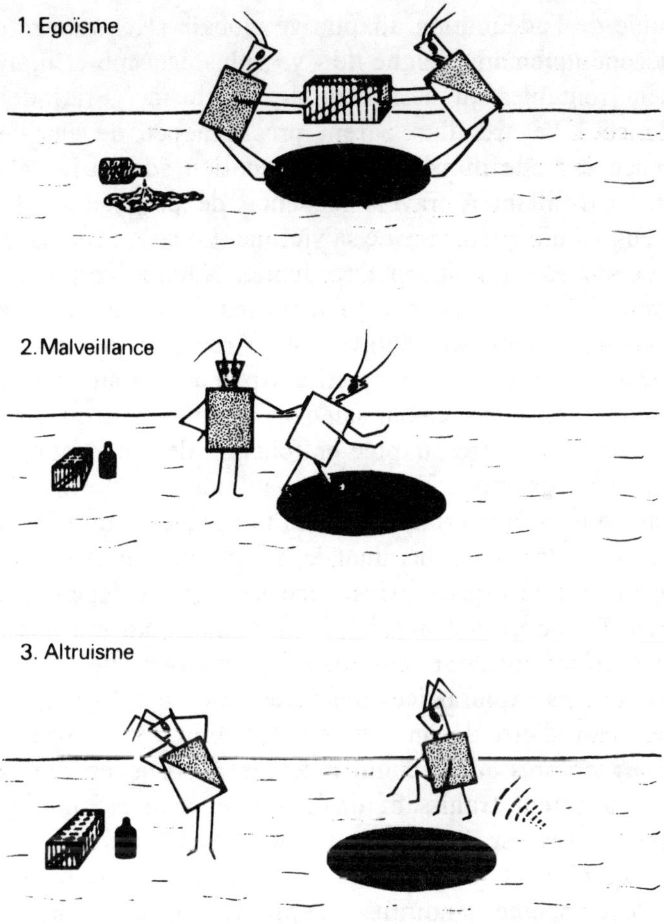

Fig. 2.2. Représentation schématique des concepts hamiltoniens dans le cas de circonstances extrêmes (généralement favorables à des phénomènes évolutifs rapides) : deux êtres de même espèce doivent tenir une semaine avec des vivres qui ne suffisent que pour l'un d'eux. 1) *Égoïsme*, les deux individus sont apparentés (en sombre, leur degré de proximité génétique) et poursuivent chacun une stratégie individuelle qui les expose à une compétition dont ni l'un ni l'autre ne sera finalement bénéficiaire : aucun de leurs gènes ne pourra se propager, et le résultat serait le même en l'absence d'apparentement. 2) *Malveillance*, l'un des deux individus non apparentés élimine l'autre et pourra donc subsister le temps nécessaire. Les gènes de la malveillance pourront ensuite se propager. 3) *Altruisme*, les deux individus sont apparentés (en sombre, leur degré de proximité génétique). Celui qui se sacrifie le premier permet au second de survivre. S'il disparaît en tant qu'organisme, ses gènes, eux, auront beaucoup plus de chances d'être propagés que dans le choix d'une stratégie égoïste, même si cette propagation s'opère à travers l'organisme bénéficiaire de l'acte altruiste. Du point de vue de la compétition génétique, il apparaît globalement que la pire des stratégies est l'égoïsme ; l'altruisme n'a de chances d'être sélectionné que s'il y a apparentement entre les acteurs alors que la malveillance peut être sélectionnée dans les deux cas (cependant, elle serait désastreuse entre apparentés dès lors que les conditions écologiques redeviendraient favorables).

La formule de l'adéquation adaptative globale *(Fx)* montre que plus « x » est génétiquement éloigné de « y », plus égoïsme et malveillance deviennent rentables au détriment de l'altruisme. Pratiquement, la malveillance à l'égard d'un parent proche a peu de chances d'être sélectionnée car elle diminuerait l'adéquation adaptative globale de l'individu malveillant à travers le déficit de propagation des gènes – nombreux – qu'il partage avec sa victime. Le coût de la malveillance pourra, de surcroît, amoindrir l'adéquation adaptative propre de l'individu malveillant. Inversement, l'altruisme dirigé sans compensation vers un non-apparenté sera défavorable parce qu'il viendra renforcer, sans bénéfice génétique, un compétiteur potentiel, tout en étant directement coûteux, là encore, pour son dispensateur. La stratégie comportementale doit donc être adaptée en fonction des circonstances. Chez les fourmis par exemple, l'altruisme hautement performant liant les partenaires d'un même groupe familial fait place à l'intolérance, voire à l'agression, entre individus dont la filiation est limitée à l'appartenance à une même espèce. Ainsi, une jeune reine fondatrice venant se poser, à l'issue du vol nuptial, à proximité d'un nid adulte de sa propre espèce sera presque toujours mise à mort si elle est découverte par des ouvrières exploratrices membres de ce nid. Si elle parvient à s'enterrer avant d'être découverte, elle sera éliminée un peu plus tard, lorsque ses propres filles commenceront à sortir en surface pour l'approvisionnement, trahissant ainsi la présence de la jeune fondation. Cette malveillance se justifie en termes de compétition écologique, car la jeune reine fondatrice représente potentiellement une société dont le développement nuirait à l'approvisionnement de la colonie adulte. Si elle n'était pas détruite assez tôt, le risque serait qu'aucune des deux sociétés ne parvienne à se développer et à se reproduire.

Pourtant, comme nous le verrons (*cf.* chap. 5), il arrive aussi que des fourmis particulièrement altruistes soient exploitées, dans certaines situations, par des espèces dites « esclavagistes », qui en retirent un profit exclusif. Il s'agit d'un véritable parasitisme social, qui a pu subsister parce que les sociétés de l'espèce parasite restent malgré tout moins nombreuses que celles de l'espèce qui est parfois amenée à lui fournir gratuitement sa force de travail. L'équilibre écologique ainsi établi a peut-être un effet de contrôle démographique de l'espèce esclave, au moyen des prélèvements périodiques effectués sur elle par les colonies de l'espèce esclavagiste.

Sexe, défense et socialité

Dans la mesure où des éléments génétiques interviennent dans l'émergence de comportements favorables à la création de sociétés, il va de soi que le mode de reproduction nécessite un examen tout particulier : le mécanisme de transmission du patrimoine génétique constitue évidemment la pièce maîtresse dans une stratégie de pérennisation de ce patrimoine.

En ce sens, la reproduction sexuée représente un progrès adaptatif considérable par rapport au mode clonal, archaïque, de multiplication directe à partir d'un seul parent. En effet (*cf. supra*), l'homogénéité génétique entre tous les membres d'un clone rend probable la disparition de tous les individus identiques dès lors qu'un seul d'entre eux se montre incapable de surmonter une adversité de l'environnement. La reproduction sexuée, qui est peut-être apparue chez un ancêtre commun à presque toutes les espèces eucaryotes actuelles, consiste au contraire à « battre les cartes » génétiques en réunissant deux parents d'origine différente, une femelle et un mâle, ce qui implique la fabrication préalable, chez chacun d'entre eux, de cellules sexuelles génétiquement variables. Ainsi, la descendance de ce couple pourra inclure des individus dont les caractéristiques leur permettront de résister aux contingences du milieu, même si d'autres disparaissent. De ce point de vue, on comprend que l'innovation du sexe ait représenté un progrès tel qu'elle s'est largement imposée face aux modes antérieurs de reproduction.

À l'inverse, on peut aussi soutenir qu'il est dommage, pour garder la même image, que de bonnes cartes, celles d'un génome représentant un optimum d'adaptation au milieu présent, soient périodiquement battues avec de mauvaises, qui risquent de diminuer l'adéquation adaptative de la descendance. Ce point de vue sélectionniste a également sa cohérence. C'est celui qu'applique, avec un certain succès et une frénésie certaine, l'agriculture moderne. Mais on ne pourra parler de succès que tant que l'environnement terrestre ne sera pas profondément altéré : si cela devait se produire, on courrait alors le risque de voir balayées, dans ce qui serait l'une des plus grandes catastrophes de l'histoire de l'humanité, les races animales ultra-performantes dans l'ancien milieu mais ultra-fragiles dans le nouveau.

Entre la stratégie privilégiant l'optimum d'adaptation immédiate, génératrice de monotonie génétique, et celle qui privilégie l'avenir et le long terme, et engendre de la diversité génétique, on peut se demander s'il n'existe pas une troisième stratégie, plus avantageuse, qui réaliserait un équilibre entre les deux précédentes. La tentation est grande de désigner alors la socialité comme la traduction effective de cette stratégie de compromis. Il faut pour cela que deux conditions soient remplies : d'une part, l'altruisme doit être orienté en fonction d'affinités génétiques, comme le prédit la théorie de la parentèle, ce qui privilégie l'adaptation à court terme ; et d'autre part, au moment de la reproduction, les partenaires sexuels doivent s'unir en recherchant plutôt leurs différences, donc en privilégiant l'adaptation à moyen terme, ce qui implique par exemple des mécanismes d'évitement de l'inceste encore plus rigoureux chez les espèces sociales que chez celles qui ne le sont pas. Cette interprétation évolutionniste semble cohérente, et il paraît légitime de penser que le système sexe-socialité représente la stratégie optimale entre celle du succès immédiat et celle du succès à plus long terme. La théorie de l'hybridation optimale, que nous évoquerons plus loin (*cf.* chap. 9), conforte cette interprétation.

Un des grands avantages de la vie en société est de permettre la défense collective du gîte et de ses richesses. Les richesses sont représentées par les individus du groupe social eux-mêmes ainsi que leur progéniture, mais elles incluent également les éventuelles réserves alimentaires, qu'il s'agisse des kilos de miel et de pollen stockés par les abeilles domestiques, ou des dizaines de litres de graines que les fourmis granivores des régions semi-désertiques emmagasinent à la bonne saison... pendant que chantent les cigales. Mais cette accumulation de richesses liée au succès des sociétés présente le grave inconvénient d'attiser les convoitises : plus les richesses seront abondantes, plus cet inconvénient sera grand. Par exemple, une nuée de profiteurs allant des acariens aux vertébrés accompagnent dans leurs déplacements les immenses sociétés de fourmis légionnaires, qui représentent une richesse colossale en matière vivante ambulante. Ainsi, l'équipe dirigée par Carl Rettenmeyer à l'université du Connecticut a trouvé qu'une société de fourmis légionnaires *Eciton hamatum*, qui inclut en moyenne cent cinquante mille adultes et soixante mille larves, peut capturer quatre-vingt dix mille insectes pour sa consommation journalière dans les forêts d'Amérique tropicale [30]. L'accumulation et la préservation de

30. C. W. Rettenmeyer, R. Chadab-Crepet, M. G. Naumann & L. Morales, « Comparative foraging by neotropical army ants », *Social Insects in the Tropics*, vol. 2, publié sous la direction de P. Jaisson, Presses de l'université Paris-XIII, Villetaneuse, 1983.

tels trésors ne sont possibles que si les sociétés qui les possèdent disposent en même temps de moyens de défense collectifs très efficaces. C'est effectivement ce que l'on constate en observant les sociétés d'insectes, qui rassemblent l'arsenal de défenses mécaniques et chimiques le plus vaste et le plus redoutable parmi les animaux. L'analyse sociobiologique semble donc faire apparaître un destin évolutif commun entre sexe, défense et socialité.

Reconnaître son prochain

La constitution de sociétés repose sur la sélection de comportements altruistes, ce qui soulève de nombreux problèmes dans le cadre de la théorie de l'Évolution, nous l'avons vu. La théorie de la parentèle permet de résoudre certains de ces problèmes. Mais elle fait apparaître d'autres difficultés. En effet, pour aider son prochain, il faut pouvoir le reconnaître comme son prochain, et le distinguer des étrangers. Si l'altruisme bénéficie à n'importe qui, il perd son rôle dans la pérennisation du patrimoine génétique de l'individu altruiste. On ne peut pas concevoir, dans le cadre de la théorie de l'Évolution, que des comportements altruistes puissent être sélectionnés si leur mise en œuvre ne repose pas sur la capacité préalable du donneur à reconnaître son degré de proximité génétique avec autrui, c'est-à-dire son degré de parenté.

Hamilton a souligné dès le départ qu'il était peu probable que des gènes soient codés pour déterminer directement la perception de gènes semblables chez d'autres individus. Pour avoir les meilleures chances de passer avec succès l'épreuve de la sélection naturelle, les caractères génétiques prédisposant au développement de comportements altruistes nécessaires à la vie sociale doivent s'appuyer sur trois propriétés étroitement liées entre elles :

1) L'aptitude à développer des indices de reconnaissance externes, portés à la surface de l'organisme, dont les caractéristiques peuvent varier à l'infini en corrélation avec la variabilité du génome lui-même.

2) L'aptitude à percevoir les indices précédents de façon suffisamment pertinente pour pouvoir distinguer des partenaires potentiels plus ou moins proches, génétiquement, de l'individu altruiste (par exemple : sœurs, demi-sœurs, nièces, cousines,...).

3) Le choix d'orienter préférentiellement les comportements

sociaux altruistes vers ceux des partenaires potentiels qui sont le plus étroitement apparentés.

La présence concomitante de ces trois propriétés est une condition indispensable pour la théorie de la parentèle : c'est pourquoi de nombreuses recherches se sont orientées vers les phénomènes de reconnaissance des apparentés, ou reconnaissance de parentèle (*kin recognition*). Ces études, souvent très récentes comme nous le verrons dans les chapitres suivants, constituent désormais un domaine important de la biologie moderne et, sans doute, l'une des principales contributions de la sociobiologie au progrès des connaissances.

La chaîne de causalité sur laquelle ces travaux se sont fondés dès le départ peut se résumer schématiquement de la façon suivante :

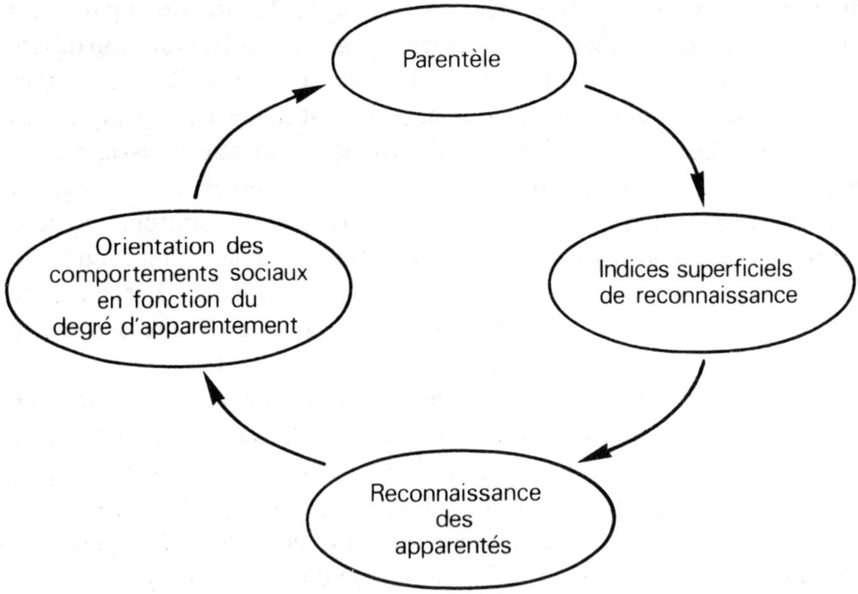

Fig. 2.3. Ce schéma montre qu'à partir d'une certaine formule génétique ou de formules génétiques voisines caractérisant des individus liés (la parentèle), apparaissent à la surface du corps des indices de reconnaissance corrélés reconnaissables par des tiers proches, qui orienteront leurs comportements sociaux en fonction de ces informations. Les recherches sur la reconnaissance de parentèle portent sur chacune des étapes de ce cycle.

Le poids des mots

Des termes comme égoïsme, altruisme (réciproque ou non) ou malveillance ont quelquefois provoqué des réactions de malaise, voire de refus violent, dues à une confusion entre le sens biologique – « objectif » et comportementaliste – donné à ces termes par les sociobiologistes, et la signification courante, appliquée à l'humain, où ils désignent des attitudes intentionnelles supposant un sujet doté de volonté, de libre arbitre et de responsabilité morale. Parfois aussi, sans doute pour s'approprier la sociobiologie à des fins idéologiques, ou au contraire pour mieux la condamner, cette confusion anthropomorphique a été soigneusement cultivée. Certains sociobiologistes ont peut-être été complaisants à l'égard de cette confusion. Mais jamais Hamilton, ni Wilson ni les principaux théoriciens de la sociobiologie n'ont prétendu que les sentiments d'un Homme étaient lisibles dans ses gènes. En revanche, ils ont défendu l'idée que les comportements sociaux de l'espèce humaine pouvaient eux aussi devenir légitimement un objet d'intérêt et d'étude pour les biologistes, dans la mesure où la socialité apparaissait comme un événement lié à l'Évolution des êtres vivants. Wilson tenta, comme d'autres, de trouver des modèles théoriques capables de lier Évolution biologique et « Évolution culturelle ». Dans cette approche, les phénomènes culturels sont perçus non seulement comme compatibles avec l'adéquation adaptative globale, mais comme des mécanismes susceptibles de la renforcer. La socialité n'est pas apparue de façon isolée et indépendante chez l'Homme, mais chez un ancêtre commun à l'Homme et à de nombreux autres primates. Depuis, ces prédispositions génétiques à vivre et à communiquer socialement se sont modifiées dans leur nature et dans leur expression au sein des divers milieux écologiques colonisés par les êtres humains, seuls vertébrés à avoir atteint le niveau du coopéron supra-social et celui du coopéron culturel.

Pour Wilson, il s'agissait donc de s'intéresser, avec un œil neuf, à un champ disciplinaire exclusivement occupé par les sciences humaines. C'était prendre un risque non négligeable en s'aventurant à contre-courant de la tradition des sociétés occidentales qui, à travers les disciplines intellectuelles et les idéologies, conduit à considérer comme exclusive de toute autre la dimension culturelle des phénomènes sociaux chez l'Homme. Les réactions émotionnelles ne furent donc pas les seules causes du rejet de la sociobiologie. Une hostilité purement disciplinaire se manifesta également, se traduisant souvent par une incompréhension insurmontable et le refus obstiné de se documenter de façon impartiale. À un rejet idéologique de la sociobiologie s'ajoutait ainsi la peur de voir son propre territoire de compétence envahi par des disciplines et des modes de pensée jugés dangereusement déterministes. Les raisons de ces relations difficiles, au début, entre la sociobiologie et les sciences sociales, feront l'objet d'un développement plus détaillé à la fin de l'ouvrage. Mais il est plus important, près de vingt ans après sa naissance, de présenter le bilan de ce qu'a apporté la sociobiologie à la connaissance des autres espèces sociales, en commençant par son domaine privilégié : les sociétés d'insectes.

Chapitre 3

Les insectes sociaux

Le nombre des Hommes qui peuplent la planète est évalué à moins de sept milliards. Pour dénombrer les fourmis, il faut changer d'échelle : elles se comptent par millions de milliards... Si toutes ces fourmis, oubliant leur hostilité mutuelle, se mettaient à la queue leu leu, la longueur de la chaîne ainsi obtenue serait de l'ordre de soixante-dix millions de kilomètres, soit l'équivalent de plus de quatre-vingt-dix allers-retours de la Terre à la Lune. Le simple bon sens nous incite à considérer cet extraordinaire poids écologique des fourmis et autres insectes sociaux comme la conséquence d'un événement majeur de l'Évolution. Il serait injuste de blâmer les sociobiologistes d'avoir su le reconnaître et d'en avoir cherché l'explication. La fascination exercée par les sociétés d'insectes, en raison de la perfection de leur organisation (notamment la répartition des fonctions en leur sein) est d'ailleurs très ancienne. Elles furent une source d'analogies pour penser la société humaine : elles sont présentes chez Aristophane dans *Les Guêpes*, Mandeville les utilise à des fins philosophiques dans *La Fable des abeilles*. La Fontaine s'en inspira également, pour le bonheur des maîtres d'école, qui ont instillé grâce à lui, dans des générations de jeunes esprits, la vertu laborieuse et la prévoyance ordonnée des fourmis. Et le dédain pour l'insouciante cigale. L'intérêt du sociobiologiste est moins analogique et moins poétique. Les sociétés d'insectes permettent en effet une approche très fine des phénomènes sociaux, et font apparaître les avantages adaptatifs de la socialité : l'exemple se prête particulièrement bien à l'analyse, car les rôles y sont distribués de façon bien définie. Il met en lumière les avantages de la socialité, et apporte des indications sur les conditions de son apparition. L'analyse des facteurs biologiques susceptibles d'intervenir dans la naissance de la socialité chez les insectes prend une portée considérable, étant donné leur poids écologique et leur place dans l'histoire évolutive des formes vivantes. Pour toutes ces raisons, ils sont devenus le modèle privilégié des sociobiologistes.

Le succès écologique des insectes sociaux : de l'avantage de vivre en société

L'organisation en super-organismes a procuré aux sociétés d'insectes un avantage adaptatif manifeste, dont témoignent les données écologiques. Leur rôle dans les équilibres naturels est très important. Les animaux qui ont le plus brassé le sol terrestre sont les fourmis et les vers de terre ; ceux qui ont le plus modifié le relief de notre planète sont les Hommes et les termites. Ces derniers, apparus il y a plus de deux cents millions d'années, ont littéralement façonné une bonne partie du relief de l'Afrique, notamment les zones de savane, où ils se sont considérablement développés jusqu'à ce que de redoutables ennemis viennent les contenir : les fourmis. Certaines termitières, facilement repérables d'avion, forment de véritables petites collines pouvant dépasser quinze mètres de diamètre sur plusieurs mètres de haut et abriter une population de plusieurs millions d'individus. On trouve en Afrique centrale des *Macrotermes* capables de creuser des galeries souterraines pouvant aller jusqu'à cinquante mètres de profondeur, et de remuer trois cents mètres cubes de terre à l'hectare. Dans le sol d'une forêt-galerie du Nigeria, l'équipe américaine dirigée par T. G. Wood a dénombré une moyenne de 2 646 termites par mètre carré, dont 2 369 consommateurs d'humus [1]. Les ennemis les plus redoutables des termites, les fourmis « légionnaires » d'Afrique [2] dévastent tout sur leur passage et peuvent dépasser vingt millions d'individus par colonie.

Bert Hölldobler et Edward Wilson [3] montrent que les fourmis sont présentes presque partout : même si elles apparaissent peu dans

1. T. G. Wood, R. A. Johnson, S. Bacchus, M. O. Shittu & J. M. Anderson : « Abundance and distribution of termites (*Isoptera*) in a riparian forest in the southern Guinea savanna vegetation zone of Nigeria », *Biotropica*, n° 14, 1982, p. 25-39.
2. Encore appelées fourmis magnans, elles appartiennent au genre *Anomma*.
3. *The Ants*, Harvard University Press & Springer-Verlag, 1990.

les livres d'écologie, leur impact écologique est considérable. Elles remuent plus de terre que les vers de terre eux-mêmes et sont les premiers catalyseurs d'énergie au sein des écosystèmes. Dans les forêts tropicales du centre et du sud de l'Amérique, où leur impact a été sérieusement étudié, on s'est aperçu qu'elles dominaient tout autre groupe du règne animal, vertébrés compris. En forêt amazonienne par exemple (*cf.* fig. 3.1), il y a huit fois plus de fourmis que de termites, en nombre d'individus. Globalement, ils constituent environ le *tiers de la biomasse animale totale.* Si on leur ajoute abeilles et guêpes sociales, ils représentent alors plus de 75 % du poids de *tous* les insectes. Les fourmis à elles seules pèsent quatre fois plus que tous les vertébrés réunis (*cf.* fig. 3.2.). Sur le tronc d'un seul arbre de l'Amazonie péruvienne, Edward Wilson a récolté quarante-trois espèces différentes de fourmis [4], c'est-à-dire plus que dans toute l'Angleterre. Et selon des études toutes récentes, certaines fourmis seraient responsables de la présence, jusqu'alors inexpliquée, d'une forte concentration d'acide formique dans l'atmosphère au-dessus de l'Amazonie [5]. On

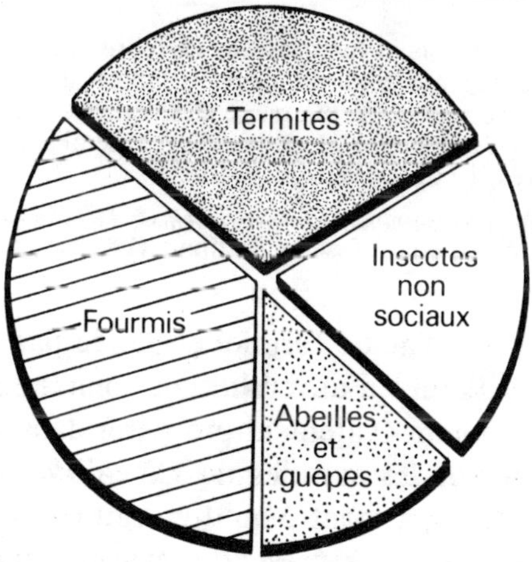

Fig. 3.1. L'impact écologique des insectes sociaux : répartition de la biomasse d'insectes en forêt amazonienne, d'après les données relevées aux environs de Manaus (Brésil) par Fittkau et Klinge (1973). Les insectes non sociaux comprennent notamment les nombreuses espèces de papillons, coléoptères, mouches, moustiques, sauterelles, grillons, cafards, punaises, pucerons, cigales, libellules et hyménoptères solitaires.

---

4. E. O. Wilson, « Dense heterarchies and mass communication as the basis of organization in ant colonies », *Trends in Ecology & Evolution*, n° 3, 1988, p. 65-68.

5. T. E. Graedel & T. Eisner, « Atmospheric formic acid from formicine ants : a preliminary assessment », *Tellus*, B, n° 40, 1988, p. 335-339.

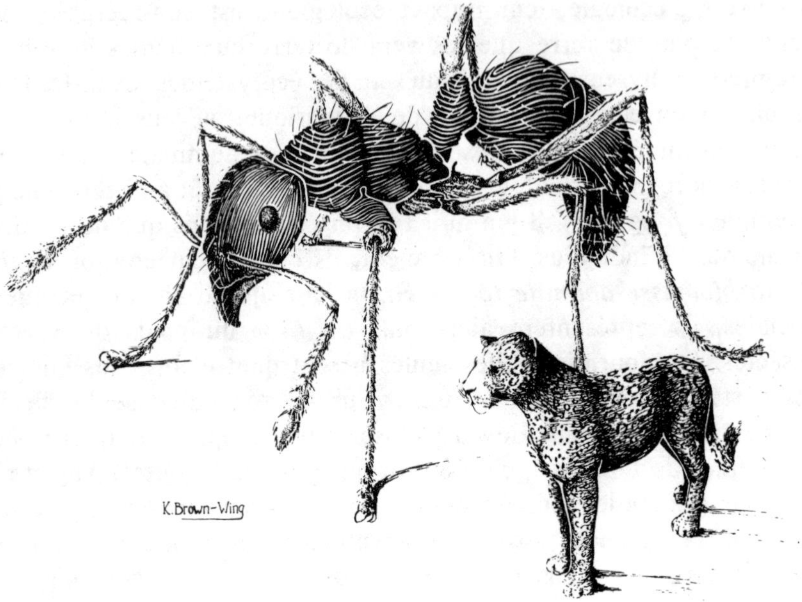

Fig. 3.2. Le poids des fourmis et le poids des vertébrés : la taille de cette fourmi sud-américaine *Gnamptogenys pleurodon,* par rapport au jaguar, sert à illustrer le fait qu'en forêt amazonienne la biomasse des fourmis est environ quatre fois supérieure à celle des vertébrés terrestres dans leur ensemble (amphibiens, reptiles, oiseaux et mammifères) (d'après Wilson, 1990 *).

* E. O. Wilson, « *Success and Dominance in Ecosystems : The Case of the Social Insects* », publié sous la direction de O. Kinne, Ecology Institute, Oldendorf, 1990.

estime que la quantité d'acide formique libérée par les fourmis dans cette zone serait de l'ordre d'un million de tonnes par an.

Les fourmis semblent également prospérer dans les savanes. Dans son étude doctorale sur les savanes de Côte-d'Ivoire, Jean Lévieux, de l'université d'Orléans, a montré qu'il y avait en moyenne sept mille sociétés par hectare, ce qui représente environ vingt millions d'individus. Dans les grandes forêts tempérées d'Europe, d'Asie et d'Amérique du Nord, les fourmis rousses des bois abondent. Ces espèces sont beaucoup moins diversifiées que sous les tropiques mais il suffit, dans un sous-bois, d'arrêter nos pas pour percevoir le bruissement des leurs sur la litière et se rendre compte de leur omniprésence.

Le nombre d'espèces d'insectes sociaux anthropophiles – s'adaptant à l'habitat humain – est très inférieur au nombre de celles qui occupent les milieux naturels. Mais on peut très bien, à partir d'un petit nombre d'espèces, arriver à une pullulation par multiplication du nombre d'individus. Dans les zones urbaines ou profondément modifiées par l'Homme, les insectes sociaux sont très présents. À Paris, par exemple, on s'inquiète de plus en plus de l'attaque des charpentes en bois par les termites (déjà près de deux mille immeubles touchés). J'ai moi-même récolté douze espèces différentes de fourmis dans la capitale, ce qui est plus réconfortant car certaines d'entre elles peuvent contribuer à contenir la progression des termites. Les fourmis sont les seuls insectes sociaux à suivre l'Homme, souvent à son insu, partout où il s'établit. Elles installent leurs colonies sur les bateaux, survivent facilement dans les soutes des avions et prospèrent dans les constructions humaines, même là où elles n'avaient jamais pu faire souche par leurs propres moyens, comme au Groenland, en Islande, aux îles Hawaï ou sur le continent Antarctique. Le résultat est parfois catastrophique, comme dans le cas de l'introduction en Nouvelle-Calédonie d'une minuscule fourmi centraméricaine très agressive appelée *Wasmannia auropunctata.* Peu à peu, la *Wasmannia*, qui n'a aucun ennemi naturel aussi loin de chez elle, détruit sous nos yeux toute la faune de fourmis néo-calédoniennes, considérée comme fondamentale pour la connaissance du passé évolutif du plus important groupe social de la planète [6]. C'est un peu comme si la bibliothèque d'Alexandrie brûlait sous nos yeux, dans l'indifférence générale.

La socialité avancée ou éosocialité

Précisons ce que le sociobiologiste entend par « socialité avancée », ou *éosocialité.* Ce terme est réservé uniquement aux espèces présentant l'ensemble des caractères suivants :

– superposition, dans un même groupe social, de plusieurs générations adultes,

– cohésion entre les membres du groupe,

– division des rôles avec spécialisation d'un nombre restreint d'individus dans la fonction reproductrice, les autres étant stériles (au moins partiellement) et engagés dans des actes altruistes,

– élevage coopératif des jeunes.

Ces critères excluent certaines espèces, tentatives inachevées ou

6. C'est l'avis de Robert Taylor, entomologiste australien, l'un des meilleurs experts en la matière.

avortées vers la socialité avancée, qui semblent définitivement égarées sur quelque voie de garage de l'Évolution. Elles y restent figées dans une organisation sociale plus ou moins primitive, ce que la théorie de la sélection naturelle a encore du mal à expliquer. Ces formes de transition, lorsqu'on a la chance de les observer dans la Nature, ont un énorme intérêt scientifique : imaginez qu'un anthropologue puisse, aujourd'hui, observer des Australopithèques ou des Pithécanthropes vivants ! Un exemple célèbre chez les myrmécologues est la fourmi australienne *Nothomyrmecia macrops*, qualifiée de « primitivement éosociale ». La *Nothomyrmecia* est considérée comme un fossile vivant – elle n'aurait pas changé depuis cinquante à soixante millions d'années – et elle est protégée par la loi australienne. On n'en connaît que quelques colonies dans un petit bois d'eucalyptus, au sud de l'Australie, où elles ont été redécouvertes en 1977 par l'entomologiste australien Robert Taylor [7]. Au sein de ces colonies, les ouvrières ont très peu d'interactions entre elles ou avec la reine. De rares tâches, comme la garde à l'entrée du nid, sont assumées par des fourmis spécialisées, tandis que l'essentiel du travail social est accompli par de nombreux individus généralistes, notamment les soins à la progéniture et l'approvisionnement alimentaire [8]. Elles diffèrent en cela de la plupart des espèces éosociales connues, où la répartition des tâches sociales est spécialisée.

De manière générale, le nombre d'espèces d'insectes vraiment sociaux est restreint par rapport à celui des insectes solitaires : la socialité avancée, ou *éosocialité*, n'est pas apparue fréquemment dans la classe des insectes prise dans son ensemble. Sur la trentaine d'ordres qu'elle comporte, deux seulement possèdent des espèces indiscutablement éosociales : les *isoptères* (ou termites), les *hyménoptères* (fourmis, abeilles, guêpes et bourdons).

Les isoptères représentent approximativement 2 300 espèces, toutes éosociales. Parmi les hyménoptères, la plupart sont des insectes solitaires : sur les 275 000 espèces que comprend probablement cet ordre, on peut raisonnablement estimer à environ 16 500 celles qui sont vraiment sociales (13 000 fourmis, 2 500 abeilles et bourdons, et 1 000 guêpes). Cela ne représente en fait que 6 % du nombre estimé d'espèces d'hyménoptères. On retiendra surtout que, sur les

7. R. W. Taylor, « *Nothomyrmecia macrops* : a living-fossil ant rediscovered », *Science*, n° 201, 1978, p. 979-985.

8. P. Jaisson, D. Fresneau, R. W. Taylor & A. Lenoir, « Social organization in some primitive ants from Australia. I. *Nothomyrmecia macrops* Clark », *Insectes sociaux*, n° 39, 1992, p. 425-438.

750 000 espèces d'insectes aujourd'hui répertoriées, 13 000 seulement sont éosociales : par conséquent, moins de 2 % des espèces d'insectes représentent nettement plus de la moitié de la biomasse de tous les insectes vivant sur la planète.

Les fourmis sont probablement les plus diversifiés de tous les insectes sociaux : bien qu'elles ne constituent qu'une simple famille taxonomique (c'est-à-dire un niveau comparable à la lignée humaine), elles comptent environ neuf mille espèces répertoriées, soit douze fois plus que le nombre moyen d'espèces dans une famille d'insectes [9]. Mais ce nombre paraît bien faible au regard des millions de milliards d'individus qu'il recouvre. Qu'un nombre d'espèces aussi restreint puisse avoir un impact écologique aussi considérable est assurément le signe de la haute adéquation adaptative du mode de vie éosocial.

La sexualité singulière des hyménoptères

Les sociobiologistes considèrent généralement que tous les termites sont monophylétiques, c'est-à-dire qu'ils descendent tous d'un même ancêtre commun, qui est passé de la vie solitaire à la vie sociale. Cet ancêtre était vraisemblablement un cafard mangeur de bois vivant en groupes familiaux et possédant des micro-organismes flagellés lui permettant de digérer la cellulose ou la lignine : il en existe encore deux espèces dans le monde, appartenant au même genre *Cryptocercus* [10]. Quelque cent millions d'années plus tard, alors que se diversifiaient les plantes à fleurs, la socialité a explosé en bouquets chez les hyménoptères, à plusieurs reprises. Là, on s'accorde à penser que le Rubicon fut franchi une fois, peut-être deux, pour les fourmis (seule famille où toutes les espèces soient éosociales, à l'instar des termites), au moins trois fois chez les guêpes, et au moins huit fois chez les abeilles et les bourdons, qui seraient les hyménoptères les plus récemment passés à la socialité. En résumé, une forme avancée de vie sociale est apparue au moins treize fois chez les insectes pris

9. L'ensemble de la classe des insectes comprend environ un millier de familles.
10. Ces deux espèces vivent, l'une en Amérique du Nord, et l'autre en Mongolie extérieure. Elles sont officiellement considérées comme des blattes, mais certains spécialistes pensent qu'on pourrait aussi bien les inclure parmi les termites primitifs.

dans leur ensemble, dont douze fois pour le seul ordre des hyménoptères, où elle prit une allure extrêmement polyphylétique [11].

Le hasard ne saurait expliquer à lui seul que sur les treize occurrences *indépendantes* de l'éosocialité chez les insectes, douze se soient focalisées sur un seul ordre parmi la trentaine que compte cette importante classe zoologique. Cette particularité, concernant un événement évolutif aussi exceptionnel, conduisit Hamilton à postuler qu'une caractéristique originale des hyménoptères avait dû les

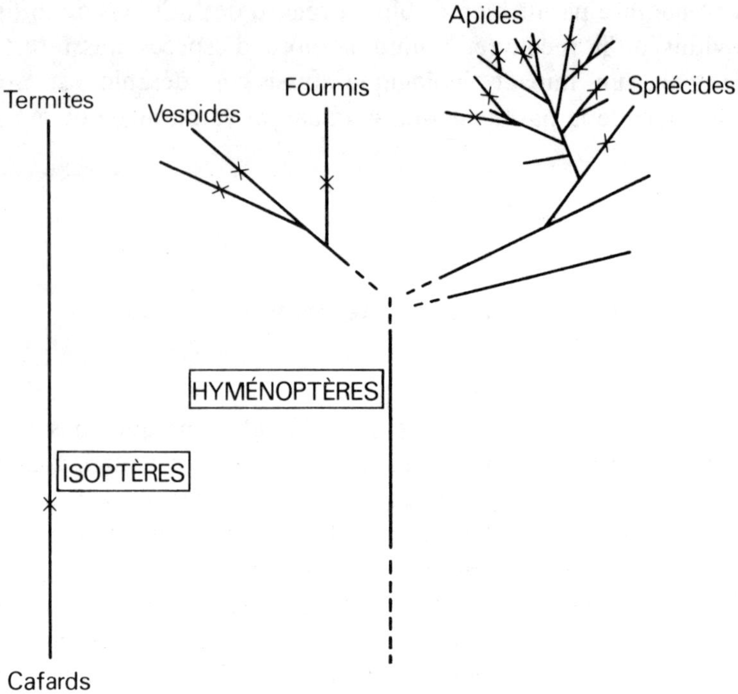

Fig. 3.3. Les apparitions de l'éosocialité chez les insectes isoptères et hyménoptères. Les croix indiquent la localisation possible du passage à la vie sociale : les termites sont monophylétiques (l'éosocialité est apparue chez un ancêtre commun à tous) ainsi que les fourmis. Chez les guêpes (vespidés et sphécidés) et chez les abeilles l'éosocialité est apparue plusieurs fois indépendamment au cours de l'Évolution (modifié d'après Wilson, 1971 *).

* E. O. Wilson, « *The Insect Societies* », Harvard University Press, Cambridge, 1971.

11. Comme nous le verrons plus loin, des formes assez organisées de vie sociale furent découvertes ces dernières années chez des pucerons des plantes (Hémiptères). Toutefois, elles paraissent éloignées du degré de complexité des précédentes, le caractère éosocial ne pouvant être retenu pour deux raisons : la non-fermeture du groupe, totalement tolérant à l'égard de congénères étrangers, et l'absence d'élevage coopératif des jeunes. À l'inverse, la découverte toute récente des thrips éosociaux (*cf. infra*) devrait venir augmenter le nombre des espèces éosociales dans des proportions qu'il est encore impossible d'évaluer.

prédisposer à devenir sociaux. Ce caractère préadaptatif aurait pu, selon lui, abaisser substantiellement le seuil de probabilité d'apparition de la socialité au cours de l'histoire évolutive des hyménoptères. Restait à le trouver. Hamilton proposa une explication. Il nota en effet que ces dispositions favorables à la socialité coïncidaient avec une singularité des hyménoptères : l'*haplodiploïdie* (nous verrons plus loin que l'haplodiploïdie ne fut sans doute pas la seule préadaptation favorable). On désigne par là un mécanisme de déterminisme de la sexualité qui caractérise tous les hyménoptères. Ces insectes ne possèdent pas de chromosomes sexuels « X » et « Y », contrairement à presque tous les autres groupes animaux y compris l'Homme : c'est le nombre global de chromosomes qui détermine leur sexe. La femelle est dite *diploïde* car elle possède la panoplie complète de l'espèce, c'est-à-dire deux fois plus que le mâle, *haploïde.*

Plus précisément, le mâle ne possède qu'un chromosome de chaque paire caractérisant cette panoplie (n), alors que la femelle les possède tous (2n) [12]. En fait, le mâle d'hyménoptère provient d'un ovule non fécondé, alors que la femelle provient d'une vraie cellule œuf à 2n chromosomes. Le contrôle du sexe de la descendance est permis aussi par la présence, vers la fin du tractus génital de la femelle, d'un sac à spermatozoïdes (la *spermathèque*) dans lequel les cellules sexuelles délivrées par le mâle (ou les mâles) lors de la copulation sont stockées [13]. La spermathèque des hyménoptères, qui constitue une autre préadaptation favorable à l'apparition de la socialité, n'a pourtant pas beaucoup retenu l'attention des sociobiologistes. Elle communique avec le vagin par un canal, et tous les ovules passent obligatoirement à l'embouchure de ce canal. En fonction de ses besoins, la femelle utilise les spermatozoïdes qui s'y trouvent, contrôlant ainsi le sexe de sa descendance : si l'entrée du canal de la spermathèque est fermée, l'ovule qui passe sortira non fécondé et produira un mâle ; à l'inverse, si l'entrée de la spermathèque est ouverte, laissant le libre passage aux spermatozoïdes, l'ovule sera cette fois fécondé et donnera une femelle (fig. 3.4). Ce contrôle peut se trouver déterminé par des facteurs de l'environnement, par exemple la température ou bien l'endroit du nid où la ponte s'effectue.

12. Il faut préciser que ce n'est pas le nombre de chromosomes qui est la cause directe de la sexualité, mais le degré d'hétérogénéité génétique. Les diploïdes étant plus hétérogènes que les haploïdes, ils deviennent femelles et inversement.

13. La paroi de la spermathèque sécrète des substances alimentaires qui permettent aux spermatozoïdes d'être maintenus en vie tout au long de la vie de la femelle, qui peut dépasser vingt-cinq ans chez certaines espèces de fourmis.

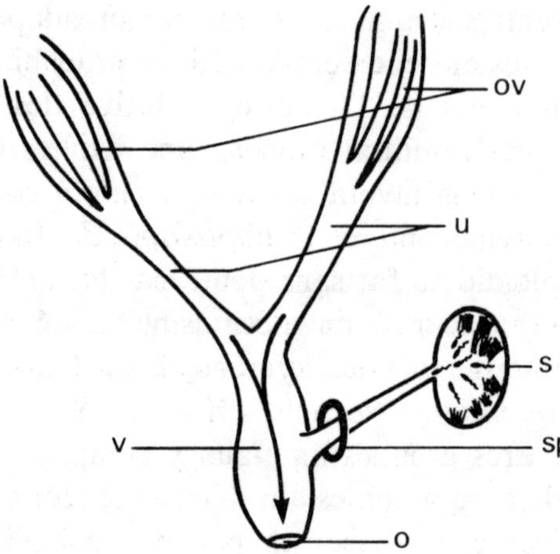

Fig. 3.4. Représentation schématique de l'appareil reproducteur d'une femelle d'hyménoptère : *o*, orifice de ponte ; *ov*, ovaires ; *s*, spermathèque, *sph*, muscle sphincter dont la contraction supprime la circulation des spermatozoïdes ; *u*, utérus ; *v*, vagin. La flèche indique le parcours terminal de l'ovule.

On pense que l'haplodiploïdie serait apparue chez un ancêtre commun à tous les hyménoptères actuels, il y aurait environ cent cinquante millions d'années. Son utilité serait d'avoir permis aux femelles de ces insectes chasseurs de choisir le sexe de l'œuf qu'elles pondent en fonction de la taille des proies capturées, les larves de mâles nécessitant moins de nourriture que les larves de femelles.

L'haplodiploïdie entraîne une conséquence génétique majeure du fait de l'absence de *méiose* lors de la fabrication des spermatozoïdes à l'intérieur des testicules (spermatogenèse). La méiose est un processus particulier de division cellulaire qui réduit le nombre de chromosomes et n'intervient que lors de la fabrication des gamètes (cellules reproductrices : ovules et spermatozoïdes). Les gamètes sont haploïdes : ils ne possèdent plus que la moitié des chromosomes de la cellule dont ils descendent. En s'unissant à des cellules reproductrices du sexe opposé, ils forment un œuf qui, par addition, retrouvera le nombre de chromosomes initial. Le mécanisme de la méiose évite, chez la plupart des êtres ayant une reproduction sexuée, que le nombre de chromosomes n'augmente à chaque génération, mâle et femelle n'apportant chacun à leurs descendants que la moitié du nombre caractérisant l'espèce. Chez les hyménoptères, la méiose a bien lieu chez les femelles, lesquelles possèdent 2n chromosomes, mais elle n'intervient pas chez les mâles, déjà haploïdes. Cette absence de méiose entraîne à son tour la *similitude génétique entre tous les spermatozoïdes d'un même mâle.* Cette monotonie chromosomique ne peut rester sans effet sur les caractéristiques génétiques de la progéniture.

Chez les espèces à déterminisme hétérochromosomique de la sexualité (type X/Y), la variabilité génétique entre enfants d'un même couple résulte essentiellement de la répartition aléatoire des chromosomes de chaque paire, lors de la méiose, entre les différentes cellules sexuelles, chez la mère comme chez le père (fig. 3.5). Ainsi, le nombre *N* de formules chromosomiques distinctes que peut engendrer un seul

1

♂ $\mathbf{a}_1\mathbf{a}_2xy$ — ♀ $a_1a_2x_1x_2$

spermatozoïdes \ ovules	a_1x_1	a_1x_2	a_2x_1	a_2x_2
$\mathbf{a}_1$ x	$\mathbf{a}_1a_1xx_1$	$\mathbf{a}_1a_1xx_2$	$\mathbf{a}_1a_2xx_1$	$\mathbf{a}_1a_2xx_2$
$\mathbf{a}_1$ y	$\mathbf{a}_1a_1x_1y$	$\mathbf{a}_1a_1x_2y$	$\mathbf{a}_1a_2x_1y$	$\mathbf{a}_1a_2x_2y$
$\mathbf{a}_2$ x	$\mathbf{a}_2a_1xx_1$	$\mathbf{a}_2a_1xx_2$	$\mathbf{a}_2a_2xx_1$	$\mathbf{a}_2a_2xx_2$
$\mathbf{a}_2$ y	$\mathbf{a}_2a_1x_1y$	$\mathbf{a}_2a_1x_2y$	$\mathbf{a}_2a_2x_1y$	$\mathbf{a}_2a_2x_2y$

2

♂ $\mathbf{a}\,\mathbf{b}$ — ♀ $a_1a_2b_1b_2$

spermatozoïdes \ ovules (ou fils)	a_1b_1	a_1b_2	a_2b_1	a_2b_2
$\mathbf{a}\,\mathbf{b}$	$\mathbf{a}a_1\mathbf{b}b_1$	$\mathbf{a}a_1\mathbf{b}b_2$	$\mathbf{a}a_2\mathbf{b}b_1$	$\mathbf{a}a_2\mathbf{b}b_2$

Fig. 3.5. Les conséquences du déterminisme hétérochromosomique de la sexualité sur la variabilité chromosomique de la descendance (les parents étant représentés de part et d'autre de chaque tableau). L'exemple choisi est une espèce qui aurait deux paires de chromosomes à l'état diploïde. Le tableau 1 se rapporte à l'hypothèse d'un déterminisme hétérochromosomique : chaque parent possède une paire de chromosomes non sexuels (les autosomes *a*, *b*, représentés noircis chez le mâle) et une paire de chromosomes sexuels (x_1, x_2 ou xy) ; chaque parent formera quatre types chromosomiques de cellules sexuelles et les combinaisons possibles lors de la fécondation sont au nombre de seize (huit femelles et huit mâles). Dans le cas d'un déterminisme haplodiploïde (tableau 2), tous les spermatozoïdes sont identiques au plan chromosomique, les fils n'ont pas de père et les panoplies chromosomiques possibles chez les enfants ne sont qu'au nombre de huit (quatre femelles et quatre mâles).

couple hétérochromosomique est donné par la formule : $N = 2^{2n}$, où *n* est le nombre de paires de chromosomes caractérisant l'espèce. Chez l'Homme, on obtient 2^{46}, soit un chiffre bien plus important que l'effectif de l'humanité tout entière. Chez les hyménoptères, la variabilité génétique entre deux enfants d'un même couple est réduite de moitié puisqu'elle ne résulte que de la seule méiose maternelle.

La conséquence de cette particularité est que deux hyménoptères frères (rappelons qu'ils sont orphelins de père) ont un degré d'identité génétique pouvant varier de 0 à 100 %, correspondant soit à l'héritage d'un exemplaire distinct de chaque paire des chromosomes de la mère, soit à l'héritage, toujours, du même exemplaire. Le taux moyen d'identité chromosomique (donc génétique) entre ces deux frères est donc de 50 %). De ce point de vue, il n'y a pas de différence avec les espèces à déterminisme hétérochromosomique comme la coccinelle, le

Parent de la femelle	Proximité génétique moyenne entre la femelle et son parent
Mère	1/2
Père	1/2
Sœur	3/4 (1/2)
Frère	1/4 (1/2)
Fille	1/2
Nièce } par sa sœur	3/8 (1/4)
Neveu } par sa sœur	3/8 (1/4)
Nièce par son frère	1/8 (1/4)
Cousine } par une tante maternelle	3/16 (1/8)
Cousin } par une tante maternelle	3/16 (1/8)
Tante maternelle	3/8 (1/4)

Fig. 3.6. Proximité génétique entre une femelle de fourmi, d'abeille ou de guêpe et ses apparentés proches : entre parenthèses est indiquée la proximité génétique qui existerait pour un déterminisme hétérochromosomique de la sexualité (lorsque la valeur est différente).

chat ou l'Homme. La singularité apparaît en revanche dans le cas de deux hyménoptères sœurs, qui reçoivent en effet deux stocks paternels rigoureusement identiques, issus des spermatozoïdes préservés au sein de la spermathèque maternelle. La source de variabilité se trouvera donc limitée à la seule moitié maternelle de leur patrimoine héréditaire, soit en moyenne 25 %, donc un quart de leur patrimoine génétique global. Le taux *moyen* global d'identité génétique entre deux hyménoptères sœurs sera donc : 100 % du patrimoine reçu du père + 50 % du patrimoine reçu de la mère = 75 % de la totalité (fig. 3.6).

Par le simple jeu de l'haplodiploïdie, *deux hyménoptères sœurs ont donc les trois quarts de leur patrimoine génétique en commun* (au lieu de la moitié chez les espèces à sexualité de type X/Y). Notons que cette démonstration n'est valable qu'aux conditions suivantes : la mère est soit fécondée par un seul mâle (monandrie), soit, en cas de fécondation par plusieurs mâles (polyandrie), les différents stocks de spermes ne se mélangent pas dans la spermathèque, de telle sorte que seul celui d'un même mâle soit utilisé pendant toute une période.

Génétique, altruisme et socialité : la théorie de la parentèle

Dans ce contexte, Hamilton a proposé d'établir le lien entre l'haplodiploïdie, l'Évolution des comportements altruistes, et l'apparition de la socialité chez les ancêtres des fourmis, des abeilles, des guêpes et des bourdons. Par comportement altruiste, on n'entend pas seulement les soins (dons de nourriture, léchages, etc.) que l'ouvrière prodigue à la reine, mais également tous les comportements de nourrice à l'égard du couvain (œufs, larves, pupes ou cocons), les comportements sociaux dirigés vers les autres ouvrières, lesquels favorisent indirectement la reproduction de la reine, l'approvisionnement à des sources alimentaires extérieures au nid et le partage de la récolte, et enfin les comportements de défense de la société, évoqués au chapitre premier. La figure 3.7 montre que si une fourmi se reproduisait pour son propre compte, de façon dite « égoïste », elle propagerait, comme nous venons de le voir, 50 % de ses gènes. Mais en aidant sa mère, la fourmi altruiste sert du même coup les intérêts génétiques de son père, représentés par le stock de spermatozoïdes préservés dans l'abdomen de la reine. Ainsi, en investissant dans la production de nouvelles sœurs, l'altruiste assurera la propagation des trois quarts de ses propres gènes. Par conséquent, lorsque au cours de l'Évolution, apparaissent dans un groupe familial d'hyménoptères des gènes favorisant l'altruisme, les individus qui les portent ont beaucoup plus de chances de transmettre les caractères directement « altruistes ». Ce résultat est paradoxal, mais clair : il signifie qu'une fourmi qui ne se reproduit pas individuellement mais se consacre à favoriser la reproduction de sa mère propage plus sûrement et plus complètement son patrimoine héréditaire que si elle se reproduisait elle-même. En outre, on peut en déduire que plus cette fourmi possédera de gènes impliqués dans le déterminisme de son comportement social, plus elle aura de chances de propager une part importante de son génome.

Hamilton expliquait ainsi pourquoi l'apparition de l'éosocialité

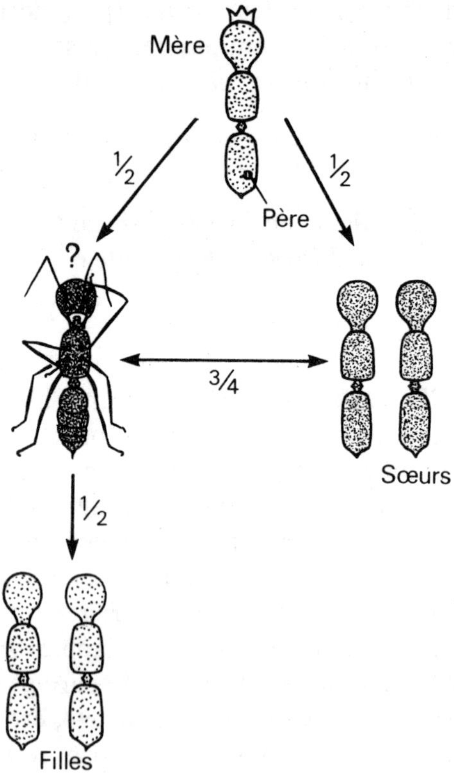

Fig. 3.7. Représentation des options théoriques de reproduction ouvertes à une fourmi : production directe de filles (50 % d'identité génétique) ou, à travers les parents, de sœurs (75 % d'identité génétique). Le père est présent sous la forme de ses spermatozoïdes stockés dans la spermathèque maternelle.

était beaucoup plus probable chez les hyménoptères que dans la plupart des autres ordres d'insectes. Il proposait pour la première fois un mécanisme scientifiquement plausible du concept de « sélection familiale » proposé par Darwin, un siècle auparavant. La théorie de Hamilton fut appelée théorie de la parentèle (*kinship theory*) : c'était la première théorie sociobiologique.

Dans ce schéma, la tendance à l'altruisme devrait se trouver constamment auto-renforcée, et l'on doit s'attendre à ce que la sélection naturelle, pour un même investissement énergétique de l'ouvrière, favorise les comportements altruistes les plus efficaces pour la reproduction de la reine : les sociobiologistes disent que l'Évolution va dans le sens d'une *optimisation* du comportement altruiste. Le succès adaptatif de l'individu altruiste se trouve solidairement lié à celui de ses parents, en particulier à celui de sa mère : l'efficacité reproductrice de celle-ci mesure donc ce succès adaptatif. Par conséquent, l'« intérêt » des fourmis ou des abeilles ouvrières est de manifester les comportements altruistes les plus performants.

Comme l'a montré le chapitre précédent, le renforcement du succès reproducteur de l'individu cible bénéficie d'autant plus à la postérité de l'individu altruiste que le lien de proximité génétique (parentèle) entre les deux est plus élevé. De ce point de vue, les hyménoptères ont un atout exceptionnel dû à la conjonction de deux caractères favorables : l'haplodiploïdie et l'existence d'un sac de stockage du sperme (la spermathèque). Les spermatozoïdes stockés par ce moyen sont génétiquement identiques à celui dont est issue l'ouvrière altruiste. Par conséquent, un même comportement altruiste dirigé vers la reine garantit, en fait, la reproduction du génome de chacun des deux parents. Parmi les œufs pondus par la reine, certains vont donner de jeunes reines filles qui fonderont de nouvelles colonies. Elles sont, elles aussi, les sœurs des ouvrières altruistes qui les ont soignées pendant leur développement.

Ainsi, la théorie de la parentèle fait apparaître un lien entre des éléments comportementaux – les conduites altruistes, condition de la socialité – et des éléments génétiques – la tendance à la pérennisation du génome. Dans le cas particulier des hyménoptères, la spécificité que constitue l'haplodiploïdie permet de souligner ce lien de façon spectaculaire. La découverte toute récente de l'éosocialité chez les *thysanoptères* (autre ordre d'insectes, *cf.* p. 105), constitue un argument supplémentaire en faveur de la théorie de Hamilton, car les thysanoptères comptent parmi les rares insectes haplodiploïdes.

Critiques et objections

La théorie de Hamilton, promue et généralisée par Wilson, a fourni un cadre conceptuel à de nombreuses recherches et s'est révélée une source féconde d'hypothèses et de prédictions. Pour eux, le fait que l'haplodiploïdie permette une explication cohérente de l'Évolution de la socialité chez les hyménoptères constitue une preuve de l'origine génétique des comportements sociaux (bien entendu, cela ne signifie pas nécessairement que le comportement social d'un individu découle de façon directe, univoque et à chaque instant, de l'action isolée de ses gènes). Pourtant, si la socialité des hyménoptères continue d'être considérée comme l'exemple par excellence de validation de la théorie de la parentèle, les sociobiologistes eux-mêmes ont émis des critiques et proposé des théories alternatives et des concepts nouveaux. Si diverses soient-elles, ces théories ont un point commun : elles reposent sur l'affirmation implicite qu'il existe une stratégie de propagation du patrimoine génétique qui consiste à favoriser la manifestation de comportements altruistes.

Un altruisme sans désintéressement

L'emploi du terme d'altruisme pourrait prêter à confusion. Il est clair, concernant les insectes, qu'il ne désigne aucune intention volontaire. Il désigne des comportements observables qui favorisent objectivement, de façon directe ou indirecte, les compagnons sociaux au détriment immédiat, apparent ou non, de l'individu altruiste. Le terme de « donneurisme social [14] », évitant toute connotation émotionnelle, a été proposé, mais sans succès.

On a beaucoup écrit sur la véritable nature de l'altruisme chez les insectes éosociaux et chez d'autres espèces. Si la conséquence apparemment immédiate de l'altruisme est de désavantager l'individu

14. G. C. Williams & D. C. Williams, « Natural selection of individual harmful social adaptations among sibs with special reference to social insects », *Evolution*, nº 11, 1957, p. 32-39.

qui le manifeste, au contraire, la fonction finale de l'aide apportée à un compagnon apparenté (l'augmentation de la propagation des gènes de l'individu altruiste) semble singulièrement égoïste. Dans cette mesure, l'altruisme apparaît comme un égoïsme particulièrement performant ! C'est cette idée que développait, en la poussant à l'extrême, Richard Dawkins, éthologiste de l'université d'Oxford, dans son livre *Le Gène égoïste* [15]. Pour Dawkins, plus radical que Wilson et Hamilton, l'altruisme est effectivement la forme la plus avancée d'égoïsme. Mais il s'agit de l'égoïsme des gènes, lesquels manipuleraient à leur profit exclusif les organismes qu'ils ont construits. Ces derniers ne sont que les « machines de survie » qui hébergent, nourrissent et protègent les gènes. Une conception aussi radicale rappelle à nouveau l'âpre querelle – déjà évoquée au premier chapitre – qui, à la charnière de ce siècle, opposa les « somatistes » aux « germinalistes » à propos des organismes multicellulaires. Les premiers défendaient l'idée que les cellules non reproductrices de l'organisme pouvaient modifier directement les caractères héréditaires, tandis que les seconds s'attachaient à l'unique prééminence des cellules germinales (reproductrices), dont les précédentes n'étaient que l'enveloppe nutritive et protectrice. Ce débat fut clos lorsqu'on prit conscience que l'individu dans son ensemble (toutes catégories cellulaires confondues) pouvait être soumis à la sélection naturelle, même si le résultat ne peut se mesurer qu'à travers le succès de sa reproduction. En outre, la plupart des cellules somatiques contiennent elles aussi toute l'information génétique potentiellement transmissible à la génération suivante.

Les comportements altruistes doivent plutôt s'interpréter comme la manifestation visible des mécanismes qui accroissent la cohésion entre les membres, solidaires dans leurs intérêts, d'un groupe social constituant une entité, véritable super-organisme pouvant être soumis globalement à la sélection naturelle opérant au sein de la population dont il est membre.

De l'avantage d'avoir des sœurs et de l'inconvénient d'avoir des frères

Dès 1972 [16], Hamilton a été le premier à signaler une difficulté majeure dans l'application de sa propre théorie aux hyménoptères :

15. *Op. cit.*
16. W. D. Hamilton, « Altruism and related phenomena, mainly in social insects », *Annual Review of Ecology and Systematics*, n° 3, 1972, p. 193-232.

lorsqu'une fourmi ouvrière aide la reine, sa mère, cette dernière peut améliorer sa reproduction globale, sans distinction du sexe de sa progéniture. Or, dans la formulation de sa théorie génétique du comportement social, Hamilton s'était placé dans l'hypothèse la plus favorable à la rentabilité de l'investissement altruiste : celle de la production de sœurs, qui ont, en moyenne, un patrimoine génétique aux trois quarts identique à celui de l'altruiste. Cette présentation favorisait nettement la démonstration du rôle de l'haplodiploïdie comme prédisposition à la socialité. Il n'en va plus de même lorsque la reine ainsi favorisée se met à produire des fils et non des filles, et donne des frères et non des sœurs à l'ouvrière altruiste. Effectivement, comme on peut le déduire de la figure 3.6, le coefficient de proximité génétique entre la fourmi altruiste et son frère tombe, dans ce cas, à 1/4. Par conséquent, le bénéfice qu'une fourmi ouvrière retire de son altruisme quant à la propagation de ses gènes lorsqu'elle favorise la production d'une sœur sera perdu intégralement lorsqu'elle favorisera celle d'un frère, le coefficient de proximité génétique moyen avec ses frères et sœurs ayant pour valeur : (1/4 + 3/4) : 2 = 1/2. Cette moyenne est identique à celle qu'aurait obtenue la fourmi ouvrière en reproduisant, « égoïstement », pour son propre compte. Par conséquent, l'édifice théorique construit par Hamilton serait ruiné, sauf s'il s'avérait que les ouvrières de fourmis, de guêpes ou d'abeilles étaient capables d'exercer un contrôle sur le rapport entre le nombre de mâles et de femelles dans la progéniture dont elles ont la charge, de telle sorte que leur investissement altruiste aboutisse préférentiellement à la production de femelles sœurs plutôt que de mâles frères.

Cette difficulté fut abordée en 1976 par Robert Trivers et Hope Hare, alors jeunes chercheurs à l'université Harvard [17]. Ils apportèrent un faisceau d'indices tendant à montrer que les sociétés d'hyménoptères investissent effectivement davantage dans la production de femelles que dans celle de mâles. D'abord, se référant à des travaux antérieurs, ils rappelèrent que les ouvrières de certaines espèces étaient capables de pondre, parfois même en présence de la reine, et d'assurer elles-mêmes tout ou partie de la production des mâles (les œufs pondus par les ouvrières sont haploïdes puisqu'elles ne sont pas fécondées). Des recherches plus récentes ont confirmé cette possibilité, mais dans un nombre restreint d'espèces. Ainsi, Blaine Cole, de l'université de

---

17. R. L. Trivers & H. Hare, « Haplodiploidy and the Evolution of the Social Insects », *Science*, n° 191, 1976, p. 249-263. Il faut noter que, dans cet article, les auteurs donnèrent pour la première fois le nom de « théorie de la parentèle » (*kinship theory*) à la théorie génétique du comportement social de Hamilton.

Virginie, a démontré que les ouvrières de la petite fourmi des brindilles *Leptothorax allardycei* pondaient en présence de la reine et fournissaient ainsi 20 % de la production de mâles [18]. Dans ce cas, l'inconvénient génétique de produire des frères peut se trouver largement compensé par l'avantage de produire des fils dont la totalité des gènes proviennent des ouvrières mères, les mâles d'hyménoptères n'ayant jamais de père. Mais la situation n'est pas identique dans toutes les sociétés d'hyménoptères car, chez bon nombre d'espèces, les ouvrières ne sont capables de produire des œufs viables que lorsque la reine disparaît : vivante, elle exerce sur elles une inhibition castratrice. Dans d'autres cas, seuls des œufs alimentaires (dépourvus d'enveloppe rigide) peuvent être pondus. En outre, chez un nombre non négligeable d'espèces les ouvrières ont perdu toute trace d'appareil reproducteur [19]. Trivers et Hare postulèrent alors que, faute de facultés reproductrices propres, les ouvrières devaient, par leur comportement, biaiser la *sex ratio* (nombre de femelles par rapport au nombre de mâles) en faveur des femelles : c'était une donnée mesurable. Pour le cas, fréquent, où il n'y a qu'une reine par colonie, ils calculèrent que, pour que l'altruisme des ouvrières ait un effet favorable sur leur adéquation adaptative globale (*inclusive fitness*), il fallait que l'investissement dans la production de femelles soit au moins trois fois supérieur à l'investissement dans la production de mâles [20].

Pour vérifier cette hypothèse, ils entreprirent alors d'évaluer l'investissement différentiel des ouvrières vers la production de mâles ou de jeunes reines en comparant leur nombre respectif dans la société. L'étude fut menée sur des colonies de dix-neuf espèces de fourmis monogynes [21]. On tint compte du poids des reproducteurs, les femelles étant plus lourdes que les mâles. Cette donnée constitue une bonne estimation de l'investissement consenti par les ouvrières car le poids de l'adulte est proportionnel à la quantité d'aliments fournis à la larve par les ouvrières nourrices. Les résultats furent établis en rassemblant des éléments puisés dans les collections du Musée de Zoologie Comparée de l'université Harvard et des données bibliographiques anciennes, le tout complété par des relevés nouveaux.

---

18. B. J. Cole, « The social behavior of *Leptothorax allardycei* (Hymenoptera, Formicidae) », *Behavioral Ecology & Sociobiology*, n° 18, 1986, p. 165-173.
19. Par exemple les fourmis du genre *Pheidole*, représentant des centaines d'espèces.
20. Le ratio 3 : 1 est obtenu simplement en faisant le rapport de la proximité génétique moyenne entre sœurs (3/4) à la proximité génétique moyenne entre frère et sœur (1/4).
21. Une espèce monogyne ne possède qu'une seule reine par colonie. Je ne tiens pas compte de deux autres espèces figurant dans cette étude mais qui sont esclavagistes, et ont de ce fait des comportements exceptionnels chez les fourmis, comme nous le verrons.

Les résultats confirmèrent largement les prédictions faites à partir du modèle théorique. D'abord, on s'aperçut que le rapport entre le nombre de mâles et le nombre de jeunes reproductrices (M/F) variait de 0,31 (chez la fourmi *Myrmica schencki*) à 8,36 (chez *Prenolepis imparis*). Mais chez *Myrmica schencki* (où il y a moins de mâles que de femelles), les jeunes reines étaient seulement deux fois plus lourdes que les mâles alors que chez *Prenolepis imparis*, les jeunes reproductrices étaient vingt-cinq fois plus lourdes que les mâles. En fait, le rapport entre l'investissement en faveur des femelles et l'investissement en faveur des mâles était respectivement de 6,45 pour la première espèce et de 3,04 pour la seconde. Ces exemples sont représentatifs d'une tendance à produire sensiblement moins de femelles lorsqu'elles sont beaucoup plus lourdes que les mâles, et réciproquement. En moyenne, sur les dix-neuf espèces monogynes considérées, le ratio de l'investissement vers la production de femelles sur l'investissement vers la production de mâles était de 4,36 (valeurs extrêmes : 1,57 et 8,88), c'est-à-dire nettement supérieur à la valeur minimum de 3 prédite par la théorie. De plus, seize espèces sur dix-neuf avaient un ratio supérieur à 2,50 en faveur des femelles. Ce résultat devient encore plus convaincant lorsqu'on sait que, faute d'un moyen pour l'établir, il n'est fait aucune distinction entre les mâles frères (issus de la reine) et les mâles fils (issus des ouvrières). De ce fait, par exemple, la valeur de 1,59 obtenue pour la fourmi *Myrmica sulcinodis* apparaît beaucoup moins comme une contre-performance pour la théorie lorsqu'on sait que, dans cette espèce, de nombreuses ouvrières produisent elles-mêmes une forte proportion des mâles. Plus récemment, une étude menée par Peter Nonacs, de l'université Harvard, a largement confirmé les prédictions de Trivers et Hare, fondées sur la théorie de la parentèle [22].

Si ce résultat conforte la théorie de la parentèle, on reste toutefois assez démuni quant à la connaissance des *mécanismes* par lesquels les ouvrières des espèces monogynes favorisent la production de femelles sœurs au détriment des mâles frères. Certes, on a souvent signalé que les ouvrières se montraient facilement agressives à l'égard des mâles, et qu'en situation de disette dans la société, les larves de mâles étaient les premières à être dévorées. De surcroît, dans une situation critique pour la colonie, les ouvrières mettent à l'abri en

22. P. Nonacs, « Ant reproductive strategies and sex allocation theory », *Quarterly Review of Biology*, n° 61, 1986, p. 1-21.

priorité les cocons de femelles [23]. Mais sans doute faut-il évoquer aussi la possibilité que les œufs et larves de mâles, possédant deux fois moins de chromosomes que ceux des femelles, soient tout simplement plus fragiles et aient une mortalité sensiblement plus élevée.

Polygynie et polyandrie : deux sources de confusion génétique

LA POLYGYNIE OU COEXISTENCE DE PLUSIEURS REINES

Si la raison d'être de l'altruisme est de favoriser la reproduction du patrimoine génétique de l'individu altruiste, comment peut-on expliquer le comportement altruiste des ouvrières quand il profite à des congénères non apparentés, ce qui semble être le cas dans les sociétés polygynes, résultant de l'association de plusieurs reines. Le cas n'est pas rare : dans leur ouvrage de référence sur les fourmis [24], Hölldobler et Wilson arrivent à la conclusion que, si la formule monogyne (une reine par colonie) est la plus répandue, le nombre d'espèces polygynes serait cependant assez conséquent. En outre, chez nombre d'espèces, la monogynie constatée dans la colonie adulte est secondaire : le stade de la fondation est polygyne – c'est-à-dire qu'il y a association entre plusieurs jeunes reines – et la réduction du nombre de femelles reproductrices ne se produit que par la suite. Inversement, chez certaines fourmis, la fondation est monogyne, mais d'autres reines, seules ou accompagnées de leurs ouvrières, viennent ensuite se joindre à la colonie : dans ce cas, c'est la polygynie qui est secondaire.

Chez les fourmis comme chez les guêpes sociales polygynes, plusieurs reines coexistent dans une même colonie adulte. À première vue, cela ne semble guère compatible avec la théorie de la sélection de parentèle : on peut en effet supposer que les ouvrières d'une société à plusieurs reines seront amenées à manifester leur altruisme vis-à-vis de compagnons du même nid qui ne sont ni leur mère, ni leurs sœurs,

23. La démonstration en a été faite par Peter Nonacs et Norman Carlin (de Harvard) chez la fourmi charpentière *Camponotus floridanus* : « When can ants discriminate the sex of brood ? A new aspect of queen-worker conflict », *Proceedings of the National Academy of Sciences of the USA*, n° 87, 1990, p. 9670-9673.
24. *Cf.* note 3.

ni leurs demi-sœurs. La production d'individus non apparentés devrait donc s'y trouver favorisée. Plusieurs études récentes consacrées à ce problème nous amènent aujourd'hui à une vision plus nuancée, mais également plus complexe, où la polygynie n'apparaît plus aussi simplement comme un démenti aux théories sociobiologiques. On en trouve des exemples notamment chez les guêpes et chez les fourmis.

Il faut noter d'abord qu'au sein d'une société à plusieurs reines, l'altruisme peut tour à tour bénéficier à l'une puis à l'autre des lignées d'ouvrières. Cette coopération « tournante », dont le bilan global serait avantageux pour chacune des lignées, pourrait justifier la sélection de gènes qui lui seraient favorables. Ensuite, des mécanismes biologiques découverts depuis quelques années chez plusieurs espèces semblent réduire l'incidence de la polygynie sur la confusion génétique au sein de la société. En 1969, s'appuyant sur un modèle théorique très en avance pour l'époque, Mary Jane West-Eberhard [25], chercheuse à l'institut Smithonian, émit l'hypothèse que l'association de plusieurs reines fondatrices chez les guêpes *Polistes* [26] ne s'effectuait pas au hasard, mais en fonction d'affinités de parenté : soit des sœurs s'associent entre elles, soit des reines filles se joignent à la reine mère. Ces prévisions ont été confirmées depuis [27]. Dans la plupart des cas, la société est fondée par association de reines apparentées, donc l'altruisme des futures ouvrières aboutira à favoriser soit la reproduction de leur propre mère, soit celle d'une tante, voire d'une sœur. Bon an, mal an, les dividendes de l'altruisme resteront donc dans la famille. Les jeunes reines fondatrices sont en effet capables de discriminer entre sœurs, demi-sœurs, nièces, cousines et non-apparentées grâce à des mécanismes de reconnaissance qui seront étudiés plus loin.

La hiérarchie des reines

À mesure que grandit la jeune société, l'association des fondatrices tourne souvent à l'avantage de l'une d'elles, qui peut finir par assurer à elle seule la majeure partie, voire la totalité de la reproduc-

25. M. J. West-Eberhard, « The social biology of polistine wasps », *Miscellaneous Publications of the Museum of Zoology of the University of Michigan*, n° 109, 1969, p. 1-101.
26. Les guêpes *Polistes* construisent un nid constitué d'un seul rayon horizontal en carton et suspendu à un support (tige, branche, toit...). Il existe bon nombre d'espèces tropicales et quelques-unes en Amérique du Nord et dans le sud de l'Europe, y compris en France méridionale.
27. J. Strassmann, « Altruism and Relatedness at Colony Foundation in Social Insects », *Trends in Ecology & Evolution*, n° 4, 1989, p. 371-374 ; J. Strassmann & coll., « Genetic relatedness in primitively eusocial wasps », *Nature*, n° 342, 1989, p. 268-269.

tion. En effet, l'une des reines, appelée dominante, dévore la plupart des œufs pondus par ses associées, qu'elle peut aussi rendre partiellement ou totalement stériles par des agressions ou des intimidations. Là encore, il faut se garder de généraliser à toutes les espèces. Ainsi, un spécialiste japonais des guêpes sociales, Yosiaki Itô, de l'université de Nagoya, étudiant des guêpes tropicales du sud de l'archipel nippon, a constaté que la hiérarchie entre fondatrices n'était pas si marquée. Il y a bien une femelle dominante au sein du groupe, mais ses comportements sont nettement plus « doux » envers ses subordonnées que dans les sociétés des espèces de contrées tempérées. Souvent même, les fondatrices subordonnées ne subissent pas de castration psychologique et continuent de pondre en présence de la reine dominante, en dépit de la naissance d'ouvrières. Même si ces fondatrices subordonnées pondent moins que la reine dominante, il y a bien un statut particulier de la polygynie chez ces guêpes sociales tropicales. Itô en proposa une explication sociobiologique [28]. Sous les tropiques, le contenu des guêpiers représente un mets de choix pour les nombreuses colonnes pillardes de fourmis prédatrices. Face à cette pression très forte du milieu, on peut supposer que différentes parades furent retenues au cours de l'Évolution des guêpes. Par exemple, la polygynie « douce » permet l'envol de toutes les reproductrices lors d'une attaque de fourmis, alors que l'abdomen, trop lourd pour le vol, d'une fondatrice unique en ferait une proie facile et condamnerait la société. En outre, dans les îles tropicales régulièrement balayées par des typhons, les guêpes ont tout intérêt à posséder plusieurs reproductrices par colonie car des fragments du nid peuvent être arrachés par les vents violents et emportés au large avec leurs occupantes. La coexistence de plusieurs reines permet de répartir le risque en évitant que la survie de la société soit menacée du fait de la probabilité de disparition d'une reine unique en cas de typhon. C'est le cas des guêpes *Ropalidia fasciata* de l'île d'Okinawa, dans l'archipel des Ryoukyous. Des prédispositions génétiques favorables à cette polygynie « douce » se sont vraisemblablement trouvées avantagées par la sélection naturelle qui s'exerce dans le milieu hostile où vivent ces guêpes tropicales.

La relation de dominance entre reines est également connue dans les sociétés adultes de fourmis polygynes. C'est le cas par exemple

28. Y. Itô, « Role of Pleometrosis in the Evolution of Eusociality in Wasps », *Animal Societies : Theories and Facts* (sous la direction de Y. Itô, J. L. Brown, & J. Kikkawa), Japan Scientific Societies Press, Tokyo, 1987, p. 17-34.

du *Leptothorax muscorum*, très petite fourmi des mousses nord-américaine récemment étudiée par deux étudiants de l'université Harvard, J. Heinze et T. A. Smith [29]. Dans chacune des sociétés minuscules de ces minuscules fourmis – une colonie complète peut tenir dans un dé à coudre – coexistent plusieurs reines fécondées (jusqu'à une douzaine). En fait, cette polygynie n'est qu'apparente car une seule des reines, dite femelle-α, monopolise la reproduction. Son comportement est reconnaissable : elle manifeste sa domination par des actes d'agression ou d'intimidation. Quant aux femelles dominées, elles sont fonctionnellement stériles bien qu'ayant été fécondées. Pour la plupart, ce sont de jeunes femelles qui réintègrent la colonie mère à l'issue du vol nuptial. La dominance de la reine-α inhibe le développement ovarien des femelles subordonnées. Donc, du point de vue du résultat *fonctionnel*, le *Leptothorax muscorum* est moins proche d'une polygynie que d'une monogynie où toutes les ouvrières sont en fait des sœurs.

D'après les observations faites dans la Nature, les colonies sont fondées originellement par une seule reine. À quoi servent alors les reines excédentaires ? On trouve la réponse en retirant la reine en exercice : dans les jours qui suivent, les femelles subordonnées commencent à développer leurs ovaires puis à pondre. En même temps, on voit apparaître de plus en plus d'agressions entre elles, agressions auxquelles viennent fréquemment se mêler les ouvrières. Une nouvelle hiérarchie s'installe progressivement avec, de nouveau, une seule reine fonctionnelle, les autres retournant généralement à leur état de stérilité antérieur à moins d'être expulsées, ou même tuées, par les ouvrières. L'intérêt, pour l'espèce, est que la mort de la reine n'entraîne pas celle de la société. Par ailleurs, malgré la polygynie, l'ensemble de la colonie fonctionne bien dans le sens d'une cohésion familiale. D'autres travaux récemment publiés sur la petite fourmi des mousses européenne *Leptothorax acervorum* [30] font état de résultats voisins.

---

29. J. Heinze & T. A. Smith, « Dominance and fertility in a functionally monogynous ant », *Behavioral Ecology & Sociobiology*, n° 27, 1990, p. 1-10.

30. M. Stille, B. Stille & P. Douwes, « Polygyny, relatedness and nest founding in the polygynous myrmicine ant *Leptothorax acervorum* (Hymenoptera ; Formicidae) », *Behavioral Ecology and Sociobiology*, n° 28, 1991, p. 91-96. Dans l'espèce étudiée par cette équipe de l'université de Lund, chaque colonie adulte possède plusieurs reines qui procréent en même temps, auxquelles s'ajoutent quelques reines « de secours », également fécondées, mais dont les ovaires sont peu développés. Cependant, il existe un degré de parenté élevé entre toutes, rendant la formule compatible avec la théorie de la parentèle.

Lors de la fondation de la colonie, la recherche d'associés apparentés est manifeste chez les guêpes alors que chez les fourmis, l'association paraît davantage résulter du hasard. Une explication réside sans doute dans le caractère souvent transitoire de la polygynie chez les fourmis. Elle est fréquemment limitée à la période de la fondation [31], pour disparaître ensuite, les sociétés adultes étant monogynes. Une telle association entre plusieurs reines fondatrices assurant simultanément les fonctions de reproduction a l'avantage de brûler les lentes étapes d'une fondation monogyne classique. En effet, la première génération d'ouvrières est si nombreuse qu'elle peut correspondre à ce qu'une reine isolée eût obtenu après deux, trois ou même quatre générations de couvain. La petite fourmi méditerranéenne *Pheidole pallidula* en offre une illustration. À la mi-juillet, les jeunes reines de cette espèce, retombant après le vol nuptial, recherchent la moindre fissure pour disparaître dans le sol ou sous une pierre, à l'abri des prédateurs. On peut les introduire en grand nombre dans un tube à essai pour les élever. Pourtant, dans la Nature, les sociétés adultes de *Pheidole pallidula* ne possèdent qu'une seule reine. L'explication apparaît quand on observe ce qui se déroule à l'intérieur du tube à essais après deux à trois semaines : alors que toutes les reines associées ont pondu abondamment et que le couvain est en plein développement, elles se montrent de plus en plus agressives les unes envers les autres. Finalement, après des combats meurtriers, il ne restera plus qu'une seule reine, victorieuse et généralement intacte, disposant d'un stock substantiel de couvain : il en sortira de nombreuses ouvrières, dont il est impossible de savoir dans quelle mesure elles sont affiliées entre elles ou à la reine rescapée. Mais toutes se mettront immédiatement à la tâche pour élever une progéniture qui, cette fois, aura la même origine maternelle.

La sélection des reines chez les « outres à miel »

Chez d'autres espèces de fourmis, ce sont les ouvrières de la première génération qui éliminent implacablement toutes les reines excédentaires. C'est le cas par exemple des fourmis « outres à miel » qui ont donné lieu à l'une des meilleures recherches expérimentales,

31. Dans la littérature scientifique spécialisée le mode transitoire de fondation à plusieurs reines est désigné sous le terme de *pléométrose*, en opposition à l'*haplométrose*, qui est la fondation par une reine solitaire.

due à Stephen Bartz et Bert Hölldobler, de l'université Harvard [32]. Les fourmis « outres à miel » peuplent les déserts du sud-ouest des États-Unis et du nord du Mexique. Elles sont ainsi nommées parce que chaque colonie contient des individus replets dont l'abdomen devient gros comme un petit pois et prend un aspect translucide tellement il est distendu. Il est rempli d'un sirop sucré et doré provenant de l'accumulation du miellat rapporté par les ouvrières récolteuses. Il y a quelques années encore ces « outres à miel » se vendaient à prix d'or comme friandises dans certains magasins chics du centre de Mexico. En fait, leur forme d'adaptation à la vie dans le désert n'est pas unique : on la retrouve par exemple dans le désert australien, chez les fourmis *Melophorus*. Toutes ces espèces sont parvenues à compenser la brièveté de la période pendant laquelle les fourmis récolteuses peuvent trouver des miellats par la capacité de stockage de l'abdomen des ouvrières « outres à miel ». Une fois arrivée la longue saison de disette, ces dernières, accrochées comme des outres au plafond des chambres du nid, peuvent régurgiter le précieux liquide dans la bouche de leurs sœurs.

Les fondations de *Myrmecocystus mimicus* observées dans le désert de l'Arizona comprennent jusqu'à huit reines, alors que les sociétés adultes sont monogynes. Contrairement aux guêpes, les jeunes fondatrices ne s'associent pas en fonction de leur parenté : si l'on place une jeune reine à l'entrée du tunnel qu'une autre a commencé de creuser, elle y pénètre presque toujours et s'y installe en compagnie de l'occupante. Pour savoir comment s'opérait, à partir d'une fondation

Fig. 3.8. Ouvrière replète de la fourmi des déserts d'Amérique du Nord (genre *Myrmecocystus*). On remarque l'abdomen, dont la membrane inter-segmentaire très distendue permet le stockage du nectar (dessiné d'après *Grzimeks Tierleben*, Vol. 2, Kindler-Verlag, Zurich, 1969).

32. S. H. Bartz & B. Hölldobler, « Colony founding in *Myrmecocystus mimicus* Wheeler (Hymenoptera : Formicidae) and the evolution of foundress associations », *Behavioral Ecology and Sociobiology*, n° 10, 1982, p. 137-147.

polygyne, la réduction du nombre de reines, les chercheurs ont élevé ensemble, dans des tubes à essais contenant un coton imbibé d'eau, de jeunes reines récoltées après l'essaimage. On n'observe jamais de combat entre elles, même lorsqu'elles proviennent de nids distants de plus d'un kilomètre. Trois jeunes reines ainsi associées en fondation polygyne se côtoient amicalement et pondent, chacune, une masse d'œufs qui finira par être agglutinée aux autres dans un tas unique. Ensuite, elles soignent collectivement les larves qui en éclosent et les nourrissent au prix de l'atrophie de leurs muscles alaires : ces muscles des ailes, devenus inutiles une fois le vol nuptial accompli, servent alors de réserves alimentaires qui dispensent les reines de sortir de la chambre de fondation pour chercher de la nourriture. Les relations entre ces reines d'origines diverses restent amicales jusqu'à l'éclosion des premières ouvrières. La situation commence alors à se dégrader : les trois fondatrices se voient progressivement écartées les unes des autres dans le tube. Une seule (α) reste près du coton humide et près du couvain rassemblé, d'où la seconde (β) est maintenue éloignée, malgré ses efforts, par les ouvrières qui consacrent beaucoup d'énergie à cette séparation. La troisième reine (τ) est carrément attaquée par les ouvrières puis expulsée du nid : elle mourra après de vaines tentatives pour y revenir, non sans avoir tué parfois quelques ouvrières. Ensuite, la reine β subira le même sort. Mais si α est retirée auparavant, β est alors acceptée en position α par les ouvrières. En fait, il semble que la mort des reines β et τ s'explique davantage par la faim et le manque de soins au cours de la période précédant l'expulsion que par des agressions directes venant des ouvrières. Les reines écartées ne pèsent plus que 28 mg en moyenne, alors que la fondatrice α, qui sera conservée, peut dépasser 40 mg. Mais l'élimination des reines excédentaires par les ouvrières ne se limite pas au niveau propre de chaque fondation : en effet, Bartz et Hölldobler, ayant noté que la densité des fondations était très élevée sur le terrain alors que les sociétés adultes étaient largement espacées, ont découvert que les ouvrières effectuaient des raids contre les fondations voisines, dont elles pillent le couvain. Ainsi, très vite, la fondation la plus forte dans un secteur donné va capitaliser l'ensemble du couvain des fondations voisines, dont les ouvrières finiront par déserter au profit de la fondation dominante, où elles sont acceptées sans agression. Les reines α des nids désertés tentent souvent de rejoindre à leur tour une fondation dominante, mais elles en sont invariablement expulsées et meurent d'inanition.

Pour étudier la fondation polygyne chez *Myrmecocystus mimicus*, on a eu recours à l'expérience suivante – qui a été répétée vingt-trois fois : dans une grande boîte furent placées quatre fondations en tubes contenant respectivement une, deux, trois et cinq reines. Dans seize cas sur vingt-trois la colonie fondée par cinq reines devint dominante ; dans les sept autres ce fut la colonie fondée par trois reines. Les fondations ne comportant qu'une ou deux reines seulement ne remportèrent jamais la compétition. Cette expérience montre que le comportement solitaire des reines aura peu de chance d'être sélectionné dans une population où d'autres reines manifesteront la tendance à l'association. De plus, la formule aboutissant à des fondations fortes par polygynie, puis absorption des jeunes nids voisins permet d'accroître le flux alimentaire et de hâter ainsi l'apparition des ouvrières replètes, « outres à miel », qui sont une garantie de réserves alimentaires pour la mauvaise saison, dont dépend la survie de la société.

Certains sociobiologistes ont cru déceler derrière le conflit entre reines et ouvrières une possible connivence entre ces dernières et l'une des reines associées, intéressée à l'élimination de compétitrices génétiques [33]. La réalité est probablement plus complexe. Ainsi, on peut observer, dans des fondations de fourmis *Lasius*, que des ouvrières participent au massacre de leur propre mère. Quelle que soit l'explication du phénomène, sa conséquence est de ramener la société, dès la seconde génération, à une seule lignée maternelle, donc de retomber dans un cas de figure typique de la théorie de Hamilton.

Un cas de cohabitation des reines chez les fourmis

Il reste enfin l'exemple, rare et atypique pour une application stricte de la théorie de la sélection de parentèle, des fourmis polygynes où les reines fondent ensemble une colonie, puis cohabitent et pondent toujours ensemble dans la colonie devenue adulte. C'est le cas des fourmis défoliantes *Acromyrmex versicolor*, récemment étudiées à l'université d'Arizona par Steven Rissing et ses collègues [34]. Ces fourmis, redoutées en Amérique tropicale et subtropicale, ont été introduites aussi en Guadeloupe, où on les appelle « fourmis manioc ». Elles détruisent les parties tendres des végétaux, non pour s'en nourrir, mais pour les malaxer et fabriquer dans leur nid une pâte noirâtre

33. Voir par exemple : B. Hölldobler & E. O. Wilson, « The Number of Queens : An Important Trait in Ant Evolution », *Naturwissenschaften*, n° 64, 1977, p. 8-15.

34. S. W. Rissing, G. B. Pollock, M. R. Higgins, R. H. Hagen & D. R. Smith, *Nature*, n° 338, 1989, p. 420-422.

sur laquelle elles ensemenceront un champignon dont elles se nourrissent exclusivement. Près des zones habitées, lorsque le couvert végétal se fait rare, on peut voir ces fourmis, à la recherche de cellulose, découper des affiches, sans égard pour les portraits qui s'y trouvent. Car le champignon qui sert à leur alimentation, et qui ne vit que dans le nid de ces fourmis, se nourrit de cellulose et assimile l'azote atmosphérique. Lors de la fondation d'une colonie d'*Acromyrmex versicolor*, plusieurs jeunes reines non apparentées s'associent par trois ou quatre en moyenne. Pour cultiver leur champignon, elles ont besoin de s'approvisionner en feuilles fraîches : plus tard, cette tâche sera laissée aux ouvrières, mais tant qu'elles sont seules, les reines fondatrices se voient contraintes de quitter la sécurité de leur claustration pour effectuer des sorties, au péril de leur vie. On s'est aperçu en laboratoire, sur des fondations expérimentales de trois reines chacune, que c'était toujours la même qui assurait l'approvisionnement. Cette division des rôles très précoce ne repose pas sur des différences de taille ou de fécondité entre les fondatrices associées. En effet, la reine qui assume le risque majeur en assurant l'approvisionnement a des ovaires aussi actifs que ceux des reines sédentaires. En outre, on ne relève aucun signe d'une dominance à effet castrateur, comme on en voit chez les fourmis des mousses américaines. Seule la mort de la reine chargée de l'approvisionnement peut conduire l'une des deux reines restantes à se substituer à elle, le cas échéant. Contrairement à la plupart des autres espèces de fourmis où la fondation est polygyne, les reines excédentaires ne sont pas éliminées lorsque naissent les ouvrières : toutes seront conservées par leurs filles.

Ces observations suscitent des questions : compte tenu du risque élevé que représentent les tâches d'approvisionnement, comment se fait-il que le « choix » de la reine qui en est chargée s'exerce sans conflit ? Comment, de surcroît, le caractère hautement altruiste qui pousse une reine à effectuer les sorties peut-il être conservé alors qu'il est apparemment soumis à une forte pression sélective de la part des prédateurs ? Ici, le modèle de l'altruisme réciproque (voir plus loin) ne convient guère. La réponse se trouve peut-être dans le mode de vie des *Acromyrmex*, en particulier dans leur régime alimentaire. En effet, chaque colonie de ces fourmis champignonnistes a besoin d'une aire de récolte suffisante pour assurer son approvisionnement en feuilles. Il en résulte une intolérance particulièrement vive à l'égard de tout nid voisin, fatalement concurrent dans la collecte du végétal. Cette compétition entre fondations voisines apparaît dès la naissance de la première génération d'ouvrières et se traduit par des conflits meurtriers et des pillages. Il est fréquent d'observer des attaques au cours desquelles les fourmis pénètrent dans un nid voisin pour y piller couvain, feuilles fraîches ou champignon. Dans le cas où plusieurs fondations s'installent à proximité l'une de l'autre, la compétition inévitable se termine par la victoire et la subsistance d'une seule colonie, la plus forte – c'est-à-dire la plus peuplée. À l'évidence, dans une telle compétition, toute fondation monogyne serait immanquablement éliminée, comme le serait aussi une fondation polygyne affaiblie par des conflits internes entre reines au sujet des tâches d'approvisionnement. Donc, dans une fondation associant plusieurs reines, celle qui se charge des tâches d'approvisionnement conserve quelque chance de transmettre ses caractères à une descendance, tandis qu'une reine qui s'isolerait pour fonder une colonie n'aurait de toute façon aucune chance de réussir, compte tenu du nombre insuffisant d'ouvrières qu'elle produirait pour défendre sa progéniture : elle ne pourrait éliminer les colonies voisines, plus populeuses, ni résister à leurs attaques. Par conséquent, l'impératif de posséder un territoire de récolte de matière végétale a pu constituer une forte pression sélective au cours de l'Évolution de cette espèce. Cette pression a favorisé l'apparition de fondations multiples où une reproduction active était maintenue chez toutes les reines, y compris celle chargée de l'approvisionnement. Elle a aussi permis la mise au point d'un processus pacifique de choix de cette dernière. Celle-ci échange finalement le risque qu'elle encourt contre une chance d'assurer sa descendance en favorisant le développement de sa colonie. Les reines sédentaires ne sont pas beaucoup mieux loties puisque la disparition de leur consœur nourricière aura toutes les chances d'entraîner la leur en réduisant fortement, par contrecoup, la production d'ouvrières : le risque est moins immédiat, mais tout aussi réel. On voit donc que la distribution des rôles n'implique pas de véritable désavantage, même pour les individus qui prennent le plus de risques immédiats. L'interdépendance des membres de la société est telle que, si l'une des fonctions n'est plus remplie, c'est l'ensemble de la colonie qui est mise en péril.

La variété et la complexité des formules concernant le nombre de reines et leurs relations au sein des sociétés de fourmis rendraient vaine une explication évolutive globale fondée uniquement sur la sélection de parentèle. À elle seule, cette théorie suffit pour interpréter beaucoup d'observations faites sur les fourmis, mais dans certains cas – nous en avons vu des exemples – on est conduit à postuler l'existence de déterminismes plus complexes. Il faut chercher alors des compléments d'explication : par exemple des pressions sélectives qui auraient pu prendre le relais de la sélection de parentèle au cours de l'Évolution. Ainsi, la pression des prédateurs, les conditions climatiques et la compétition entre colonies d'une même espèce jouent sans doute un rôle important.

LA POLYANDRIE : FÉCONDATION DE LA REINE PAR PLUSIEURS MÂLES

La polyandrie fait partie de ces phénomènes difficiles à expliquer par la sélection de parentèle. En effet, si le sperme des différents mâles est suffisamment brassé au sein de la spermathèque pour être utilisé au hasard lors de la fécondation des ovules, la société d'hyménoptères ne sera plus composée seulement de sœurs, mais de sœurs *et* de demi-sœurs. L'investissement altruiste d'une ouvrière profitera toujours à la postérité génétique de sa mère, mais moins à celle de son père, puisqu'il faut tenir compte du nombre des autres mâles ayant copulé avec la reine.

La polyandrie est de règle chez l'abeille domestique (*cf.* chap. 6) et se rencontre aussi chez diverses espèces de fourmis, monogynes ou polygynes. Les travaux – encore peu nombreux – sur la fécondation multiple chez les hyménoptères, montrent qu'il y a trois façons de la mettre en évidence. La plus simple, en apparence, consiste à observer les comportements sexuels sur le terrain pour savoir si plusieurs mâles copulent tour à tour avec une femelle. En réalité cette méthode est très aléatoire ; d'abord parce qu'un certain nombre d'espèces copulent en altitude et que le plus doué des sociobiologistes voyeurs aura bien du mal à les suivre ; ensuite parce que l'on ne peut avoir la certitude que les copulations observées soient toujours accompagnées d'une éjaculation. Une autre méthode consiste à disséquer les femelles après le vol nuptial pour vérifier si la spermathèque contient une seule masse homogène de spermatozoïdes (spermatophore) ou plusieurs. Cette technique doit être mise en œuvre aussitôt après le vol nuptial car les spermatozoïdes peuvent se mélanger rapidement à l'intérieur de la spermathèque. Enfin, la troisième voie, la plus fiable, consiste à comparer le génome des ouvrières en analysant certaines enzymes polymorphes (allozymes), afin de repérer des lignées paternelles différentes [35].

---

35. La technique la plus fréquemment utilisée dans ces études est l'électrophorèse enzymatique.

Les sociobiologistes se sont interrogés sur la signification évolutive de la polyandrie chez les fourmis. L'hypothèse qui semble actuellement la plus cohérente est celle de Blaine Cole [36], qui considère qu'il y a contribution graduelle des mâles en fonction de la taille des sociétés, qui a eu nettement tendance à augmenter au cours de l'Évolution des fourmis. Les sociétés fortement peuplées (à partir de deux ou trois mille individus) correspondent, à de rares exceptions près, à des espèces socialement très avancées. Ces sociétés à grands effectifs ont des reines volumineuses, capables d'une ponte intensive exigeant une quantité de sperme qu'un seul mâle serait incapable de fournir. L'augmentation de la taille des mâles ne s'étant pas faite corrélativement à celle des reines (peut-être parce que la mobilité de leur vol en eût souffert), on suppose que le mariage multiple des reines s'est imposé chez les espèces évoluant vers des sociétés de grande taille [37]. Mais d'autres explications évolutives – qui n'excluent pas forcément la précédente – sont possibles. Ross Crozier et Robert Page ont suggéré, par exemple, que l'apparition de la polyandrie serait liée à un besoin d'hétérogénéité génétique accompagnant la complication de la division du travail chez les sociétés d'espèces avancées [38]. Par conséquent, la répartition des ouvrières dans les différentes rubriques du travail social pourrait aussi dépendre de prédispositions réglées par des différences génétiques existant entre les lignées paternelles de demi-sœurs qui se trouvent mêlées au sein de la même société, dont la reine est polyandre. Cette hypothèse est corroborée depuis quelques années chez l'abeille domestique, comme nous le verrons, et a été confirmée récemment chez une fourmi [39].

Enfin, Crozier et Page supposent que l'hétérogénéité génétique introduite par la polyandrie pourrait améliorer la résistance des sociétés face à une plus grande variété d'agressions venant de l'environnement, notamment les maladies. Hamilton a suggéré, lui aussi, qu'une meilleure résistance aux maladies a pu favoriser l'Évolution vers la socialité.

---

36. B. J. Cole : « Multiple mating and the evolution of social behavior in the Hymenoptera », *Behavioral Ecology & Sociobiology*, nº 12, 1983, p. 191-201.

37. *Cf.* Hölldobler et Wilson, 1990, *op. cit.*

38. R. H. Crozier & R. E. Page : « On being the right size : male contributions and multiple mating in social Hymenoptera », *Behavioral Ecology and Sociobiology*, nº 18, 1985, p. 105-115.

39. Il s'agit de la fourmi monogyne *Leptothorax rudis*. La découverte en a été faite en comparant le comportement d'ouvrières de différentes colonies ; mais on ignore si la reine de *rudis* est normalement polyandre. R. J. Stuart & R. E. Page Jr. : « Genetic component to division of labor among workers of a leptothoracine ant », *Naturwissenschaften*, nº 78, 1991, p. 375-377.

Comme on le voit, les modèles théoriques ne manquent pas pour interpréter le fait que les reines polyandres d'hyménoptères semblent bien puiser au hasard dans leurs réserves, génétiquement hétérogènes, de spermatozoïdes.

La socialité chez les insectes non haplodiploïdes ?

Le déterminisme de la sexualité par haplodiploïdie est peu fréquent chez les insectes – comme d'ailleurs chez les animaux en général. Mais, s'il apparaît que l'haplodiploïdie favorise l'apparition de la vie sociale, il serait faux d'en déduire que celle-ci n'apparaît jamais là où le sexe dépend de chromosomes sexuels (ou hétérochromosomes), comme chez la mouche ou le criquet. On connaît en effet de nombreux cas de socialité ébauchée, où des cellules familiales temporaires apparaissent, comme chez le perce-oreille ou les bousiers. Il faut retenir surtout le cas des isoptères (termites), seul exemple d'éosocialité indiscutable en dehors des insectes haplodiploïdes. Pour ces « fourmis blanches » de nos campagnes, il est impossible d'invoquer la responsabilité de l'haplodiploïdie dans le franchissement du Rubicon de la socialité. Les critiques se sont focalisées sur cette difficulté apparente. Rappelons cependant que Hamilton ne prétendait nullement que l'haplodiploïdie fût la seule voie vers la conquête de la vie sociale. Il proposa, dès 1964, d'autres interprétations possibles du cas des termites.

Les termites sont des consommateurs de cellulose et de lignine, qu'ils trouvent dans le bois, le papier, les herbes ou l'humus (plus de la moitié des genres de termites sont humivores). Pourtant, ces matériaux ne contiennent à l'origine que trois des quatre éléments constitutifs de la matière vivante : le carbone, l'oxygène et l'hydrogène. En consommant également les champignons qui y poussent, les termites bénéficient d'un apport en azote, le quatrième élément. Mais ils peuvent aussi tirer cet élément de l'air, non qu'ils soient capables de l'en extraire directement, mais parce qu'ils hébergent des micro-organismes qui effectuent ce travail pour eux. Ces micro-organismes symbiotes habitent dans le tube digestif du termite, pour l'essentiel dans sa partie terminale, la panse rectale. Or, lorsque le termite mue, pour les besoins de sa croissance, en se dégageant de ses anciens téguments, il perd en même temps la pellicule tégumentaire qui s'invagine par l'anus pour recouvrir la paroi de la panse rectale. Cette perte entraîne celle des micro-organismes symbiotes, de sorte qu'à l'issue de sa mue, le termite est aseptisé, incapable d'exploiter cellulose, lignine et azote atmosphérique. Il est impératif pour lui de se recontaminer, d'ensemencer à nouveau son tube digestif avec de nouveaux micro-organismes. Selon Hamilton, cette particularité pourrait expliquer la modification du comportement des lointains ancêtres des termites, car la socialité favorise la recontamination pour les individus ayant récemment mué et perdu leur faune digestive. Appuyant cette proposition, Wilson pense également que le caractère virtuellement inépuisable d'une source alimentaire telle que la cellulose a pu permettre aux termites de vivre nombreux sur un espace restreint sans risque de compétition alimentaire. En somme, l'origine des termites pourrait être liée davantage à une coopération tournante, forme primitive de l'altruisme réciproque (qui sera étudié plus loin), qu'au jeu de la sélection de parentèle. Toutefois, cette dernière pourrait intervenir en tant que processus évolutif associé.

Haplodiploïdie et socialité : acariens, scolytes et thrips

La théorie de la parentèle a-t-elle la même valeur prédictive chez les rares arthropodes ou insectes haplodiploïdes autres que les hyménoptères ? Il y a quelques années, la réponse aurait été plutôt négative, mais, là aussi, on découvre peu à peu des phénomènes sociaux et même des sociétés avancées.

Examinons d'abord le cas du pou des bambous japonais. Chez ces acariens haplodiploïdes de l'espèce *Schizotetranychus celarius*, Yutaka Saito, de l'université d'Hokkaido, a découvert un mode de vie sub-social[40]. Minuscules cousins des araignées, les *celarius* construisent, le long des nervures du bambou, des nids tapissés de soie qu'ils occupent à plusieurs, mâles et femelles. C'est une femelle vierge qui, vers la fin du printemps, fonde ce nid. Elle y pond des œufs haploïdes qui lui donnent des fils. Il semble que cette fondatrice puisse être fécondée par ses fils, ce qui introduit une proximité

40. Y. Saito : « Biparental defence in a spider mite (Acari : Tetranychidae) infesting *Sasa* bamboo », *Behavioral Ecology and Sociobiology*, n° 18, 1986, p. 377-386. – « Prey kills predator : counter-attack success of a spider mite against its specific phytoseiid predator », *Experimental & Applied Acarology*, n° 2, 1986, p. 47-62.

génétique élevée entre ces derniers et leurs filles – qui sont également leurs sœurs. Selon Saito, cette affinité expliquerait pourquoi les mâles défendent le nid familial avec un acharnement aussi impressionnant contre leurs ennemis les plus voraces : les *Typhlodromus bambusae*, qui sont des acariens prédateurs (*cf.* fig. 3.9).

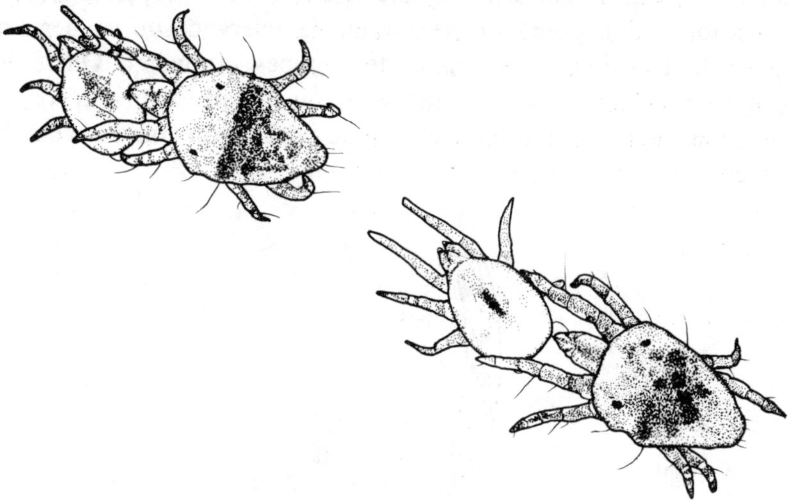

Fig. 3.9. Mâle du pou des bambous, *Schizotetranychus celarius*, qui poursuit et rattrape (à gauche) un acarien prédateur *Typhlodromus bambusae* (d'après Saito, 1986).

Quant aux scolytes, bêtes noires des forestiers, ce sont des petits coléoptères de forme cylindrique, aux téguments très durs, qui attaquent les arbres dans la partie profonde de leur écorce. Les scolytes fragilisent les arbres vis-à-vis d'agents infectieux redoutables, tels que les champignons. Certains genres de scolytes tropicaux ont, à l'instar des hyménoptères, une sexualité à caractère haplodiploïde. Et des espèces appartenant à ces genres (le genre *Xyleborus* par exemple) présentent effectivement des mœurs sub-sociales. Dans ces espèces, une femelle fondatrice vierge creuse dans le bois un long tunnel. Sur ses parois, elle sème des spores et filaments du champignon dont toute l'espèce se nourrit. Le développement de ce champignon, aux dépens du bois, apportera aux larves de la fondatrice la nourriture dont elles auront besoin pour leur développement. Ces larves sont haploïdes – rappelons que la fondatrice est vierge – et donnent des scolytes mâles, qui s'accouplent avec leur propre mère, la fondatrice. Cette dernière produit alors une seconde génération où les femelles, diploïdes, sont jusqu'à trente fois plus nombreuses que les mâles (le rapport des sexes est biaisé en faveur des femelles, comme chez les hyménoptères sociaux).

On ignore encore presque tout des scolytes sociaux ou sub-sociaux. Mais il est très probable qu'ils n'ont pas atteint le niveau éosocial des sociétés supérieures d'hyménoptères. On sait qu'ils coopèrent dans le creusement des galeries et dans l'alimentation des larves, mais on connaît mal leur organisation sociale, le degré d'interdépendance entre les membres d'un groupe et le niveau de tolérance de ce dernier à l'égard de transfuges provenant de groupes étrangers. Outre leur importance économique due aux dommages causés aux arbres, les scolytes ont donc un intérêt scientifique pour tester une nouvelle fois les prédictions de la théorie de la parentèle.

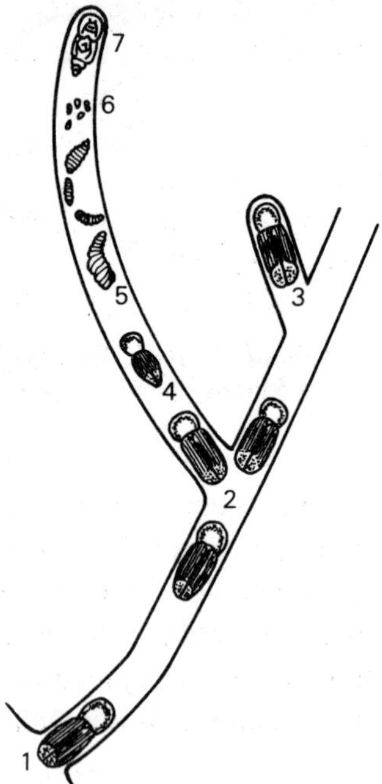

Fig. 3.10. Portion de colonie du scolyte sub-social *Xyleborus volvulus*, nidifiant dans un tronc de cacao. *1*, femelle gardienne obstruant l'entrée du nid (tête vers l'intérieur) ; *2*, trois femelles nettoyeuses (dont deux dans la galerie principale) ; *3*, femelle occupée à creuser une nouvelle galerie ; *4*, mâle ; *5*, quatre larves de différents stades ; *6*, œufs ; *7*, pupe en métamorphose (d'après J. A. Morales Ramos, 1982 *).

* J. A. Morales Ramos, « Relación ecológica y grado de sociabilidad de los escarabajos de ambrosia (Coleoptera : Scolytidae) », Tésis, CSAT, SARH, Cárdenas, 1982.

Les thrips, eux aussi, sont fréquemment haplodiploïdes. Les thrips sont ces minuscules insectes, appartenant à l'ordre des *Thysanoptères*, qui pullulent et collent à la peau lors des grandes chaleurs de l'été. Tout récemment, un jeune chercheur de l'université Simon-Fraser, Bernard Crespi, a découvert en Australie que deux espèces de thrips haplodiploïdes du genre *Oncothrips* constituaient des groupes sociaux à l'intérieur de tumeurs – les galles – qu'ils produisent à la surface des feuilles d'acacia [41]. Ces thrips manifestent des soins parentaux envers les larves, et ont spécialisé la fonction de reproduction, principalement assurée par des individus à longues ailes (macroptères). Ils possèdent des défenseurs, sortes de soldats stériles aux pattes antérieures particulièrement développées et armées, qui sont des individus à ailes courtes (microptères) et à pouvoir reproducteur limité. Ces défenseurs sont capables de tenir en échec des espèces parasites de thrips ainsi que des prédateurs (les fourmis, par exemple). Enfin, chez les *Oncothrips,* la répartition des sexes est biaisée en faveur des femelles et il y a superposition des générations. Bien que ces thrips sociaux d'Australie ne constituent pas des groupes fermés aux congénères de même espèce, l'ensemble de ces caractères les rapproche des hyménoptères sociaux parmi les plus avancés. Cette découverte très récente devrait attirer l'attention sur ces petits insectes, qui seraient sans doute restés dans l'indifférence des entomologistes si la théorie de la parentèle n'avait mis en lumière la signification de cette conjonction de propriétés.

Il est troublant de constater que, dans trois groupes éloignés des hyménoptères, des insectes haplodiploïdes se sont engagés, à des degrés divers, sur la voie de la socialité. La théorie de la parentèle en est confortée, mais il est vraisemblable que les travaux futurs montreront que, là aussi, l'haplodiploïdie est une circonstance favorable parmi d'autres, dont certaines pourraient, parfois, être plus déterminantes.

L'altruisme chez les clones ou l'étonnante découverte des pucerons soldats

Hamilton a mis en avant la proximité génétique élevée existant entre hyménoptères apparentés, conséquence de l'haplodiploïdie et de

41. B. Crespi : « Eusociality in Australian gall thrips », *Nature*, n° 359, 1992, p. 724-726.

la présence d'un sac de stockage du sperme chez la femelle. Pourtant, il existe par ailleurs des groupes encore plus homogènes dont tous les membres sont les copies génétiques d'un seul « fondateur » qui se multiplie par divisions cellulaires simples : ces groupes sont appelés des clones. En réalité, chaque organisme multicellulaire (le nôtre par exemple) est un clone au sein duquel l'altruisme intercellulaire est à son maximum de rentabilité puisqu'il y a normalement identité génétique entre les cellules. Le cas, mentionné plus haut, des globules blancs, redoutables kamikazes se sacrifiant pour la défense de leurs cellules sœurs, illustre ce qu'est l'altruisme au sein des organismes multicellulaires. Cette harmonie subsistera jusqu'au jour où les défenseurs se tromperont de cible et s'attaqueront systématiquement à leurs cellules sœurs : on parle alors de maladie auto-immune (des perturbations analogues peuvent apparaître, dans certaines conditions, au sein de sociétés supérieures d'insectes).

Outre le cas de l'organisme multicellulaire, il existe des espèces animales, y compris chez les insectes, qui constituent des groupes d'organismes génétiquement identiques. Dans la mesure où la théorie de la parentèle associe proximité génétique et altruisme, on s'étonnait de ce que l'altruisme ne soit pas clairement apparu chez ces insectes clonaux, au premier rang desquels figurent les pucerons des plantes. Il s'avéra finalement que si l'altruisme n'existait pas chez les pucerons, c'était tout simplement parce qu'on ne l'y avait pas cherché. En 1977, un sociobiologiste japonais combla cette lacune, apportant du même coup une nouvelle démonstration de la valeur prédictive de la théorie de Hamilton. Pour comprendre, il faut d'abord rappeler les grandes lignes du cycle annuel des pucerons.

Les pucerons, comme les punaises et les cigales, appartiennent à l'ordre des hémiptères. Les pucerons ne sont pas haplodiploïdes, mais possèdent une autre caractéristique propre : une part importante de leur cycle est marquée par une *reproduction sans fécondation, ou parthénogénèse*. Ils sont exclusivement végétariens et se nourrissent en aspirant la sève des plantes qu'ils blessent avec un rostre creux et flexible qui part de la bouche. Dans cette aiguille creuse circulent des stylets permettant de perforer les tissus végétaux. Les pucerons semblent très vulnérables à cause de leurs téguments mous. Ils seraient assez insignifiants s'ils n'étaient des ennemis redoutés pour nos jardins et nos vergers : en effet, leur prolifération a été facilitée par l'extermination de leurs prédateurs, conséquence de l'usage effréné des pesticides. Ils sont très prolifiques en raison d'un cycle biologique exceptionnel, plus complexe chez les espèces vivant en climat tempéré, par exemple en Europe. Les œufs des pucerons éclosent au début du printemps sur un arbre hôte souvent caractéristique de l'espèce (dit *hôte primaire*). Ils ne donnent naissance qu'à des femelles. En l'absence de mâles, ces femelles fondatrices se reproduisent uniquement par parthénogénèse. Elles donnent ainsi naissance à de nombreuses filles directement par viviparité (jusqu'à vingt par jour). De cette façon, sans fécondation ni ponte, plusieurs générations de reproductrices vierges se succèdent, aboutissant à des lignées clonales qui pullulent véritablement. Au début de l'été, la baisse de pression de la sève chez les végétaux déclenche une dissémination des pucerons vers de multiples plantes, de préférence herbacées (*hôtes secondaires*). Là, de nouveau, plusieurs générations de reproductrices vierges se succèdent, produisant une abondante descendance de femelles parthénogénétiques. À l'automne, plus de dix générations parthénogénétiques se seront succédé depuis l'éclosion des œufs des femelles fondatrices. Apparaît alors la dernière génération de femelles parthénogénétiques vivipares, qui retourne à l'hôte primaire et produit enfin des mâles et des femelles qui s'accoupleront pour produire les œufs destinés à hiverner (souvent moins de cinq par femelle).

Une telle proximité génétique à l'intérieur de la population incitait à des rapprochements avec les insectes sociaux déjà étudiés. Ainsi, on a pu mettre en évidence, chez les pucerons, des comportements altruistes et des éléments d'organisation sociale. Shigeyuki Aoki, de l'université d'Hokkaido, a découvert en 1977 l'existence de soldats stériles [42] chez le puceron japonais de la clématite, *Colophina clematis*. Depuis, avec ses collaborateurs, il a montré qu'il existait des soldats stériles chez plusieurs espèces rattachées à quatre genres distincts de pucerons : ces soldats apparaissent, selon le cas, soit sur l'hôte primaire, soit sur l'hôte secondaire. Les pucerons soldats, qui peuvent attaquer avec succès des insectes ennemis, sont même capables, chez le puceron des bambous *Astegopteryx styracicola*, de blesser une peau humaine [43], ce qui est surprenant pour des insectes réputés totalement inoffensifs.

Plusieurs travaux récents, japonais ou américains, soulignent l'efficacité du comportement offensif des pucerons soldats pour la défense de la colonie. Les jeunes pucerons ont tendance à rester autour de leur mère. Ainsi se constituent rapidement des colonies de pucerons qui vont, soit recouvrir les tiges tendres de la plante hôte, soit

---

42. S. Aoki, « *Colophina clematis* (Homoptera, Pemphigidae), an aphid species with "soldiers" », *Kontyû*, n° 45, 1977, p. 276-282.

43. S. Aoki, « Further observations on *Astegopteryx styracicola* (Homoptera, Pemphigidae), an aphid species with soldiers biting man », *Kontyû*, n° 47, 1979, p. 99-104.

s'agglutiner à l'intérieur d'une galle que leurs mères produisent sur les tissus végétaux. Le scénario varie d'une espèce à l'autre, mais on connaît des exemples de soldats altruistes chez les pucerons à galles comme chez les pucerons des tiges. Dans les deux cas, la femelle à l'origine de la colonie est capable de produire des larves de deux types : les soldats stériles et les larves fertiles (*cf.* fig. 3.10). L'anatomie des pucerons soldats les diffère nettement de leurs congénères au même stade de développement. Elle varie d'une espèce à l'autre. Quelquefois, ce sont des larves de second stade dont les deux premières paires de pattes se sont épaissies et durcies. Leur stylet est également très rigide : ils s'en servent comme d'un poignard. Dans d'autres espèces, les soldats sont des larves de premier stade plus grandes que la normale et possédant des téguments très durs vers l'avant du corps ; la première paire de pattes est plus épaisse et se termine par de solides griffes. Dans ce cas, la tête du soldat est également surmontée de deux cornes pointues et solides, grâce auxquelles il peut poignarder un ennemi vers lequel il se projette.

Les pucerons ont des prédateurs redoutables, comme les larves de mouches *syrphides*, les larves de coccinelles et celles des chrysopes (proches cousins des fourmilions), qui sont capables de dévorer rapidement les colonies de pucerons jusque dans les galles, à l'intérieur desquelles ils pénètrent parfois. Mais face à une espèce de puceron défendue par des soldats, la tâche du prédateur se complique singulièrement. Les pucerons soldats protègent de l'extérieur ou surveillent de l'intérieur les accès de leur galle. Ils peuvent porter des coups fatals aux intrus, mais il leur faut souvent attaquer à plusieurs, parfois en grand nombre, pour venir à bout de leurs ennemis les plus dangereux, tels que les asticots carnivores des mouches syrphides. Chez les espèces qui établissent leur colonie à l'extrémité d'une tige, les soldats adoptent le même comportement de défense. Aoki [44] décrit ainsi l'attaque d'un asticot tueur de pucerons de bambous par un puceron soldat : « ...un soldat grimpe sur l'asticot et l'agrippe avec ses pattes antérieures. Après avoir relevé son abdomen en étirant ses pattes médianes et arrière, le soldat projette son corps en avant et plonge ses cornes frontales pointues dans l'asticot. Un soldat répète cet acte plusieurs fois. » Souvent blessés ou tués par le prédateur, les pucerons soldats sont sacrifiés pour la protection du clone. Ils n'ont d'ailleurs pas d'autre issue puisque leur

44. S. Aoki, « Evolution of sterile soldiers in Aphids », *Animal Societies, theories and facts* (dirigé par Y. Itô, J. L. Brown & J. Kikkawa), Japan Scientific Societies Press, Tokyo, 1987, p. 53-65.

croissance s'interrompt dès qu'ils sont soldats, c'est-à-dire au premier ou second stade larvaire. La stérilité des pucerons soldats rappelle la division des rôles, que nous avons évoquée à propos des hyménoptères sociaux. Dans l'économie du clone, il est sans doute cohérent que des individus éminemment exposés au danger soient dépourvus des moyens de se reproduire : d'une part, ils n'auraient guère l'occasion de les utiliser, et d'autre part, leurs caractéristiques génétiques sont propagées par leurs congénères inoffensifs, qui sont des jumeaux vrais, dont les soldats augmentent les chances de reproduire.

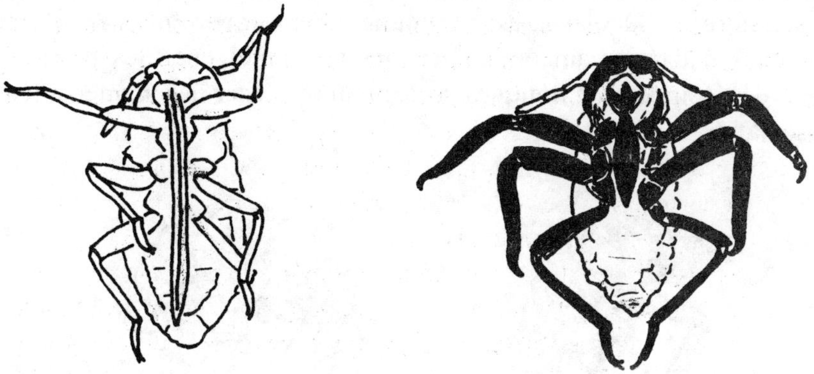

Fig. 3.11. Soldat (à droite) et premier stade larvaire normal (à gauche) du puceron de clématite, *Colophina clematis*. Le puceron soldat se caractérise par des pattes renforcées (surtout les deux premières paires), un épaississement des téguments vers l'avant et un stylet court et durci en forme de poignard (replié entre les pattes). (Dessiné d'après Aoki, 1984 *.)

* S. Aoki, « Aphids which have soldiers », *Dobutsusha* (en japonais), 1984.

Dans certains cas les pucerons soldats peuvent s'attaquer à la racine du mal, c'est-à-dire aux œufs de leurs ennemis. Le procédé est efficace, le risque encouru étant nul [45]. Mais certaines espèces prédatrices ont développé des stratégies de parade. Ainsi, le Japonais Kenji Ohara [46] a découvert que la mouche syrphide *Metasyrphus confrater*, dont les larves se nourrissent de pucerons des bambous, pondait ses œufs sur des toiles d'araignées tissées entre les tiges de la plante, à l'abri des pucerons soldats. Une autre syrphide pond, sur les tiges des bambous, des œufs dont les coquilles sont trop solides pour être endommagées par les pucerons soldats.

45. S. Aoki, U. Kurusu & S. Usuba : « First instar larvae of the sugar-cane wooly aphid, *Ceratovacuna lanigera* (Homoptera, Pemphigidae) attack its predators », *Kontyû*, nº 52, 1984, p. 458-460.
46. K. Ohara : *Esakia*, 1987, p. 99-105 (en japonais).

Parmi ces espèces à soldats, le puceron de la canne à sucre *Ceratovacuna lanigera*, redouté des planteurs des contrées asiatiques, occupe une position exceptionnelle. Ses colonies sont composées d'individus d'âges différents, dont chacun est transitoirement soldat à une période de sa vie, au premier stade larvaire. Ensuite, le développement de ces soldats cornus se poursuit : ils deviendront des pucerons adultes, inoffensifs et reproducteurs. Tant qu'ils sont soldats, ils sont capables de déposer sur l'ennemi qu'ils attaquent à coup de cornes une substance d'alarme perçue par les autres soldats, qui se précipitent à leur tour. Cette découverte récente, due à Norio Arakaki [47], de la station d'agriculture d'Okinawa, est particulièrement importante car les phéromones d'alarme, qui étaient encore inconnues chez les pucerons, sont des composés chimiques très répandus chez les hyménoptères éosociaux.

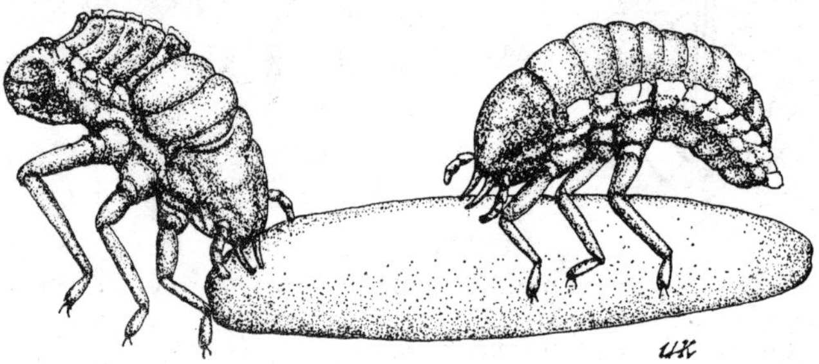

Fig. 3.12. Deux soldats cornus du puceron de la canne à sucre, *Ceratovacuna lanigera*, attaquent un œuf de la mouche syrphide prédatrice *Metasyrphus* (d'après Aoki & coll., 1984 [45]).

La présence insoupçonnée de soldats altruistes et stériles chez des clones de pucerons vient à l'appui de la théorie de Hamilton et confirme sa valeur prédictive. Pourtant, des questions subsistent. Par exemple, pourquoi les pucerons n'ont-ils pas atteint le niveau éosocial [48] ? En effet, il leur manque pour cela deux propriétés fondamentales : l'élevage coopératif des jeunes et l'intolérance à l'égard des membres d'autres clones de la même espèce (les pucerons d'un clone manifestent au contraire une grande tolérance à l'arrivée et l'incorporation des

47. N. Arakaki, « Alarm pheromone eliciting attack and escape responses in the sugarcane wolly aphid, *Ceratovacuna lanigera* (Homoptera, Pemphigidae) », *Journal of Ethology*, nº 7, 1989, p. 83-90.

48. Pour sa part, Shigeyuki Aoki, peut-être pris d'une admiration bien légitime pour ses pucerons soldats, considère qu'ils ont atteint le niveau éosocial.

membres d'un clone étranger). À cette question, Hamilton [49] répond que le niveau très élevé de proximité génétique chez les pucerons n'a pu favoriser qu'un degré limité de coopération car, à l'échelle de l'Évolution, « les occurrences de la parthénogenèse ont la vie courte et contiennent d'une manière ou d'une autre les germes de leur propre mort [50] ». De fait, il semble que, chez les pucerons, les soldats altruistes n'existent que dans des espèces isolées, véritables culs-de-sac de l'Évolution, qui seraient incapables de progresser dans la complexité de leur organisation sociale. Pour Hamilton, la proximité génétique interindividuelle induite par la reproduction non sexuée est si grande qu'à terme, elle fragiliserait les populations et finirait par se révéler fatale, notamment en diminuant leur résistance à l'égard des maladies, ennemies que les soldats ne sauraient combattre. Les pucerons auraient donc trop peu de ressources évolutives pour avoir le temps de devenir éosociaux. À cette raison s'en ajoutent probablement d'autres, par exemple le fait que la tolérance des colonies de pucerons à l'égard d'individus d'autres clones (génétiquement distincts) rendrait le sacrifice des soldats profitable à une cohorte de profiteurs. En outre, les jeunes pucerons ne semblent aucunement dépendre des adultes pour leur nourriture, circonstance peu favorable à l'apparition d'une étroite interdépendance entre les membres du groupe. Celle-ci reste l'apanage de l'éosocialité des fourmis, termites, guêpes et abeilles sociales. Manifestement, les facteurs favorables à la socialité sont divers. Par conséquent, on est amené à conclure, une fois encore, que la proximité génétique, due à l'haplodiploïdie chez les hyménoptères, n'a probablement pas été la seule préadaptation favorable à l'apparition de la socialité dans ce groupe. Nous reviendrons sur ce point.

On peut tirer de cette observation des insectes sociaux plusieurs conclusions. D'abord, on ne peut que constater le succès adaptatif indéniable que représente le mode de vie social, et les avantages que procure la sélection de comportements altruistes. Mais, si l'existence de déterminations biologiques et génétiques de l'apparition de la socialité semble bien étayée par les faits, le processus qui conduit à la création de sociétés est sans doute plus complexe que ne le laissait prévoir la seule théorie de la parentèle. C'est pourquoi les chercheurs ont voulu explorer d'autres voies.

---

49. W. D. Hamilton : « Kinship, Recognition, Disease and Intelligence : Constraints of Social Evolution », *Animal Societies, theories and facts* (dirigé par Y. Itô, J. L. Brown & J. Kikkawa), Japan Scientific Societies Press, Tokyo, 1987, p. 81-102.

50. La citation exacte est : « Events of parthenogenesis are short-lived and contain somehow the seeds of their own death. »

Chapitre 4

La sociobiologie une discipline et des théories

On assimile trop souvent la sociobiologie à la seule théorie de la parentèle. Il est vrai que cette théorie a constitué la première formalisation d'un mécanisme évolutif plausible – c'est-à-dire cohérent du point de vue de la théorie de l'Évolution – permettant d'expliquer l'apparition du fait social au cours de l'histoire de la vie sur terre. Cependant, ce modèle n'est pas longtemps resté seul. Ce sont sans doute les sociobiologistes eux-mêmes qui ont élevé les objections les plus redoutables pour la théorie de la parentèle. Hamilton lui-même est devenu critique par rapport à sa propre théorie, et il a contribué à en trouver d'autres. Néanmoins, toutes ces réflexions sont restées fidèles à un objectif commun : découvrir les bases biologiques des comportements sociaux et de leur Évolution. Nous examinerons ici quelques-uns des modèles théoriques les plus courants. Ils sont, en fait, rarement incompatibles avec la théorie de la parentèle.

Hamilton avait élaboré sa théorie à partir des hyménoptères. Dans le cas de ces insectes, il était très tentant de lier le comportement altruiste à leur mode particulier de reproduction, l'haplodiploïdie, tant la corrélation des deux facteurs était frappante. Depuis, « l'épidémie de socialité » constatée chez les autres rares cas d'insectes et d'arachnides haplodiploïdes (scolytes, thrips ou acariens) n'a fait que renforcer cette tentation. En outre, la formule sociale des hyménoptères est tellement rentable que la variabilité des gènes s'y trouve réduite plus qu'ailleurs : la raison en est peut-être que des gènes mutants dont les effets tendraient à s'écarter de la voie de l'altruisme auraient très peu de chances d'être retenus par la sélection naturelle [1]. Le lien entre génétique et socialité s'en trouve souligné. Rappelons que toute l'histoire de l'Évolution des organismes – animaux et végétaux – fait apparaître une amélioration du rendement de la reproduction. Les sociétés d'insectes n'échappent pas à la règle : leur efficacité reproductrice est supérieure à celle des insectes solitaires, elle est optimisée. En effet, beaucoup d'autres insectes abandonnent au hasard le sort de leur descendance, à l'instar de ces femelles de papillons qui laissent tomber leurs œufs en plein vol. Dans ce cas, le rapport entre l'énergie – considérable – qui est dépensée pour produire de nombreux descendants potentiels et la probabilité pour l'un d'eux d'arriver à maturité sexuelle ne dégage qu'un rendement minime. Chez les insectes éosociaux, au contraire, les comportements parentaux qui permettent l'élevage des jeunes jusqu'à l'âge adulte, la défense en commun du nid et l'attribution des tâches d'approvisionnement à des individus spécialisés qui en assument le risque (généralement vers la fin de leur vie), sont autant d'innovations propres à favoriser un très bon rendement de l'investissement reproductif, donc de l'énergie déployée. La réduction de la variabilité génétique chez les hyménoptères – qui stabilise les caractéristiques comportementales – ne rendait que plus saillant le corrélat génétique de la socialité.

C'est pourquoi, très naturellement, la première conclusion de Hamilton accrédita l'idée que c'était l'haplodiploïdie des hyménoptères qui, seule, avait orienté leur Évolution vers cet optimum social. Sa position a beaucoup évolué depuis et, en 1987 [2], il écrivait : « Il y a, en fait, une opinion grandissante selon laquelle le degré élevé de parenté de trois quarts qui se produit entre des hyménoptères sœurs, due à l'haploïdie des mâles, n'a pas été le facteur le plus critique pour l'Évolution commune de l'éosocialité chez les hyménoptères, même si les théoriciens ont globalement soutenu l'idée qu'une parenté exceptionnelle, si elle existe, peut fortement favoriser l'éosocialité. »

Moins sévères à l'égard de sa théorie que ne l'était Hamilton lui-même – avec une modestie qui l'honore –, les spécialistes ont tendance, aujourd'hui, à dissocier deux ordres de phénomènes et à distinguer deux idées :

1) les hyménoptères ont présenté un ensemble exceptionnel de

---

1. L'Américain D. Graur a montré en 1985 que le degré d'hétérogénéité génétique chez un individu donné était entre deux et dix fois plus faible chez un hyménoptère social que chez un non-social (« Gene diversity in Hymenoptera », *Evolution*, n° 39, 1985, p. 190-199).
2. *Op. cit.*

prédispositions favorables à l'apparition de la socialité, dont l'haplodiploïdie est *l'une* des principales ;

2) l'apparition de la socialité et l'Évolution de la socialité une fois apparue sont deux phénomènes distincts qui peuvent dépendre de processus sélectifs différents.

Nous examinerons d'abord les autres prédispositions susceptibles d'avoir favorisé la probabilité d'apparition de la socialité chez les hyménoptères, puis nous nous arrêterons sur quelques-unes des principales théories sociobiologiques concurrentes de la sélection de parentèle. Le second point évoqué ci-dessus, c'est-à-dire l'Évolution des sociétés après leur apparition, sera illustré dans le chapitre suivant.

Les autres prédispositions favorables à la socialité des hyménoptères

Les exemples cités plus haut chez les arthropodes (termites, araignées [3]) montrent que l'haplodiploïdie n'est pas la voie unique vers la socialité. Nous en verrons une autre au chapitre 7, avec le cloporte de Réaumur. Ajoutons que, si la socialité est bien apparue douze fois au sein du seul ordre des hyménoptères, ce ne fut pas de façon homogène, puisque le phénomène porte uniquement sur l'infra-ordre des *aculéates*, alors que l'haplodiploïdie est répandue dans l'ensemble de l'ordre [4]. Il fallait donc rechercher d'éventuelles particularités des aculéates. On en connaît deux. La première est d'ordre anatomique : les femelles aculéates possèdent un appareil piqueur comprenant une glande à venin et un aiguillon, véritable seringue offensive capable de foudroyer un insecte ennemi. La seconde caractéristique est comportementale : ces insectes construisent souvent un nid, ce qu'il faut probablement mettre en relation avec le développement, chez les aculéates solitaires, d'une ébauche de comportement maternel.

La construction d'un nid où la progéniture est protégée est vraisemblablement liée, du point de vue évolutif, à l'apparition de

---

3. Le lecteur intéressé par les araignées sociales pourra consulter l'article de Bertrand Krafft : « Eco-ethology and evolution pf social spiders », *Social Insects in the Tropics*, vol. 1, publié sous la direction de P. Jaisson, Presses de l'université Paris-XIII, Villetaneuse, 1982.

4. L'ordre des hyménoptères comprend deux sous-ordres, les *symphites* (sans pétiole) et les *apocrites* (pétiolés, type « taille de guêpe ») ; les *aculéates* sont, avec les parasitoïdes, l'un des deux infra-ordres qui composent les apocrites.

l'appareil piqueur. Celui-ci permet en effet de paralyser les proies pour les stocker vivantes auprès des œufs : les larves, une fois écloses, n'auront plus qu'à se mettre à table. Les proies seront donc dévorées paralysées, mais vivantes, ce qui dispense les larves de sortir – donc de s'exposer – pour s'alimenter. Chez les aculéates végétariens que sont les abeilles solitaires, la viande est remplacée par les protéines végétales contenues dans les pollens. Dans ce cas, l'appareil piqueur ne sert plus à la chasse mais à la défense. L'abeille passe beaucoup de temps à récolter un aliment virtuellement inépuisable, mais dispersé dans une multitude de fleurs à l'intérieur desquelles elle doit introduire la tête et une partie du corps, ce qui la rend particulièrement vulnérable [5].

Il y a quelques années j'ai argumenté l'idée [6] que les hyménoptères avaient pu être prédisposés à la socialité par leurs capacités d'apprentissage précoce, qui leur permettent de s'adapter à des conditions fluctuantes de l'environnement. Cette idée, qui avait été suggérée auparavant par d'autres chercheurs [7], vient de la constatation que certains hyménoptères solitaires et bon nombre de sociaux adoptent un comportement différent selon les expériences qu'ils ont vécues (*cf.* chap. 9). Cette plasticité du comportement s'est avérée déterminante pour la connaissance qu'un individu doit avoir de son groupe social de façon à éviter de se laisser berner par la duperie d'un profiteur. En somme, des prédispositions génétiques à mettre à profit les expériences vécues ont pu favoriser les hyménoptères dans leur quête de socialité.

Aujourd'hui, on pense que pour traverser le Rubicon de la socialité, les hyménoptères aculéates ont bénéficié d'un concours de circonstances exceptionnel, d'une synergie de prédispositions : l'haplodiploïdie (commune à tous les hyménoptères), la présence de l'aiguillon et de l'appareil venimeux permettant de paralyser les proies, la construction d'un nid où proies et progéniture sont rassemblées, des mandibules permettant des manipulations complexes, et enfin un développement flexible du comportement de l'individu.

---

5. Il existe d'ailleurs toute une cohorte d'aculéates solitaires restés carnivores, les *Philanthus* par exemple, spécialisés dans la chasse des abeilles butineuses, qu'ils paralysent puis introduisent dans leur terrier pour être dévorées par leurs larves.
6. P. Jaisson, *op. cit.*, 1985.
7. R. H. Crozier, « On insects and insects : twists and turns in our understanding of the Evolution of eusociality », *The Biology of Social Insects* (sous la direction de M. D. Breed, C. D. Michener & H. E. Evans), Westview Press, Boulder, 1982, p. 4-9.

D'autres voies vers la socialité

Le conflit des générations et la manipulation parentale

En 1974, un biologiste de l'université du Michigan, Richard Alexander, suggéra que les comportements sociaux pouvaient résulter d'un conflit d'intérêt entre parents et enfants chez des espèces solitaires où existent déjà des comportements parentaux [8]. L'intérêt des parents est d'assurer une propagation optimale de leurs gènes, en rentabilisant au mieux leur investissement. Inversement, l'intérêt des enfants est de chercher à profiter le plus longtemps possible de la protection et du bien-être procurés par leurs parents. Or, le prolongement des soins parentaux au-delà de la période de dépendance stricte ne peut se faire qu'au détriment de la production de nouveaux enfants. Pour les parents, en l'absence de contrepartie, l'inconvénient est évident : ils ne peuvent se permettre de continuer indéfiniment à entretenir les couvées ou portées précédentes. En refoulant avec rudesse ses chatons à peine sevrés lorsqu'ils tentent de poursuivre de confortables tétées, la mère chatte nous montre la solution apportée par ses ancêtres au conflit des générations. Cet exemple suggère que les conflits entre enfants et parents ont toutes les chances de se résoudre en faveur des parents, qui l'emportent par la taille, la force, éventuellement l'expérience. Mais si, au lieu de les disperser, notre chatte asservissait ses enfants en vue de sa propre protection, de son approvisionnement et de son bénéfice reproducteur ultérieur, elle aurait certainement franchi un grand pas vers l'éosocialité. L'Évolution est encore plus décisive si, en même temps, l'animal adulte empêche sa progéniture, par diverses intimidations, de reproduire pour son propre compte. C'est le moyen trouvé par les termites pour avoir une cour d'ouvrières et d'ouvriers. Il est vrai que les chats ont souvent résolu le problème

---

8. R. A. Alexander, « The evolution of social behavior », *Annual Review of Ecology & Systematics*, n° 5, 1974, p. 325-383. Voir également R. A. Alexander & P. W. Sherman, « Local mate competition and parental investment in social insects », *Science*, n° 196, 1977, p. 494-500.

en exploitant plutôt un certain bipède grand pourvoyeur de lait et de pâtée en boîte...

Les cas d'éosocialité sont rares chez les vertébrés : on en connaît seulement deux chez les oiseaux et quatre chez les mammifères. L'exemple le plus célèbre est celui du rat-taupe glabre *(Heterocephalus glaber)*, qui vit dans les régions chaudes et arides de la Corne de l'Afrique, aux confins du Kenya, de l'Éthiopie et de la Somalie. Ce petit animal de vingt à trente-cinq grammes a beaucoup frappé les esprits, en raison de son mode de vie éminemment social : de fait, il rappelle davantage les termites ou les fourmis que les autres rongeurs. Il naît peut-être une fascination supplémentaire – et inconsciente – du fait que ce rat-taupe a atteint le stade du coopéron social dans une région qui est aussi le berceau de l'humanité (notamment la Vallée du Rift, en Éthiopie). En outre, il est glabre, tout comme l'Homme, ce « singe nu », selon l'expression chère à Desmond Morris [9] (fig. 4.1). La nature éosociale des colonies de rats-taupes glabres a été découverte au début des années 1980 par Jennifer Jarvis, de l'université du Cap [10].

Les colonies d'*Heterocephalus glaber* peuvent compter jusqu'à une centaine d'individus. Elles sont constituées d'une femelle reproductrice unique, d'un ou de deux mâles reproducteurs, et, pour le reste, d'ouvriers et ouvrières exclus de la reproduction. Ces derniers peuvent être filles, fils, frères, sœurs, oncles, ou tantes de ce que certains sont tentés d'appeler « la reine ». Cette femelle reproductrice unique intimide et domine les membres de la caste laborieuse par de fréquents comportements d'agression. Toutefois, ces comportements s'inscrivent dans un cadre plus large que celui d'un simple conflit entre parents et enfants : par exemple, les oncles et tantes sont davantage malmenés par la reproductrice que ses propres rejetons [11]. Richard Alexander fut le promoteur d'un important programme de recherche sur ces fascinantes créatures.

En 1974 également, Charles Michener, de l'université du Kansas, émit l'hypothèse que la socialité des abeilles hypogées (ou halictes) avait pour origine la manipulation des filles par leur mère [12]. Cette

9. D. Morris, *Le singe nu*, Grasset, 1968.
10. J. U. M. Jarvis, « Eusociality in a mammal : cooperative breeding in naked mole-rat colonies », *Science*, n° 212, 1981, p. 571-573.
11. H. K. Reeve & P. W. Sherman, « Intracolonial aggression and nepotism by the breeding female naked mole-rat », *The Biology of the Naked Mole-rat* (sous la direction de P. W. Sherman, J. U. M. Jarvis & R. D. Alexander), Princeton University Press, 1991, p. 337-357.
12. Les principaux articles où cette idée est développée sont les suivants : C. D. Michener, *The Social Behavior of the Bees : A Comparative Study*, Harvard University Press,

Fig. 4.1. Un groupe de rats-taupes glabres au repos, blottis les uns contre les autres dans une chambre du nid (d'après Lacey et coll., 1991 *).

* E. A. Lacey, R. D. Alexander, S. H. Braude, P. W. Sherman & J. U. M. Jarvis, « An ethogram for the naked mole-rat : nonvocal behaviors », *The Biology of the Naked Mole-rat* (sous la direction de P. W. Sherman, J. U. M. Jarvis & R. D. Alexander), Princeton University Press, 1991.

théorie, dite de la *manipulation parentale*, fut proposée en même temps que celle du conflit entre parents et enfants. Il s'agissait en fait de deux formulations distinctes d'une même idée. Pour Michener et ses collègues, il y aurait eu sélection, chez les abeilles parentes, de caractères leur permettant de manipuler leur progéniture : les comportements répétés d'intimidation (appelés dominance), entraînant une castration psychosomatique des abeilles filles. Ces dernières n'ont plus d'autre choix que de se reproduire par le moyen de leur mère, en l'assistant dans la production de sœurs afin d'accroître leur *adéquation adaptative globale*. On expliquait ainsi pourquoi les jeunes abeilles se consacraient essentiellement à l'élevage de la descendance, abondante, de leurs parents. Pour illustrer la manipulation parentale, ces chercheurs se sont appuyés sur l'exemple des sociétés de l'abeille sociale hypogée américaine *Lasioglossum zephyrum*, où la reine brutalise et intimide d'autant plus ses filles que ces dernières possèdent

Cambridge, 1974 ; C. D. Michener & D. J. Brothers, « Were workers of eusocial Hymenoptera initially altruistic or oppressed ? », *Proceedings of the National Academy of Sciences of the USA*, nº 71, 1974, p. 671-674.

des ovaires plus développés, qui font d'elles des concurrentes virtuelles pour la reproduction. Après chacune de ses approches agressives, la reine recule promptement, entraînant sa fille derrière elle vers les cellules où des larves attendent d'être soignées. On comprend que les biologistes aient été frappés par l'observation de tels comportements sous leurs microscopes, et séduits par l'idée que des gènes de manipulation parentale aient pu se trouver sélectionnés au cours de l'Évolution, pour aboutir à une caste d'ouvrières complètement stériles, au sommet des hyménoptères éosociaux.

Parmi les sociobiologistes, la théorie de la manipulation parentale fut perçue à la fin des années 1970 comme une alternative séduisante à la théorie de la parentèle. Le résultat fut bénéfique : des recherches contradictoires en furent stimulées, et il fallut redoubler de rigueur dans le choix des interprétations permises. Entre ces deux théories, sélection de parentèle (Hamilton) et manipulation parentale (Michener et Alexander), la première s'avère actuellement la plus puissante pour sa valeur prédictive et les connaissances qu'elle a permis d'accumuler.

De même que le « gène égoïste » dominateur de l'organisme, proposé par Richard Dawkins, le schéma du conflit reine-ouvrières ne me paraît pas d'une valeur heuristique suffisante pour comprendre l'Évolution de l'éosocialité chez les hyménoptères. En effet, reine et ouvrières appartiennent au même super-organisme, la société, dont la compétitivité face à l'environnement déterminera à la fois l'existence de nouvelles reines et celle de nouvelles ouvrières. Le super-organisme qu'elles constituent ensemble est une unité biologique sur laquelle la sélection a pu s'exercer globalement. Le problème de la poule et de l'œuf a beaucoup passionné les philosophes (*cf.* chap. 2). Mais faut-il considérer que la reine est le seul moyen trouvé par les ouvrières pour produire d'autres ouvrières, ou bien est-ce le contraire ? La dialectique du conflit entre reine et ouvrières ouvre à des jeux intellectuels passionnants, mais probablement assez vains. Si la sélection naturelle s'était appliquée indépendamment aux reines et aux ouvrières, l'Évolution de ces dernières aurait dû très vite les amener à s'affranchir des reines. Or, il n'existe apparemment pas d'espèces d'abeilles ou de guêpes sociales vivant en communauté d'ouvrières sans reine ; on en trouve des exemples chez les fourmis, mais les spécialistes ne sont pas d'accord entre eux (sauf sur un cas) pour considérer que l'on puisse réellement parler de sociétés d'ouvrières. En effet, la plupart du temps, un individu ou un nombre restreint d'individus ayant une morphologie d'ouvrière remplissent le rôle fonctionnel d'une reine. Enfin, la séduction exercée par l'idée que la reine manipule les ouvrières à son profit aurait tout aussi bien pu s'attacher à une interprétation selon laquelle la sélection naturelle aurait abouti à favoriser des ouvrières qui se laisseraient manipuler par une reine de façon à mieux propager, par cette « ruse », leurs propres gènes... vers des sœurs.

L'altruisme réciproque

La puissance prédictive de la théorie de la parentèle peut conduire à se demander si la sociobiologie peut offrir des modèles évolutifs où des prédispositions aux comportements sociaux pourraient être sélectionnées *sans qu'il y ait affinité génétique* entre le donneur et le bénéficiaire. Proposé dès 1971 par Robert Trivers [13], de l'université Harvard, le modèle de l'altruisme réciproque offre une réponse plausible.

Ce mode de relation sociale ne requiert pas de filiation génétique entre les protagonistes. Pour le comprendre, on peut imaginer une situation fictive : un individu *y*, attaqué par un ennemi plus fort que lui, a une chance sur deux d'être gravement blessé. Un congénère *x*, non apparenté à *y*, passe par là et vole au secours de *x* avec seulement une chance sur vingt d'être blessé et dix-neuf de mettre l'ennemi en déroute sans subir de dommage, compte tenu du déséquilibre des forces ainsi créé en faveur de *x* et *y*. Si les choses devaient en rester là, les gènes susceptibles de prédisposer *x* à cet altruisme n'auraient guère de chance d'être sélectionnés, étant donné qu'ils l'exposent à un risque sans contrepartie. Une attitude égoïste de non-assistance serait, dans ce cas, plus avantageuse. Mais, si cet événement avait une probabilité élevée d'être suivi ultérieurement d'une circonstance symétrique, où les rôles de victime et de défenseur se trouveraient inversés, le bilan global ferait apparaître un important bénéfice pour chacun, en cas de comportement altruiste : on échange une chance sur deux d'être blessé contre seulement une chance sur vingt. Sans qu'il n'y ait nécessité d'apparentement entre eux, *x* et *y* auront chacun délivré un altruisme peu coûteux et reçu, en retour, un avantage disproportionné.

Mais, comme l'a noté Hamilton, pour que l'altruisme réciproque

13. R. L. Trivers, « The evolution of reciprocal altruism », *Quarterly Review of Biology*, n° 46, 1971, p. 35-47.

ait des chances d'être sélectionné au cours de l'Évolution, il faut que des conditions bien particulières soient réunies. D'abord, les individus en interaction doivent pouvoir vivre assez longtemps et assez près l'un de l'autre pour que la situation de réciprocité ait une probabilité élevée de se présenter, et pour qu'un profiteur qui ne jouerait pas le jeu ait le temps d'être sévèrement pénalisé dans un troisième temps. Ensuite, l'altruisme réciproque n'a véritablement de chance d'apparaître que chez des espèces dont les membres sont équipés des capacités cognitives suffisantes pour reconnaître individuellement leurs congénères et pour réaliser des choix en rapport avec les situations antérieures. Cela paraît difficile avant le niveau des oiseaux ou des mammifères avancés.

Pour en donner un exemple, c'est en termes d'altruisme réciproque que l'écologiste britannique John Maynard Smith interprète les observations réalisées par Craig Packer, de l'université du Sussex, sur des babouins de Tanzanie [14]. Comme nous le verrons au chapitre 9, du fait du refus mutuel de s'accoupler entre apparentés, les jeunes babouins mâles adultes quittent leur groupe de naissance. Les mâles sexuellement actifs dans un groupe sont donc issus de différents groupes étrangers et possèdent entre eux un degré d'apparentement faible ou nul. Craig s'est aperçu qu'un jeune mâle avait d'autant plus de chances de copuler qu'il était aidé par un autre qui monte la garde contre les concurrents pendant l'accouplement. Plus tard, ce mâle altruiste pourra, à son tour, solliciter l'assistance du bénéficiaire antérieur dans une circonstance exactement symétrique. Il semble que, chez ces babouins, les capacités de reconnaissance individuelle et de mémoire soient suffisantes pour faire échec à des profiteurs qui refuseraient de « renvoyer l'ascenseur ». Packer observe en effet que les mâles les plus altruistes sont également ceux qui bénéficient le plus souvent de l'aide des autres.

Chez les singes, il s'agit sans doute du seul exemple connu d'altruisme réciproque. Ailleurs, d'après les données actuelles, il n'existerait que chez l'Homme et les vampires (*cf.* chap. 8). L'altruisme réciproque n'a jamais été décrit chez les insectes, où on a peu de chances de le découvrir, compte tenu de leurs propriétés psychiques plus limitées. Mais ces animaux nous réservent peut-être encore des surprises...

---

14. C. Packer, « Reciprocal altruism in olive baboons », *Nature*, n° 265, 1977, p. 441-443.

La règle du meilleur jeu : jouer un prêté pour toucher un rendu

L'un des concepts qui a le plus stimulé la réflexion de l'écologie évolutive et comportementale au cours des années 1980 est celui de *stratégie stable d'Évolution*, ou ESS [15]. L'écologiste britannique John Maynard Smith, qui fut à l'origine du concept [16], le définit comme « une stratégie telle que, si tous les membres d'une population l'adoptent, aucune stratégie mutante ne pourra ensuite envahir la population sous l'influence de la sélection naturelle [17] ». En d'autres termes, l'ESS est une stratégie tellement efficace qu'il n'existe pas de stratégie potentiellement concurrente, à moins qu'un bouleversement des conditions environnementales ne vienne supprimer l'adéquation adaptative conférée par l'ESS. En tant que recette infaillible, l'ESS fait penser à une sorte de martingale, et la martingale évoque à son tour les jeux. Rien d'étonnant, par conséquent, à ce qu'on ait trouvé du côté de la théorie des jeux des modèles applicables au comportement. Ils n'étaient pas les premiers : les militaires les avaient précédés, la théorie des jeux permettant aussi d'élaborer une multitude de scénarios psycho-tactiques dont les spécialistes de stratégie nucléaire sont des plus friands. Loin de telles préoccupations, Robert Axelrod et William Hamilton ont opté pour l'un de ces jeux favoris : *le dilemme du prisonnier* [18]. Brièvement résumé et traduit de façon purement imaginaire, le jeu peut se présenter de la façon suivante. Deux malfaiteurs complices sont incarcérés sans possibilité de communiquer entre eux. Leur culpabilité n'étant pas totalement établie, ils se voient tous deux promettre une réduction de peine en cas d'aveux complets. La meilleure stratégie *globale pour les deux* serait un mutisme total, ce qui les conduirait simplement à une condamnation pour délit mineur, faute de preuves suffisantes. Mais, chacun des prisonniers n'ayant aucune certitude que l'autre respectera la loi du silence, la meilleure

---

15. D'après la formule anglaise : *Evolutionary Stable Strategy*.
16. J. Maynard Smith & G. R. Price, « The logic of animal conflict », *Nature*, n° 246, 1973, p. 15-18.
17. J. Maynard Smith, *Evolution and the theory of games*, Cambridge University Press, Cambridge, 1982. La citation exacte est : *« a strategy such that, if all the members of a population adopt it, then no mutant strategy could invade the population under the influence of natural selection. »*
18. Une bonne version de ce jeu est proposée par Steven Brams, *Game theory and politics*, Macmillan, New York, 1975.

stratégie, au plan individuel, consiste au contraire à passer aux aveux le premier. En effet, celui qui avouera aura la certitude de bénéficier de la réduction de peine promise dans le cadre du délit grave. Se cantonner au mutisme tandis que le complice parle exposera à la peine maximum. Chacun des prisonniers étant fondé à soupçonner l'autre de vouloir bénéficier d'une libération, donc de parler et de le livrer, on comprend que la meilleure stratégie pourrait consister à avouer. Finalement, vaut-il mieux ne pas parler pour bénéficier d'une condamnation mineure, mais risquer une peine maximum si le complice trahit, ou vaut-il mieux parler et être assuré d'une réduction de peine dans le cadre du délit majeur ? On entrevoit les applications d'un tel jeu pour les stratèges de dissuasion nucléaire ou pour les responsables des politiques de désarmement équilibré, tous à la recherche d'une martingale [19] !

Revenons à des applications beaucoup plus inoffensives : Robert Axelrod et William Hamilton ont entrepris d'adapter le modèle du dilemme du prisonnier aux interactions sociales des animaux. La question est la suivante : existe-t-il une ESS comportementale susceptible d'intervenir dans l'Évolution de la coopération réciproque, une *règle optimale de conduite* qu'adopterait un animal vis-à-vis d'un congénère dont il ne connaîtrait pas, *a priori*, les intentions ? Si oui, cette règle de conduite optimale consiste-t-elle à manifester systématiquement le même comportement dans tous les échanges successifs avec ce congénère ? Ou, au contraire, à le faire varier en fonction du comportement du protagoniste, selon une norme à définir ? Par des moyens informatiques, Axelrod et Hamilton ont comparé tous les scénarios possibles dans un jeu à deux joueurs ayant chacun, à chaque interaction, l'option de coopérer ou de trahir. Ils ont découvert une martingale, qu'ils ont appelée la *stratégie du prêté pour un rendu (« tit for tat » strategy)* [20]. Cette *ESS* conjugue deux règles de décision très simples : au premier échange, jouer d'emblée la carte de la coopération et au second échange et aux suivants, se comporter à l'identique de la réponse du partenaire lors de l'échange antérieur. Un nombre impressionnant de tests effectués à l'ordinateur ont donné cette stratégie systématiquement gagnante, même en accordant *à une*

19. Le lecteur pourra trouver des explications plus détaillées du dilemme du prisonnier en consultant : R. Axelrod, *Donnant-donnant. Théorie du comportement coopératif*, Odile Jacob, 1992 ; J. P. Delaye, « L'Altruisme récompensé », *Pour la Science*, n° 181, 1992, p. 150-156.

20. R. Axelrod & W. D. Hamilton, « The evolution of cooperation », *Science*, n° 211, 1981, p. 1390-1396.

reprise le pardon pour un geste inamical avant d'appliquer la deuxième règle. On comprend que ces jeux aient pu passionner les théoriciens de l'écologie comportementale ou de la sociobiologie mais, si l'on veut éviter qu'ils ne demeurent que des jeux de l'esprit, une question concrète s'impose : des ESS de type *un prêté pour un rendu* existent-elles réellement, ont-elles été retenues par la sélection naturelle ? La puissance de cette stratégie, quand on s'en tient au modèle, pourrait permettre de le présager. Malgré les espoirs, la réponse à cette question reste, malheureusement, réservée. Effectivement, si l'on excepte l'Homme, qui serait un candidat possible, on ne connaît qu'un exemple où le modèle du *tit for tat* ait été testé avec succès. Il s'agit de l'hirondelle des arbres, *Tachycineta bicolor*, étudiée à l'université Rutgers par Michael Lombardo [21]. Les adultes de cette espèce agressive reproduisent dans des nids situés au sein de populations denses d'hirondelles. Ils sont entourés d'autres couples reproducteurs, mais également d'individus non reproducteurs (généralement juvéniles). Des non-reproducteurs « attitrés » se tiennent à proximité d'un couple déterminé avec lequel ils ne sont généralement pas apparentés. Cette association est potentiellement bénéfique aux deux : aux parents parce que leurs non-reproducteurs attitrés montent la garde pendant qu'ils s'approvisionnent à l'extérieur ; aux non-reproducteurs parce qu'ils ont besoin de se familiariser aux sites de nidification très convoités pour avoir quelque chance d'y accéder à la période de reproduction suivante. Lombardo a montré que des non-reproducteurs empaillés étaient très bien tolérés par les reproducteurs et pouvaient librement stationner à proximité du nid ; mais, dès lors qu'une atteinte grave aux petits était simulée en l'absence des parents, ceux-ci, une fois de retour, s'en prenaient violemment aux hirondelles empaillées familières. Dans les mêmes circonstances, des hirondelles empaillées différentes de celles connues des parents n'étaient pas attaquées. Ces résultats, qui traduisent l'aptitude à une reconnaissance individuelle fine chez ces oiseaux, sont cohérents avec la prédiction du modèle du *un prêté pour un rendu*. Mais bien des recherches seront nécessaires pour savoir s'il est aussi facile pour la « logique du vivant [22] » que pour la logique humaine de « comprendre » que le *tit for tat* est une ESS des plus recommandables.

---

21. M. P. Lombardo, « Mutual restraint in tree swallows : a test of the TIT FOR TAT model of reciprocity », *Science*, n° 227, 1985, p. 1363-1365.
22. Pour reprendre la célèbre expression de François Jacob.

Maladies et évolution des comportements sociaux

Il y a quelques années, Hamilton lança l'idée que les maladies pouvaient constituer une pression de sélection suffisamment forte pour entraîner le développement de certains comportements sociaux [23]. En particulier, les maladies infectieuses doivent, selon lui, favoriser la sélection de comportements de nettoyage mutuel (l'épouillage par exemple). Ces comportements, impliquant le contact ou la proximité entre individus, peuvent jouer un rôle social important. De la même façon, la sélection naturelle peut favoriser l'apparition de comportements prophylactiques, tel que le rejet, loin du groupe social, d'une progéniture malade et contagieuse. Ainsi, on connaît une race d'abeille domestique où les ouvrières sont capables de reconnaître, même à travers l'opercule d'un alvéole, l'odeur d'une larve atteinte de la maladie de la pourriture du couvain, due à une bactérie. Le cas échéant, l'abeille découpe l'opercule, en extirpe la larve malade ou morte, puis la rejette à plusieurs mètres de la ruche. En agissant de la sorte, cette abeille, qui ne court aucun risque d'être contaminée (la bactérie attaque uniquement le couvain), assure une fonction prophylactique dont la conséquence est de contrôler la propagation de la maladie au sein de la société. Deux gènes, dont l'absence entraîne l'inaptitude à désoperculer (pour l'un) et l'inaptitude au rejet de la larve malade (pour l'autre) ont été localisés [24]. Leur propagation risque d'être fortement favorisée partout où sévit la maladie du couvain [25].

Il est peu probable que les maladies implacablement mortelles, surtout parmi les maladies infectieuses, aient fréquemment favorisé le passage de la vie solitaire à la vie sociale. En effet, la vie en groupe représente un risque plus grand du point de vue de la contagion. En

---

23. W. D. Hamilton, « Kinship, Recognition, Disease, and Intelligence : Constraints of Social Evolution », *Animal Societies, theories and facts* (sous la direction de Y. Itô, J. L. Brown & J. Kikkawa), Japan Scientific Societies Press, Tokyo, 1987, p. 81-102.

24. W. C. Rothenbuhler, « Behavioral genetics of nest cleaning in honey bees. IV. Responses of F_2 and backcross generations to disease-killed brood », *American Zoologist*, n° 4, 1964, p. 111-123.

25. Notons que ces deux gènes ne sont probablement pas plus responsables des comportements prophylactiques que les fusibles d'une installation électrique ne le sont de la production du courant. En revanche, ils sont certainement des maillons nécessaires de l'enchaînement d'événements qui préside à la mise en place des comportements prophylactiques.

revanche, la formule sociale a pu constituer un avantage dans le cas des maladies non mortelles car les individus touchés peuvent, le temps de se rétablir, bénéficier de la protection de leurs partenaires sociaux. Une fois constitué, le groupe social, par sa promiscuité interne, rend prévisible la sélection de comportements et d'organes [26] à fonction prophylactique contre les maladies infectieuses graves.

Le mutualisme dans l'adversité

Lorsque la pression sélective extrême d'un facteur climatique ou biologique de l'environnement a plus de chance d'être contenue ou vaincue par la coopération entre les individus, alors les conditions sont favorables à l'apparition de la socialité. Deux modèles peuvent entrer dans la catégorie que je désigne ainsi :

LE CHAPARDAGE PAR DES PROFITEURS

Des chercheurs ont récemment suggéré que le risque de chapardage des provisions ou d'usurpation du nid, dont sont victimes beaucoup de guêpes chasseresses solitaires, a pu les orienter vers la socialité [27]. En effet, les femelles de ces espèces doivent capturer, puis paralyser des proies (insectes ou araignées) avant de les stocker dans un terrier, dont elles condamneront l'accès après y avoir pondu un ou plusieurs œufs. Ces denrées et ces œufs sont convoités par des profiteurs à l'affût, congénères ou autres. Ce danger a parfois entraîné, en riposte, la sélection de comportements de camouflage très sophistiqués. Ainsi, certaines guêpes, après avoir recouvert de terre l'entrée de leur nid, saisissent un petit caillou entre leurs mandibules et l'utilisent pour tasser le sol : c'est un exemple rarissime du recours à l'outil chez un insecte. Il est possible que, dans d'autres cas, des gènes prédisposant au développement de comportements mutualistes aient été sélectionnés. Par exemple, on peut penser que le comportement

---

26. La quasi-totalité des fourmis possèdent sur le thorax des glandes métapleurales qui synthétisent des antibiotiques et antifongiques si puissants que des laboratoires pharmaceutiques s'y intéressent de près. Ces substances permettent aux fourmis de vivre dans des nids saturés d'humidité sans être incommodées ni par des champignons, ni par des bactéries.

27. J. Field, « Intraspecific parasitism as an alternative reproductive tactic in nest-building wasps and bees », *Biological Review*, n° 67, 1992, p. 79-126.

de femelles qui construisent, puis partagent un nid commun permettrait une défense plus efficace. On a même imaginé un scénario évolutif dans lequel un chapardeur mutant aurait pu rester et coopérer avec celle qui aurait été, normalement, sa victime. Ces idées ont été élargies à certains oiseaux [28]. Mais il n'y a pas réellement de preuve que les choses aient pu se passer ainsi au cours de l'Évolution. En outre, on peut prédire que si ces gènes du mutualisme s'étaient fortement propagés dans les populations en raison de leur succès, ils auraient dû constituer à leur tour une pression favorable à l'apparition de parades plus sophistiquées chez les chapardeurs « non mutants ».

LA PRESSION DES PRÉDATEURS

Lorsque les prédateurs sont nombreux et qu'ils effectuent des prélèvements importants sur les populations de proies, les conditions sont réunies pour qu'apparaisse une coopération entre victimes potentielles. Elle peut prendre la forme d'une attaque collective contre le prédateur, comme chez l'hirondelle des arbres (évoquée plus haut). Plus fréquemment, il s'agit de l'émission d'un signal d'alarme. Tantôt, l'alarme bénéficie uniquement à des congénères directement apparentés (intervention de la sélection de parentèle), tantôt elle bénéficie à tous les congénères présents, ce qui pourrait peut-être s'interpréter en termes de stratégie stable d'Évolution – ESS. En effet, l'alarme est une stratégie tellement bénéfique, dès lors qu'elle est donnée systématiquement par le premier qui perçoit le prédateur, que l'on ne voit pas comment elle pourrait être supplantée. Par exemple, chez l'étourneau-sansonnet, l'oiseau qui fourrage isolément consacre 47 % de son temps à la surveillance et seulement 53 % à s'alimenter, alors que dans un groupe de dix, chaque individu peut se contenter de n'investir que 12 % de son temps dans la surveillance – donc 88 % en alimentation effective. En outre, il ne mettra, en moyenne, que 3,2 secondes à s'envoler après l'arrivée du prédateur, tandis qu'il lui en aurait fallu 4,1 s'il avait été seul [29]. Il existe également des signaux d'alarme qui ne sont émis que lorsque l'animal est capturé par son prédateur. Le signal peut être acoustique (un cri de détresse), mais il peut aussi

---

28. H. J. Brockman, « Parasitizing conspecifics : comparisons between Hymenoptera and birds », *Trends in Ecology & Evolution*, vol. 8, 1993, n° 1, p. 2-3.
29. G. V. N. Powell, « Experimental analysis of the social value of flocking by starlings (*Sturnus vulgaris*) in relation to predation and foraging », *Animal Behaviour*, n° 22, 1974, p. 501-505.

être chimique, comme nous le verrons au chapitre 8, avec l'exemple du têtard. Là, le dernier acte de la vie a des effets altruistes : il incite les congénères à fuir la présence d'un prédateur plus puissant qu'eux.

La sexualité tardive

Ce modèle sociobiologique est proposé par un chercheur indien, Raghavendra Gadagkar [30]. Selon lui, la socialité a pu apparaître chez des animaux à maturité sexuelle tardive. Dans ce cas en effet, un individu a plutôt intérêt à rester avec ses parents pour aider à produire une progéniture qui lui est étroitement apparentée, que de « s'installer à son compte » en perdant de l'espérance de vie à attendre le début, tardif, de sa maturité sexuelle. Le modèle semble rendre assez bien compte du cas des guêpes *Ropalidia*, sur lesquelles travaille ce chercheur. Cependant, comme il le note lui-même, la maturité sexuelle tardive a pu apparaître *postérieurement* à la socialité et non pas constituer une prédisposition à son apparition.

La conquête de ressources inexploitées

Il peut arriver qu'un milieu écologique offre un potentiel important de ressources qui restent inexploitées à cause de conditions climatiques particulièrement adverses. Si la coopération augmente considérablement les chances de pouvoir coloniser de tels environnements, alors les espèces qui parviendront les premières à résoudre le problème au cours de l'Évolution auront à leur disposition ce milieu vierge. C'est le modèle qui permet d'interpréter la présence de nombreux cloportes de Réaumur, sociaux et détritivores, qui peuplent les déserts d'Afrique du Nord et du Proche-Orient (*cf.* chap. 7).

La socialité latente

Mary Jane West-Eberhard, spécialiste des guêpes tropicales à l'université du Costa Rica, a fait sensation, il y a quelques années,

30. R. Gadagkar, « Demographic predisposition to the evolution of eusociality : a hierarchy of models », *Proceedings of the National Academy of Science of the USA*, n° 88, 1991, p. 10993-10997.

Lamarckisme et darwinisme

Ce que l'on entend par lamarckisme et darwinisme (aujourd'hui devenus néo-lamarckisme et néo-darwinisme) ne recouvre qu'en partie les idées soutenues par Lamarck et Darwin. Pour le lamarckisme, le milieu transforme les traits des individus, lesquels tendent à mieux s'adapter. Ces modifications sont enregistrées par l'organisme, qui est capable de les transmettre à sa descendance. Ainsi, les girafes proviendraient d'animaux qui, étirant leur cou toute leur vie pour atteindre la frondaison des arbres, auraient produit une descendance d'emblée pourvue d'un long cou. Darwin ne fut pas insensible aux idées de Lamarck, y compris celle-ci. Cependant, il préféra attribuer l'Évolution des espèces à l'action de la sélection naturelle, au demeurant ignorée par l'illustre biologiste français. Cela lui permettait, comme nous l'avons vu, d'expliquer la persistance, génération après génération, d'individus stériles au sein des sociétés d'insectes. Lamarck, au contraire, demeurait incapable d'expliquer comment, devenus stériles par effet du milieu, ils auraient pu transmettre cette particularité à une quelconque descendance. La découverte de la génétique départagea définitivement les deux théories concurrentes : seul le darwinisme lui était compatible. Et l'on comprit pourquoi les célèbres « femmes-girafes » de Birmanie donnaient obstinément naissance, depuis des lustres, à des enfants à cou normal. Toutefois, la transmission de la culture, caractéristique typiquement humaine, est réalisée de façon lamarckienne (*cf.* chap. 10).

Le stalinisme, acharné à extirper des esprits toute trace de Nature dans la nature humaine, poussa jusqu'à l'extrême le dogme environnementaliste. Lamarck fut vénéré en URSS, jusqu'au seuil des années 1970. En France, la patrie du naturaliste, le lamarckisme séduit encore plus d'un biologiste, ce qui, dans le meilleur des cas, est considéré à l'étranger comme une curiosité touristique [31]. Cela explique en partie la résistance, sans cesse répétée, à toute pénétration des paradigmes darwiniens développés ailleurs depuis plus d'un demi-siècle : la sociobiologie en fit les frais, parmi d'autres.

en lançant l'idée que la socialité pouvait apparaître au cours du développement d'un insecte, en fonction des conditions de l'environnement [32]. Il ne s'agissait pas, comme on pouvait le craindre, de réhabiliter le vieux mythe lamarckien de l'hérédité des caractères acquis. L'hypothèse était la suivante : le génome de certaines espèces

31. Par exemple, le généticien américain Richard Lewontin déclarait, à propos de la France : « Je n'irai pas jusqu'à dire que, dans ce pays, la pensée évolutionniste a des années de retard, mais enfin, il y a beaucoup à faire » : interview accordée au journal *Le Monde*, 28 septembre 1980.

32. M. J. West-Eberhard, « Phenotypic plasticity and " genetic " theories of insect sociality », *The Evolution of Social Behavior and Integrative Levels* (dirigé par Y. Itô, J. L. Brown & J. Kikkawa), Japan Scientific Societies Press, Tokyo, 1987, p. 35-51 ; « The Epigenetical Origins of Insect Sociality », *Chemistry and Biology of Social Insects* (sous la direction de J. Eder & H. Rembold), Verlag J. Peperny, 1987, p. 369-372.

pourrait permettre d'aboutir à un phénotype solitaire ou à un phénotype social. À partir de cette double potentialité, l'orientation des individus vers la voie sociale ou vers la voie solitaire serait régulée par les conditions du milieu. C'est ce que j'appelle la *socialité latente*. Contrairement à ce que croit West-Eberhard, cela n'expliquerait pas l'Évolution de la socialité (qui revient à la sélection d'un génome à double potentialité) mais simplement sa manifestation [33]. L'idée d'un tel génome bipotentiel pourrait aider à interpréter le comportement de certains insectes dits socialement primitifs : soit ils seraient des « parvenus » de l'éosocialité, soit ils seraient restés en « panne d'Évolution » juste après avoir passé le Rubicon. Pour l'une ou l'autre de ces raisons, ils seraient encore capables d'osciller entre le social et le non-social, en fonction des circonstances. Il semble que ce soit le cas de l'abeille hypogée [34] *Evylaeus albipes*, étudiée à l'université Nancy I par Cécile Plateaux-Quénu [35]. Dans l'est de la France, cette petite abeille mène une vie solitaire tandis que dans le Sud-Ouest et en Île-de-France, où elle sort de l'hivernage un mois plus tôt, elle constitue de petites sociétés annuelles. Elle adapterait sa stratégie aux circonstances climatiques : en région tempérée, la période d'activité serait assez longue pour que l'abeille fondatrice ait le temps d'élever une première couvée d'ouvrières, qui l'aideront ensuite à produire une seconde couvée, constituée de sexués. En climat continental, l'élevage de deux générations consécutives deviendrait hasardeux : la fondatrice et ses ouvrières risqueraient de ne pas pouvoir arriver au terme de la seconde couvée, la plus critique pour la pérennité de l'espèce. Dans ces conditions, élever directement une couvée de taille modeste uniquement constituée de sexués serait une solution moins glorieuse mais beaucoup plus sûre. Cette interprétation doit être vérifiée en soumettant des abeilles lorraines fondatrices aux conditions climatiques des autres régions, et *vice versa*.

Bien que cette énumération de modèles ne soit pas exhaustive [36], elle suffit à montrer que les sociobiologistes n'ont pas lésiné sur les

33. Sauf s'il était établi – hypothèse peu probable – qu'un génome neutre du point de vue sélectif et prédisposant à la socialité puisse apparaître par hasard pour ne se manifester qu'au moment « environnementalement » favorable.

34. Ou abeille Halicte.

35. C. Plateaux-Quénu, « Flexibilité sociale chez *Evylaeus albipes* (F.) (Hymenoptera, Halictinae) », *Actes des Colloques insectes sociaux*, sous presse.

36. En particulier, j'ai passé sous silence les modèles dits d'optimisation, qui nécessiteraient un ouvrage à eux seuls. Ils sont basés sur l'idée que des traits sociaux ont pu être sélectionnés sur la base de l'économie qu'ils permettent dans l'exploitation des ressources du milieu.

réflexions théoriques. Les chapitres suivants permettront, plus concrètement, de constater qu'ils n'en sont pas restés là : ils ont puisé dans ces modèles pour élaborer des hypothèses testables. C'est pourquoi on peut aujourd'hui présenter un bilan scientifique positif de la discipline : elle a effectivement permis d'élaborer de nouvelles connaissances. Que les modèles aient été exacts ou non est assez secondaire : ce qui importe, c'est qu'ils ont donné des impulsions intellectuelles nouvelles, et qu'ils ont incité à créer des hypothèses utiles au progrès de la connaissance. Notons encore que ces modèles ne sont bien souvent ni concurrents ni exclusifs les uns des autres : la réalité des phénomènes sociaux est suffisamment complexe pour tolérer plusieurs approches. Enfin, si le passage de la vie solitaire à la vie sociale n'a pas été un événement mineur de l'Évolution, la socialité, une fois investie, a permis de se lancer vers de nouvelles conquêtes évolutives. Dans cette aventure, le phénomène social s'est parfois tellement diversifié, tellement perfectionné et spécialisé, qu'il a pu finir par perdre l'apparence du social...

Chapitre 5

Les richesses convoitées de la fourmilière : altruisme et parasitisme

La sélection de parentèle, accompagnée d'autres prédispositions et d'un concours de circonstances favorables, permet d'expliquer assez bien l'apparition de la socialité chez les hyménoptères aculéates. Mais qu'advient-il une fois que le seuil de la vie sociale a été franchi ? Passé cette étape décisive, il est peu probable que l'Évolution soit toujours marquée par les mêmes pressions de sélection. Il faut expliquer désormais des phénomènes nouveaux de renforcement de l'altruisme, mais aussi d'exploitation des comportements altruistes par des profiteurs.

La confiance absolue

Par définition, l'adéquation adaptative globale [1] d'un individu altruiste augmente en fonction du *bonus* de reproduction qu'il induit chez le bénéficiaire. Or, ce *bonus* dépend directement de l'*efficacité du comportement altruiste*. On peut donc prédire qu'une fois atteint le stade de la socialité, la sélection naturelle favorisera, entre diffé-

1. La formule définissant l'adéquation adaptative globale Fx d'un individu altruiste x (*inclusive fitness* = $Fx = Rx + \delta Ry.Gxy$) permet de prédire que Fx sera d'autant plus élevée que le bonus de reproduction du bénéficiaire y sera plus important (*cf.* chap. 2).

rentes sociétés d'une même population d'hyménoptères, celles où les comportements altruistes seront, à coût égal, les plus performants. Cette compétition vers un altruisme sans cesse plus efficace devait, en toute logique, conduire à des ouvrières dépourvues de toute aptitude reproductrice, afin de mieux soutenir celle de la reine. C'est effectivement ce que l'on constate dans les sociétés les plus avancées.

Pourtant, une fois établie, la stérilité des ouvrières [2] risque de se révéler un véritable « piège » évolutif : en effet, elle tend à diminuer la variabilité génétique au sein de la société. Dans ces conditions, on peut s'attendre à ce que des mécanismes de compensation aient été favorisés par la sélection naturelle. C'est une interprétation de la fécondation multiple de la reine. Ce phénomène, observable chez les fourmis comme chez les abeilles [3], induit un accroissement de la variabilité génétique. Mais la polyandrie de la reine entraîne aussi une autre conséquence : les affinités de parenté entre ouvrières se desserrent, puisque plusieurs lignées paternelles coexistent au sein d'une même colonie. Dans une telle structure, la stabilité de l'altruisme, voire son renforcement, ne s'explique qu'imparfaitement par la théorie de la parentèle. En effet, la proximité génétique est trois fois moins élevée entre demi-sœurs qu'entre sœurs d'une même lignée paternelle. Mais, du fait de leur stérilité, les ouvrières ne peuvent plus faire marche arrière : incapables d'assurer seules la reproduction de leur patrimoine génétique, elles sont désormais dépendantes de leur colonie, piégées dans ce qui est devenu un véritable super-organisme. En retour, elles profitent des avantages de la société, car ce super-organisme est une remarquable pompe à ressources, pour le plus grand bénéfice des individus qui le composent. L'hétérogénéité génétique entre ses membres implique des mécanismes de cohésion sociale plus élaborés afin d'éviter les écarts. Ces mécanismes sont de mieux en mieux connus et analysés ; ils conduisent à une stratégie stable d'Évolution : *la confiance absolue*. La stratégie de confiance absolue, observée au sein des sociétés d'hyménoptères les plus avancées, se traduit par des règles de décision comportementale simples qui pourraient être formulées, par exemple, de la façon suivante : « Tu soigneras tout partenaire de la société dans laquelle tu es né(e). »

---

2. Elle peut être absolue – perte de tout appareil génital fonctionnel –, ou relative – perte uniquement de la spermathèque et maintien d'une faible activité ovarienne. Dans ce cas, les œufs strictement haploïdes susceptibles d'être pondus par les jeunes ouvrières, conduisent à des fils (*cf.* chap. 3). Dans plusieurs espèces, ce sont des œufs non viables, dépourvus de chorion (l'équivalent de la coquille), et qui sont donnés en nourriture à la reine ou aux larves.

3. *Cf.* chap. 3.

Nous avons vu que le concept d'altruisme réciproque ne semble pas applicable aux insectes en raison des limites de leurs aptitudes psychiques : il est peu probable (mais cela reste à confirmer expérimentalement) que des fourmis puissent mémoriser l'attitude passée d'un partenaire pour décider de lui venir en aide – ou non – dans une circonstance symétrique. Mais, dans le cas d'une structure sociale intégrée, confinée et strictement limitée à une population donnée, la mémoire de l'attitude passée d'un partenaire n'est pas nécessaire dès lors qu'il n'y a aucun doute sur son caractère *invariablement positive.* Ainsi, lorsque plusieurs lignées génétiques coexistent au sein d'une société, elles bénéficient toutes de l'altruisme des autres, de façon indifférenciée. On aboutit ainsi à un bilan globalement semblable pour chacune, même si, cas par cas, un individu particulier ne récupérera pas forcément sa mise, c'est-à-dire la réciproque de l'aide qu'il aura directement fournie à un congénère déterminé.

La confiance absolue est une stratégie adaptative qui peut régir les rapports entre les individus à deux conditions : la première est que la promiscuité soit élevée ; et la seconde, que des comportements tricheurs apparaissant chez des mutants d'une même société n'aient aucune chance d'être sélectionnés [4]. Cette dernière clause a toutes les chances d'être remplie, puisqu'une société affaiblie par des tricheurs trahissant les intérêts globaux serait très désavantagée par rapport à ses concurrentes et, avec elle, les gènes prédisposant à la tricherie.

Le concept de confiance absolue concorde avec les observations. La parentèle n'est donc pas la clé exclusive de l'interprétation évolutive de *toutes* les sociétés d'hyménoptères. Il est possible qu'elle ne joue qu'un rôle secondaire pour la poursuite de l'Évolution des sociétés, une fois la socialité apparue : c'est pourquoi des modèles sociobiologiques complémentaires sont nécessaires. La confiance absolue, si profitable du point de vue de l'exploitation du milieu, implique des mécanismes sophistiqués de reconnaissance entre membres d'une même société, afin que les comportements altruistes soient réservés aux membres d'un même groupe – sous peine d'être inefficaces. Une partie d'entre eux ont été découverts ces dernières années. Cependant, le succès même de cette stratégie n'est pas sans contrepartie : l'accumulation des richesses, dans une société avancée d'hyménoptères, suscite bien des convoitises, à l'extérieur du groupe. Il

4. Il faut entendre, évidemment, les gènes qui *prédisposent* à la manifestation de ces comportements.

existe toute une cohorte de profiteurs hétéroclites, allant des acariens aux mammifères. Les plus fascinants d'entre eux sont certainement les parasites sociaux, qui sont des espèces de fourmis dont l'existence est fondée sur la duperie. Elles parviennent de la sorte à déjouer les barrières des sociétés prospères et à détourner à leur profit la confiance absolue de leurs hôtes. Entre ceux-ci et leurs parasites se constituera alors une sorte de coopéron supra-social imbriquant deux sociétés.

Les stratégies parasitaires : le détournement de l'altruisme par des profiteurs

Si la sélection de gènes favorisant des stratégies individuelles de tricherie est peu probable entre membres d'un même groupe social, la confiance absolue expose cependant ce groupe au risque d'invasion par des profiteurs issus d'autres groupes, de même espèce ou d'espèces différentes. En effet, une fois déjouées les défenses de la fourmilière, la confiance absolue permet à l'espèce parasite d'en exploiter les richesses sans contrepartie. La sélection naturelle a retenu cette stratégie, très efficace pour son bénéficiaire. Le phénomène a été observé maintes fois, surtout chez les fourmis et, plus rarement, chez les guêpes et les abeilles. Faut-il y voir, comme certains l'ont fait, un contre-exemple pour la théorie de la parentèle ? Le fait est que, dans une telle situation, des fourmis manifestent des comportements altruistes en faveur de partenaires avec lesquels elles n'ont aucun lien de parenté. En réalité, nous avons vu que le concept d'adéquation adaptative globale permettait de prédire la sélection de profiteurs développant des stratégies de tromperie. En outre, nous verrons que les recherches entreprises pour comprendre les mécanismes par lesquels les tricheurs-profiteurs leurrent leurs hôtes, loin de mettre en péril la théorie de la parentèle, ont permis de mieux comprendre certains processus éthologiques par lesquels fourmis, guêpes ou abeilles se reconnaissent mutuellement au sein de leurs sociétés.

Il existe plusieurs types de stratégies pour le parasitisme social. D'après l'un des spécialistes de la question, Alfred Buschinger, de l'université de Darmstadt, les parasites sociaux représenteraient environ 2 % des espèces chez les seules fourmis [5]. Il est toutefois possible que ce nombre soit encore plus élevé car les parasites sociaux sont souvent très discrets (cryptiques) et peuvent aisément être confondus avec leurs hôtes. Ainsi en Suisse – pays dont la faune de fourmis est sans doute la mieux connue du monde –, le myrmécologue Heinrich Kutter considérait que le tiers des cent dix espèces du pays étaient des parasites sociaux [6]. Il n'est pas exclu que le climat d'altitude de ce pays favorise le parasitisme social en affaiblissant les défenses des sociétés hôtes. Parallèlement, il semblerait qu'il y ait très peu de parasites sociaux parmi les fourmis tropicales. Mais peut-être ce constat n'est-il imputable qu'à une connaissance encore insuffisante de la faune de ces contrées.

L'origine évolutive du parasitisme social a beaucoup intrigué les sociobiologistes. Chez les hyménoptères, le groupe social profiteur et le groupe parasité appartiennent en règle générale à deux espèces ayant en commun un ancêtre proche. Cette filiation évolutive fut reconnue dès 1909 par un myrmécologue italien, Carlo Emery [7]. L'existence, dans la faune actuelle, de plusieurs cas de parasitisme social entre colonies de même espèce ne fait que confirmer l'idée que l'espèce parasite évolue à partir de l'espèce parasitée ou, pour le moins, d'un parent proche.

La stratégie du coucou chez les reines

Pour désigner le comportement des parasites sociaux chez les hyménoptères, on parle souvent de *stratégie du coucou*, par analogie avec l'oiseau qui profite du nid et du travail des autres pour élever sa progéniture [8].

Pour les jeunes reines « coucous » fraîchement fécondées, la

5. A. Buschinger, « Evolution of Social Parasitism in Ants », *Trends in Ecology & Evolution*, nº 1, 1986, p. 155-160.

6. H. Kutter, « Die Sozialparasitischen Ameisen der Schweiz », *Vierteljahrsschrift der Naturforschenden Gesellschaft in Zürich*, nº 113, 1969, p. 1-62.

7. C. Emery, « Uber den Ursprung der dulotischen, parasitischen und myrmekophilen Ameisen », *Biologisches Zentralblatt*, nº 29, 1909, p. 352-362.

8. Cette analogie fut récemment analysée par des chercheurs de l'université de Cambridge : N. B. Davies, A. F. G. Bourke & M. de L. Brooke, « Cuckoos and Parasitic Ants : Interspecific Brood Parasitism as an Evolutionary Arms Race », *Trends in Ecology & Evolution*, nº 4, 1989, p. 274-278.

recherche immédiate d'une société hôte est une nécessité pour survivre. Le moment est donc critique. C'est probablement pourquoi la sélection naturelle a favorisé chez elles le développement d'un arsenal de duperies, d'armes et de contrefaçons qui les aident à percer les « lignes ennemies ». Le célèbre myrmécologue allemand Karl Gösswald a décrit la stratégie de fondation de la jeune reine du *Lasius umbratus* [9]. Retombant au sol après son vol nuptial, elle se met aussitôt à courir à la recherche d'une colonie de *Lasius niger*, dont elle agrippe la première ouvrière passant à sa portée. Elle se frotte ensuite activement contre elle (parfois la mordille) pendant un long moment avant de s'introduire dans sa colonie. Elle y est alors acceptée assez facilement, probablement parce qu'elle s'est ainsi recouverte d'une partie du visa chimique porté par l'ouvrière malmenée. Une fois la place investie, la reine parasite devient progressivement très attractive pour les ouvrières *niger* qui en viennent à négliger leur propre reine, qui finit par périr faute de soins, lorsqu'elle n'est pas purement et simplement jetée hors du nid par ses propres filles ! La reine *umbratus* devient ainsi la seule pondeuse et ses filles ouvrières vont progressivement remplacer celles de la reine *niger* disparue, qui meurent au fil des mois sans pouvoir être renouvelées. Les ouvrières *umbratus* ne pratiquant pas de raids pour se fournir en esclaves, à l'instar des espèces dont je parlerai plus loin, il ne restera plus, au bout d'un an ou deux, qu'une colonie *umbratus* pure et parfaitement capable de se suffire à elle-même. Ce type de parasitisme social est dit *temporaire* puisqu'il se limite à la période de la fondation et que les ouvrières de l'espèce parasite sont parfaitement aptes à supporter l'entretien d'une société. Cependant, les jours du *Lasius umbratus* ne s'écouleront pas toujours en toute quiétude, puisque sa colonie – juste retour des choses – est susceptible d'être investie à son tour par un autre parasite social, le *Dendrolasius fuliginosus*, superbe petite fourmi noire brillante, qui dégage une agréable odeur de citronnelle et construit un nid en carton. Le *Dendrolasius* réservera au *Lasius umbratus* un sort voisin de celui jadis infligé par ce dernier au *Lasius niger*. Il s'agit d'un cas exceptionnel d'*hyper-parasitisme* social.

La tactique de duperie de la jeune reine « coucou » du *Lasius reginae* est différente. Le myrmécologue autrichien W. Faber a découvert que cette jeune reine parasite pénètre dans un nid du *Lasius*

9. K. Gösswald, « Grundsätzliches über parasitische Ameisen unter besonderer Berücksichtigung der abhängigen Koloniegründung von *Lasius umbratus mixtus* Nyl », *Zeitschrift für Wissenschaftliche Zoologie*, n° 151, 1938, p. 101-148.

alienus puis se dirige droit vers la reine hôte, la retourne sur le dos, et l'assassine par une strangulation lente pouvant se prolonger plusieurs semaines, voire plusieurs mois [10] (*cf.* fig. 5.1.).

La reine hôte ne meurt pas d'étouffement (les insectes respirent par des orifices situés sur les flancs) mais plus vraisemblablement d'une paralysie provoquée par le pincement de la chaîne nerveuse ventrale qu'exercent les mandibules de la reine parasite.

Le travail de la reine d'*Epimyrma stumperi*, rapporté par Hein-

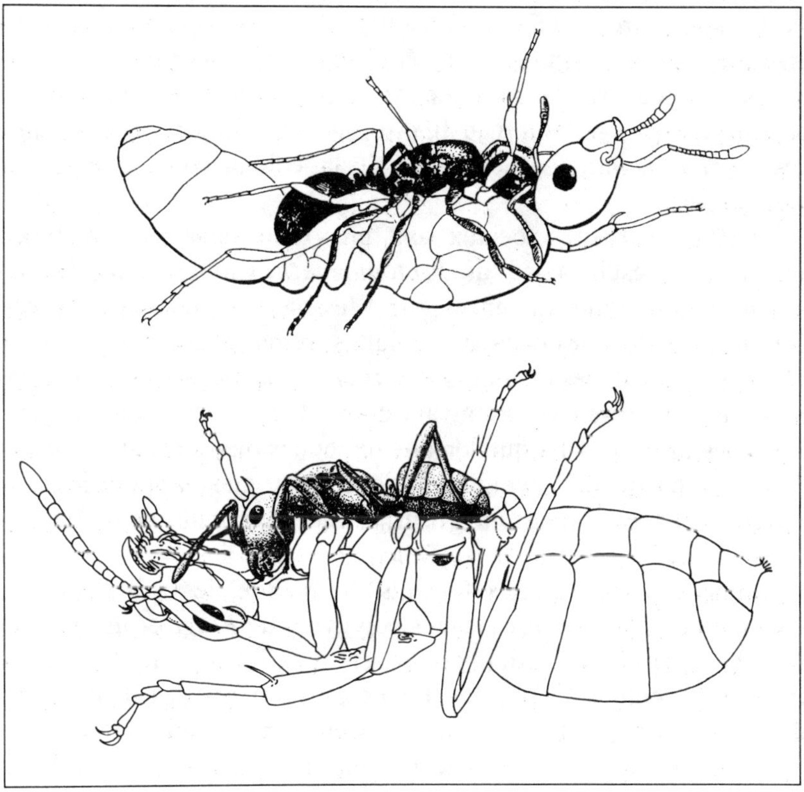

Fig. 5.1. Un bel exemple de convergence de stratégie évolutive dans deux sous-familles distinctes de fourmis (Formicines et Myrmicines). En bas, la jeune reine « coucou » *Lasius reginae* exécute par strangulation une reine de l'espèce hôte, *Lasius alienus*. En haut, la même exécution est réalisée par la jeune reine *Epimyrma stumperi* sur une reine hôte *Leptothorax tuberum* (d'après Faber, 1967, et Kutter, 1969, modifié par Hölldobler & Wilson, 1990 *).

* B. Hölldobler & E.O. Wilson, « *The Ants* », Harvard University Press, Cambridge, 1990.

10. W. Faber, « Beiträge zur Kenntnis sozialparasitischer Ameisen, 1 : *Lasius* (*Austrolasius* n. sg.) *reginae* ; sp., eine neue temporär sozialparasitische Erdameise aus Österreich (*Hym. Formicidae*) », *Pflanzenschutz-Beichte*, n° 36, 1967, p. 73-107.

rich Kutter [11] est plus impressionnant encore car les colonies de *Leptothorax tuberum* qu'elle parasite comprennent jusqu'à cinq reines. La stratégie de la reine *stumperi* donne l'impression d'une profonde fourberie : elle pénètre dans la colonie hôte avec de prudents mouvements lents et se tapit dans une position cadavérique dès qu'elle est approchée par des ouvrières *tuberum*. Au bout d'un moment, elle cesse d'être perçue comme une intruse et monte sur le dos d'une ouvrière *tuberum* à laquelle elle se frotte activement, ce qui lui permet de se recouvrir du visa chimique de la colonie hôte, qu'elle peut alors investir sans être inquiétée. Ensuite, elle tue les reines *tuberum*, renversées sur le dos puis étranglées l'une après l'autre.

Plus expéditive, la stratégie de la reine du parasite temporaire *Bothriomyrmex decapitans* justifie son nom : elle sectionne le cou de la reine *Tapinoma* dont elle investit la colonie avec une rapidité foudroyante.

Certains parasites sociaux sont plus doux dans leurs méthodes. Ainsi, la reine esclavagiste du *Protomognathus americanus*, étudié il y a une cinquantaine d'années par Wesson [12], se contente d'éjecter *manu militari* tous les occupants adultes, reines et ouvrières, d'un nid de la petite fourmi des mousses *Leptothorax curvispinosus*. Elle restera donc seule en présence du couvain de ses hôtes, et ne commencera à pondre ses propres œufs que lorsque de jeunes ouvrières *curvispinosus* naîtront à partir des nymphes qu'elle s'est ainsi appropriées. Les ouvrières, dupées, prendront l'usurpatrice pour leur mère. La reine parasite bénéficiera de leur *confiance absolue*.

L'une des plus petites fourmis du monde, le rare *Plagiolepis grassei*, vit en parasite des sociétés polygynes de *Plagiolepis pygmaea*, selon un type d'association étudié en détail par Luc Passera, de l'université Toulouse-III [13]. Ici, reines et ouvrières des deux espèces cohabitent bien que la fécondité des reines hôtes soit réduite. Dans ces conditions, des ouvrières de l'espèce hôte continuent d'être produites et nous sommes en présence d'un phénomène de *parasitisme social permanent*. La survie des reines *pygmaea* permet une certaine stabilisation des ressources de la société hôte, dont bénéficie en premier lieu le parasite. Toutefois, une trop forte multiplication de ce dernier

11. *Op. cit.*

12. L. G. Wesson, « Contributions to the natural history of *Harpagoxenus americanus* Emery (Hymenoptera Formicidae) », *Transactions of the American Entomological Society*, n° 65, 1939, p. 97-122.

13. L. Passera, « Observations biologiques sur la fourmi *Plagiolepis grassei* Le Masne Passera, parasite social de *Plagiolepis pygmaea* Latr. (Hym. Formicidae) », *Insectes Sociaux*, n° 15, 1968, p. 327-336 ; et n° 16, 1969, p. 179-194.

pourraît entraîner sa propre perte par exténuation de la colonie parasitée. Ce fragile équilibre entre une exploitation trop brutale et une exploitation insuffisante de la société hôte par le parasite social permanent explique probablement l'extrême rareté de ces parasites et leur tendance à réduire l'importance de la caste des ouvrières.

Le parasitisme social absolu : la disparition des ouvrières

Les reines du *Plagiolepis grassei* produisent peu d'ouvrières au sein de la colonie *pygmaea* qu'elles parasitent. En outre, ces rares ouvrières possèdent des caractères qui rappellent ceux de leur reine. Par exemple, il est fréquent que l'ouvrière *grassei* naisse avec des moignons d'ailes, qui la font ressembler à une reine avortée. Plus encore, chez un second *Plagiolepis* parasite, le *xene*, également étudié par Luc Passera [14], toute trace d'ouvrière a disparu. La reine *xene* ne produit que des reproducteurs, reines et mâles [15]. L'espèce *xene* semble être l'aboutissement d'une évolution qui serait partie de *pygmaea*, le non-parasite, et aurait conduit, au-delà du stade intermédiaire *grassei*, à la perte de ce qui représente l'élément le plus fondamentalement altruiste au sein des sociétés de fourmis : la caste des ouvrières. Il faut cependant se garder de conclure à une Évolution régressive vers le solitarisme : la fourmi *xene* n'est nullement redevenue une espèce capable de se passer d'une vie sociale, ni même d'une caste ouvrière. Cette fourmi reste profondément sociale, mais utilise comme ouvrières exclusivement celles de l'hôte qu'elle parasite. D'ailleurs, on ne connaît aucun exemple de retour à la vie solitaire chez les insectes éosociaux en général. *Plagiolepis xene* n'a pas le privilège d'être la seule fourmi ayant perdu ses ouvrières ; il en existe plusieurs autres, et aucune d'elles ne peut se passer de la caste ouvrière... de l'espèce qu'elles parasitent.

L'exemple le plus spectaculaire et le plus extrême de parasitisme social est le *Teleutomyrmex schneideri*, découvert dans un bois de

---

14. L. Passera, « Données biologiques sur la fourmi parasite *Plagiolepis xene* Stärcke », *Insectes sociaux*, n° 11, 1964, p. 59-70.

15. De telles formes de parasitisme permanent avec maintien en vie des reines hôtes et disparition de la caste ouvrière chez le parasite social sont appelées *inquilinisme*.

genévrier des Alpes suisses puis étudié par Heinrich Kutter [16]. Le choix du nom « *Teleutomyrmex* » – étymologiquement : la fourmi finale – ne pouvait être meilleur. En effet, non seulement cette espèce a perdu ses ouvrières mais bien d'autres choses ont disparu : plusieurs glandes ailleurs très importantes, une bonne partie du cerveau et pratiquement la totalité des mandibules. Les *Teleutomyrmex* passent leur vie juchés sur le dos des reines de leur hôte, le *Tetramorium caespitum* (fig. 5.2). La femelle *Teleutomyrmex* possède un abdomen hypertrophié par le développement des ovaires et dont la face ventrale est concave, ce qui lui permet de s'appliquer contre l'abdomen convexe de son hôte. Elle serait capable de pondre un œuf toutes les trente secondes, ce qui peut donner une idée du préjudice causé au *Tetramorium*, dont plusieurs reines *Teleutomyrmex* peuvent parasiter le nid. Les mâles, au corps mou et dépigmenté, évoquent des nymphes

Fig. 5.2. *Teleutomyrmex schneideri,* très rare exemple de parasitisme social extrême avec disparition de la caste ouvrière. Sur ce dessin, trois femelles du parasite sont juchées sur une reine hôte *Tetramorium caespitum.* Celle qui est agrippée au niveau de l'abdomen a le sien propre hypertrophié par une intense activité ovarienne. Les deux autres, sur le thorax, sont encore jeunes. Au premier plan, une ouvrière de *T. caespitum* (d'après un dessin publié par Hölldobler & Wilson, 1990).

16. H. Kutter, « Über eine neue, extrem parasitische Ameise, 1 : Mitteilung », *Mitteilungen der Schweitzerischen Entomologischen Gesellschaft*, 23, 1950, p. 81-94. – « Die sozialparasitischen Ameisen der Schweitz », *Vierteljahrsschrift der Naturforschenden Gesellschaft in Zürich*, n° 113, 1969, p. 1-62.

qui n'auraient pas achevé la métamorphose. L'accouplement se réalise à l'intérieur du nid de l'hôte et la jeune reine *Teleutomyrmex* peut soit demeurer dans le nid de *Tetramorium* où elle est née, soit en sortir pour parasiter un nouveau nid.

Les fourmis esclavagistes

Découvertes par le Suisse Pierre Huber en 1810 [17], les fourmis dites « esclavagistes » n'ont leur équivalent chez aucun autre insecte social (termites, guêpes ou abeilles) ni chez aucun autre animal. L'étude de leurs mœurs suscita l'engouement et parfois l'incrédulité de nombreux biologistes, à commencer par Charles Darwin, troublé au point d'écrire que : « ...chacun peut bien être excusé de douter de la véracité d'un instinct aussi extraordinaire et odieux que celui de faire des esclaves [18] ». Dans l'arbre généalogique des fourmis, les espèces esclavagistes ne sont apparues que dans deux sous-familles dont les sociétés sont parmi les plus complexes, donc considérées comme les plus avancées socialement : les formicines et les myrmicines. Il s'agit donc d'un phénomène relativement récent.

On répugne parfois à employer le terme d'« esclavagiste » pour qualifier ces parasites sociaux. Sans doute faut-il voir surtout dans cette réaction un travers anthropomorphique, et la crainte que l'on puisse trouver dans la nature des cautions philosophiques et morales à des comportements immoraux ou criminels. Il y a évidemment, à l'arrière-plan, la crainte d'offrir à l'esclavagisme humain une justification naturelle. Mais cette crainte semble bien peu fondée : il n'y a en effet aucune commune mesure entre le comportement des fourmis esclavagistes – évidemment dénué de volonté consciente –, et le comportement humain, qui seul peut faire l'objet d'un jugement moral, puisque l'Homme seul est doté d'une volonté consciente qui lui confère une responsabilité morale vis-à-vis de ses actes. C'est ce que notre espèce a gagné sur l'animalité, et ce qui l'en distingue.

En outre, l'esclavagisme chez les fourmis n'est connu que dans une demi-douzaine de genres – sur près de trois cents –, et les espèces

17. P. Huber, *Recherches sur les mœurs des fourmis indigènes*, Paschoud, Paris, 1810.
18. C. Darwin, *The Origin of Species*. Fac-similé de la première édition de John Murray, Londres, 1859. Cambridge University Press, Harvard, USA, 1964. La citation exacte est : « ...any one may well be excused for doubting the truth of so extraordinary and odious an instinct as that of making slaves » (page 220).

esclavagistes, comme tous les parasites sociaux, ont une existence très dépendante et plutôt fragile, ce qui devrait suffire à décourager les velléités des amateurs d'anthropomorphisme. Et si le mot d'esclavagisme continue à faire peur, l'emploi pudique qui est fait quelquefois du terme savant de *dulotisme* ne fera illusion qu'auprès des non-hellénistes, puisque la racine grecque *dulos* signifie « esclave »...

Les fourmis esclavagistes sont des parasites sociaux permanents peu soucieux du délicat équilibre observé plus haut chez le *Plagiolepis grassei*, qui permet un renouvellement permanent des ouvrières *pygmaea*, en tolérant la survie de la reine hôte. La stratégie esclavagiste est plus simple : il arrive que leur jeune reine fondatrice emploie d'emblée la manière forte ; mais le plus souvent elle pénètre dans une société-hôte en adoptant une attitude de soumission, un « profil bas », et n'engagera généralement pas de combat. Elle anéantira néanmoins toute ouvrière étrangère qui lui manifesterait une hostilité excessive. C'est seulement quelques jours après, une fois bien intégrée, qu'elle exécutera la reine résidente et prendra sa place [19]. Dès lors, les ouvrières étrangères l'adoptent définitivement et travaillent pour la seule propagation du génome (fort éloigné du leur) de la reine esclavagiste. Plus tard, tandis qu'elles commenceront à s'épuiser, naîtront les premières ouvrières filles de l'esclavagiste, qui se mettront bientôt à pratiquer des raids réguliers contre les sociétés environnantes, capturant de nouvelles esclaves (nous verrons plus loin de quelle façon) par centaines ou par milliers. Ainsi, le stock de leurs invitées obligées est périodiquement renouvelé.

Parfois, la recherche d'une colonie hôte par la jeune reine esclavagiste n'est pas très fatigante : en témoigne le cas – exceptionnel il est vrai – de la petite *Epimyrma algeriana* d'Afrique du Nord, dont les jeunes reines ne pratiquent pas le vol nuptial mais s'accouplent dans le nid hôte, vraisemblablement avec un mâle apparenté. Ensuite, elles y demeurent généralement et s'intègrent au contingent des reines parasites déjà présentes. Plus tard, il arrivera de temps à autre que l'une des reines quitte le nid parental, accompagnée d'une escouade d'ouvrières, pour fonder par bouturage une nouvelle société parasite [20]. Ce système de reproduction entraîne un taux d'apparentement extrê-

---

19. Ce scénario fut décrit dès 1911 par Carlo Emery chez la reine de la « fourmi amazone » *Polyergus rufescens* (« Beobachtungen und Versuche an *Polyergus rufescens* », *Biologisches Zentralblatt*, n° 31, 1911, p. 625-642).

20. A. Buschinger, K. Jessen & H. Cagniant, « The Life History of *Epimyrma algeriana*, a Slave-Making Ant with Facultative Polygyny (Hymenoptera, Formicidae) », *Zoologische Beiträge*, n° 33, 1990, p. 23-49.

mement élevé au sein des nids et même entre différents nids d'une même population.

Les ouvrières esclavagistes sont rarement aptes aux travaux domestiques et au soin des larves sœurs. Elles passent le plus clair de leur temps à ne rien faire ou à se toiletter mutuellement. Le degré d'inaptitude aux travaux domestiques peut, chez certaines espèces, varier en fonction du contingent d'esclaves. Ainsi, Edward Wilson a montré qu'en l'absence d'esclaves, les ouvrières du *Leptothorax duloticus*, qui normalement ne réalisent jamais ces tâches, se mettent à soigner leurs larves, à nettoyer et réparer le nid, à se nourrir elles-mêmes de miel et à sortir aux abords du nid (sans toutefois capturer de proie). Elles restent cependant bien moins efficaces que leurs esclaves *curvispinosus*, et leur société finit par péricliter. Par ailleurs, dès que les esclaves leur sont restituées, elles retournent à leur inactivité [21]. L'élément qui incite Wilson à conclure que les *duloticus* sont d'Évolution récente, est cette flexibilité comportementale considérable par rapport aux ouvrières de l'espèce *Polyergus*, également esclavagiste, qui demeurent incapables même de trouver leur nourriture. Elles peuvent en revanche échanger entre elles des aliments, à condition de les avoir préalablement reçus de leurs esclaves. À ces dernières, en revanche, elles n'offrent jamais de nourriture. Privée de ses *Serviformica* esclaves, la société de *Polyergus* disparaît en quelques jours.

Dans le parc de Yellowstone, Wilson [22] fit une observation extrêmement rare : celle de la présence simultanée d'esclaves appartenant à deux espèces, *Serviformica fusca* et *Serviformica neorufibarbis* dans un seul nid de l'esclavagiste *Raptiformica wheeleri*. Il observa même les *neorufibarbis* accompagnant les *wheeleri* dans leurs expéditions. Elles ne ramenèrent jamais d'esclaves, mais aidèrent activement les esclavagistes en pratiquant des ouvertures sur les nids livrés au pillage. C'est à ma connaissance le seul cas connu de participation active des esclaves aux raids des esclavagistes dans la sous-famille des formicines. En revanche, cette participation semble fréquente chez les petites fourmis des mousses *Leptothorax* (sous-famille des myrmicines). Par exemple, Robin Stuart et Thomas Alloway, de l'université de Toronto, ont découvert que les ouvrières *Leptothorax muscorum* esclaves dans des colonies d'*Harpagoxenus canadensis* participaient activement aux

21. E. O. Wilson, « *Leptothorax duloticus* and the beginnings of slavery in ants », *Evolution*, n° 29, 1975, p. 108-119.
22. E. O. Wilson, « Division of labor in a nest of the slave-making ant *Formica wheeleri* Creighton », *Psyche*, n° 62, 1955, p. 130-133.

raids lancés contre des nids de leur propre espèce et prenaient directement part au rapt ainsi qu'au transport des nymphes [23] pillées vers le nid des esclavagistes [24].

Si le parasitisme social s'accompagne d'une perte plus ou moins complète des aptitudes génétiques à développer les comportements domestiques et d'approvisionnement chez les ouvrières esclavagistes, la sélection naturelle, à l'inverse, a favorisé chez elles certaines adaptations morphologiques et comportementales particulièrement efficaces pour leurs activités. Mary Talbot a découvert que les raids esclavagistes de la fourmi amazone *Polyergus lucidus* étaient précédés d'une reconnaissance par des éclaireuses qui retournent à leur colonie donner le signal (chimique) du déclenchement de l'expédition [25]. Lorsque la colonne s'élance en suivant un peloton d'éclaireuses, chacune des pillardes dépose une marque chimique sur le sol, ce qui forme une piste qu'elles n'ont plus qu'à remonter au retour. Mais, comme l'ont démontré les psychologues de l'équipe de Howard Topoff à l'université de *New York City*, les *Polyergus* demeurent parfaitement capables d'une orientation visuelle lorsqu'elles ne disposent pas de ces repères chimiques [26]. Le myrmécologue allemand Alfred Buschinger, de son côté, a montré que lors de leurs raids, les ouvrières d'une espèce esclavagiste (*Harpagoxenus sublaevis)* projettent sur les fourmis des mousses (*Leptothorax*) qui défendent leur nid, une substance les incitant à se battre entre elles pendant qu'opèrent les voleuses de main-d'œuvre [27]. Les ouvrières du *Protomognathus americanus* possèdent des mandibules en forme de lames de sécateur, actionnées par une masse musculaire qui occupe près de la moitié du volume de la tête. Au cours des combats, ces esclavagistes peuvent également protéger leurs antennes en les repliant dans des gouttières creusées sur le dessus de leur tête.

L'exemple le plus spectaculaire est cependant représenté par le *Polyergus*, ou fourmi amazone, dont plusieurs espèces habitent l'Amé-

---

23. Les nymphes, ou chrysalides, sont nues chez les myrmicines, qui ne tissent jamais de cocon.

24. R. J. Stuart & T. M. Alloway, « The slave-making ant, *Harpagoxenus canadensis* M. R. Smith, and its host species, *Leptothorax muscorum* (Nylander) : slave raiding and territoriality », *Behaviour*, n° 85, 1983, p. 58-90.

25. M. Talbot, « Slave-raids in the ant *Polyergus lucidus* Mayr », *Psyche*, n° 74, 1967, p. 299-313.

26. H. Topoff, B. LaMon, L. Goodloe & M. Goldstein, « Social and orientation behavior of *Polyergus breviceps* during slave-making raids », *Behavioral Ecology & Sociobiology*, n° 15, 1984, p. 273-279.

27. A. Buschinger, « Experimente und Beobachtungen zur Gründung und Entwicklung neuer Sozietäten der sklavenhaltenden Ameise *Harpagoxenus sublaevis* (Nyl) », *Insectes sociaux*, n° 21, 1974, p. 381-406.

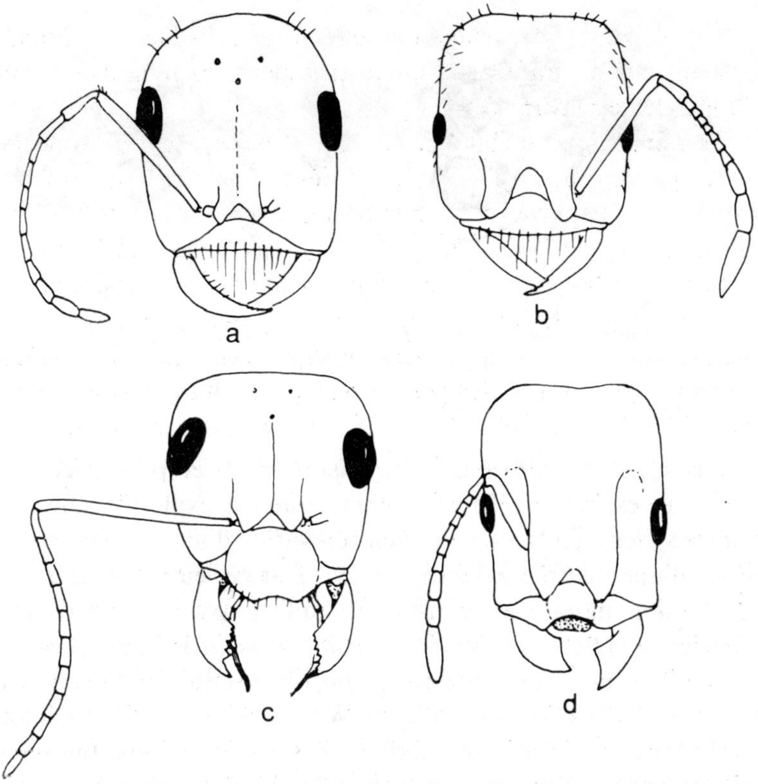

Fig. 5.3. Têtes (vues de face) de quatre genres de fourmis esclavagistes. Dans les deux premiers cas, *Polyergus rufescens* (*a*) et *Strongylognathus alpinus* (*b*), les mandibules sont modifiées en forme de sabre. Chez *Raptiformica sanguinea* (*c*), qui est une esclavagiste facultative, les mandibules n'ont pas subi de modification adaptative. Enfin, chez *Harpagoxenus sublaevis* (*d*), les mandibules sont dessinées en pinces coupantes (modifié d'après Kutter, 1969, et Hölldobler & Wilson, 1990).

rique du Nord, l'Asie et l'Europe. Ses performances au combat justifient le nom de *Polyergus samouraï* donné à l'espèce vivant dans l'archipel nippon. La reine et l'ouvrière de *Polyergus* possèdent des mandibules en forme de sabre [28], qui leur permettent de percer les téguments de leurs adversaires (*cf.* figs. 5.3 et 5.4). De plus, comme le découvrirent Howard Topoff et ses collègues, elles émettent en pénétrant dans un nid de *Serviformica* des substances leurres dites de « propagande », qui apaisent les ouvrières résidentes, rendant plus aisé le pillage des cocons [29].

---

28. Une adaptation convergente existe chez les fourmis esclavagistes du genre *Strongylognathus*.
29. H. R. Topoff, S. Cover, L. Greenberg, L. Goodloe & P. Sherman, « Colony founding

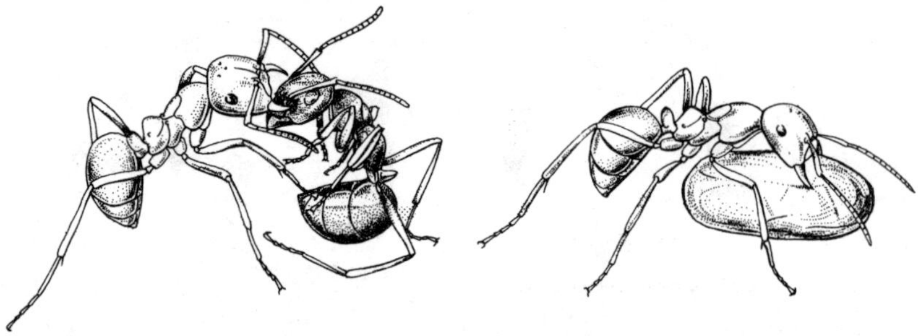

Fig. 5.4. Une ouvrière esclavagiste *Polyergus rufescens* transperce la capsule céphalique d'une *Serviformica fusca* qui s'interpose lors d'un raid, tandis qu'une seconde *rufescens* (à droite) s'écarte en emportant un cocon *fusca* dérobé (modifié d'après Hölldobler & Wilson, 1990).

Dans le nid des fourmis esclavagistes vivent en permanence, côte à côte, deux espèces de fourmis dont l'une est exploitée sans merci. Le nombre d'ouvrières esclaves semble varier d'une colonie à l'autre et même d'une contrée à l'autre. Ainsi, Darwin eut du mal à cacher sa satisfaction morale en constatant qu'il y avait moins d'esclaves chez les esclavagistes facultatifs [30] *Raptiformica* britanniques observées par lui-même, que chez les *Raptiformica* suisses observées par Huber [31] ! Dès 1910, William Morton Wheeler [32], illustre entomologiste de l'université Harvard, constatait qu'il y a cinq à sept fois plus de *Serviformica* que d'esclavagistes dans les nids de fourmis amazones *Polyergus*. Ce fait se vérifie souvent chez d'autres espèces, aussi bien dans la sous-famille des formicines que dans celle des myrmicines.

Comment une fourmi devient-elle esclave ?

C'est la question qui m'intriguait le plus quand j'abordai l'étude du comportement des fourmis, et j'en fis mon sujet de doctorat [33]. Les

---

by queens of the obligatory slave-making ant, *Polyergus breviceps* : the role of the Dufour's gland », *Ethology*, n° 78, 1988, p. 209-218. L'existence de ces substances fut démontrée pour la première fois chez *Raptiformica* par F. E. Régnier et E. O. Wilson, « Chemical communication and " propaganda " in slave-maker ants », *Science*, n° 172, 1971, p. 267-269.

30. Les *Raptiformica* sont des esclavagistes facultatifs car elles peuvent vivre avec très peu de *Serviformica* esclaves, ou même en leur absence.

31. C. Darwin, *The Origin of Species* (fac-similé de la première édition de John Murray, Londres, 1859), Cambridge University Press, Harvard, USA, 1964, p. 223.

32. W. M. Wheeler, *Ants : their structure, development and behavior*, Columbia University Press, New York, 1910.

33. Donna lieu à plusieurs publications, dont : P. Jaisson, « L'imprégnation dans l'ontogenèse des comportements de soins aux cocons chez *Formica polyctena* Först », *Behaviour*, n° 52, 1975, p. 1-37 ; P. Jaisson & D. Fresneau, « The sensivity and responsiveness of ants to their cocoons in relation to age and methods of measurements », *Animal Behaviour*, n° 26, 1978, p. 1064-1071.

réponses qui se présentèrent ne furent pas sans conséquence pour l'application de la théorie de la parentèle aux fourmis et à d'autres hyménoptères sociaux.

Le point de départ fut l'observation des sociétés mixtes formées par une fourmi esclavagiste répandue en Europe occidentale, en particulier dans les bois de bouleaux et de bruyères de la région parisienne : *Raptiformica sanguinea* ou fourmi « sanguine », esclavagiste facultative dont le thorax et la tête sont d'une belle couleur rouge brique. Ses fourmis esclaves sont susceptibles d'appartenir à plusieurs espèces, généralement brunes ou noirâtres, les *Serviformica*. Les nids purs de *Serviformica* sont généralement beaucoup plus nombreux que ceux de *Raptiformica* et peuvent pulluler dans les zones où ces dernières sont absentes. Les colonies de *Raptiformica* stagnent sans toutefois disparaître ni péricliter si elles sont dans l'incapacité de se pourvoir en esclaves. L'absence d'esclaves est d'autant plus sensible que celles-ci sont soumises à un régime sévère. La dissection le montre : il est en effet très difficile de trouver du tissu adipeux chez une *Serviformica* prélevée dans le nid de l'esclavagiste, alors que la même fourmi, prélevée dans un nid de sa propre espèce, est volontiers grassouillette. On voit quel bénéfice les esclavagistes retirent de la stratégie de *confiance absolue* des *Serviformica*, détournée à leur profit, bien qu'aucune parenté ne les unisse. Si l'on défait un nid de *Raptiformica*, immédiatement les *Serviformica* se précipitent à leurs risques et périls sur la progéniture des esclavagistes pour la saisir délicatement entre leurs mandibules et la descendre à l'abri dans les profondeurs protégées du nid, dévouées comme elles auraient dû l'être envers leurs consœurs apparentées.

À première vue, un tel comportement semble contredire la théorie de la parentèle : il fallait en découvrir les causes. J'avais pu vérifier, en effet, que du couvain identique de l'espèce esclavagiste était au contraire traité comme proie et dévoré par des *Serviformica* de colonie pure lorsqu'il leur était offert. Contrairement à leurs sœurs en situation d'esclaves, ces dernières ne font pas bénéficier la progéniture *Raptiformica* de la *confiance absolue* qui régit les relations entre membres d'une même société. Ce fait conduisait à supposer que le comportement de l'ouvrière esclave est orienté par les caractéristiques du nid où elle est née : quand son éclosion a lieu dans un nid esclavagiste, elle soignera sans hésitation la progéniture *Raptiformica*, tandis que si elle naît dans une colonie de sa propre espèce, seules ses sœurs génétiques bénéficieront de son altruisme.

Cette hypothèse concordait avec une autre observation, déjà

ancienne : lors des pillages, les colonnes de *Raptiformica* (ou même d'amazones *Polyergus*) n'emportent que des cocons, mais pas de larves ni de *Serviformica* adultes. Comme chez les papillons, le cocon est une enveloppe tissée qui abrite la métamorphose au cours de laquelle la nymphe (homologue de la chrysalide des papillons) assure le passage de la larve à la fourmi adulte. Pourquoi privilégier les cocons ? On donnait généralement une justification économique : des larves volées doivent être nourries, et des ouvrières adultes n'ont qu'une espérance de vie réduite. Inversement, les nymphes enfermées dans les cocons ne requièrent aucune alimentation et donneront de jeunes ouvrières bénéficiant d'une espérance de vie maximale. Pour la même quantité d'énergie dépensée au cours d'un raid, le choix de ne dérober que des cocons apparaît comme la meilleure stratégie. Je proposai une hypothèse complémentaire : l'avantage de piller sélectivement des cocons pouvait s'expliquer par l'existence, chez les jeunes *Serviformica*, d'un phénomène d'imprégnation, ou empreinte sociale, semblable à celui que l'on connaît chez les vertébrés. Konrad Lorenz l'a mis en évidence par une expérience sur des oies grises, qui utilisent l'image de leur mère – ou de ce qui en tient lieu – pour forger l'image mentale (ou « image cognitive ») de leur futur partenaire sexuel : exposé, pendant la période critique, à la présence de Lorenz et non à celle de sa mère, l'oison développera des comportements sexuels envers les humains. Un processus semblable pouvait expliquer que les jeunes fourmis esclaves se familiarisent avec les caractéristiques des *Raptiformica*. N'y avait-il pas une analogie entre le fait que des oisons élevés par l'Homme dès la naissance en l'absence de leurs vrais parents donnent des oies adultes reconnaissant en chaque être humain un partenaire sexuel potentiel, et le fait que des *Serviformica* qui subissent dès l'éclosion l'influence des *Raptiformica* reconnaissent pendant toute leur vie les individus de cette espèce et de leur nid adoptif pour leurs partenaires sociaux ? Sans doute, le cerveau d'un oiseau et celui d'une fourmi ont-ils des structures très différentes : toutefois, rien ne s'oppose à ce que la sélection naturelle ait favorisé dans les deux cas des processus comportementaux analogues.

L'hypothèse fut donc testée et confirmée : des nouveau-nés d'ouvrières *Serviformica* exposés dès l'éclosion, pendant une à deux semaines, à des cocons d'espèce étrangère (pas nécessairement de *Raptiformica*) développent une tolérance à l'égard de ces cocons, tolérance qui se transforme en une nette préférence si elles sont accompagnées pendant cette période par de jeunes ouvrières de la même espèce étrangère. Cette imprégnation sociale de la jeune fourmi est largement répandue dans le genre voisin *Formica* (en particulier chez les fourmis rousses des bois qui construisent des dômes de brindilles), et dont les diverses espèces ne sont jamais ni esclaves ni esclavagistes. Finalement, on voit qu'il suffit aux *Raptiformica* de piller des cocons de *Serviformica* et d'attendre, pour profiter ensuite de l'altruisme des ouvrières qui vont en éclore. Les *Serviformica* orienteront leur altruisme vers des bénéficiaires d'une autre espèce – sans en retirer de bénéfice en termes de reproduction de leur patrimoine génétique – car elles auront été dupées dès les premiers instants de leur vie de fourmi en étant exposées aux odeurs de leurs « maîtresses » au cours d'une période critique de leur développement comportemental. Les esclavagistes n'ont donc rien d'autre à faire que d'attendre les fruits de la greffe. Darwin émit dès 1859 une hypothèse sur l'origine des fourmis esclavagistes qui a été complétée par la suite et qui paraît compatible avec les résultats précédents. Les fourmis ancêtres des esclavagistes auraient pratiqué le pillage du couvain de colonies voisines concurrentes afin de s'en nourrir. Ensuite, épargnant fortuitement une partie des cocons volés, elles auraient bénéficié de l'apport des ouvrières étrangères qui en seraient écloses, s'incorporant à la société grâce au mécanisme de l'imprégnation sociale. Un tel avantage aurait pu être sélectionné puis approfondi au cours de l'Évolution sous la forme des espèces esclavagistes.

À partir de l'exemple des *Raptiformica*, l'implication du phénomène d'empreinte sociale dans cette hypothèse évolutive pose deux questions : comment les *Raptiformica* ne se prennent-elles pas à leur propre piège en développant une empreinte à l'égard des cocons *Serviformica* et pourquoi la sélection naturelle a-t-elle favorisé des mécanismes d'empreinte précoce si faciles à détourner à leur profit par une nuée de profiteurs ? La première question a reçu une réponse expérimentale : il s'avère que les *Raptiformica* élevées dès leur éclosion en présence exclusive de cocons étrangers pendant quarante-cinq jours manifestent ensuite une nette préférence... pour des cocons de leur propre espèce ! En d'autres termes, ces ouvrières esclavagistes sont incapables de se prendre à leur propre piège [34]. La réponse à la seconde question ne peut être que théorique : le mécanisme d'em-

34. Toutefois, L. Goodloe, R. Sanwald et H. Topoff, de l'université de *New York City*, remarquant que les ouvrières amazones *Polyergus lucidus* opéraient toujours leurs pillages sur des nids d'une même espèce de *Serviformica*, variable selon la colonie de *Polyergus* considérée – émirent l'hypothèse que ces esclavagistes pourraient réaliser une empreinte dont les effets n'apparaîtraient que lors des raids (« Host specificity in raiding behavior of the slave-making ant *Polyergus lucidus* », *Psyche*, n° 94, 1987, p. 39-44).

preinte sociale a dû être sélectionné chez les fourmis « modernes » pour remplacer un mode de reconnaissance plus archaïque de l'espèce, basé sur une programmation génétique plus étroite[35]. À cette époque les esclavagistes n'existaient pas, puisque la plasticité comportementale de leurs hôtes, qui fait leur vulnérabilité, n'existait pas elle-même, ou n'était encore qu'ébauchée. Puisque les esclavagistes n'existaient pas, elles ne pouvaient constituer un danger contemporain de l'apparition, chez un ancêtre commun aux *Serviformica* et aux *Formica*, des gènes prédisposant à la plasticité comportementale. Les espèces esclavagistes sont assurément postérieures à l'avènement de cette plasticité et l'équilibre de leurs populations par rapport à celles de leurs esclaves conditionne la survie des unes comme des autres. Il reste que, tout comme chez les vertébrés, une éthogenèse (processus de développement comportemental) qui tient compte des caractéristiques d'un environnement naturel fluctuant est probablement plus avantageuse à moyen et long termes qu'une stratégie qui serait basée sur une programmation génétique étroite, donc rigide, de la reconnaissance des informations vitales pour l'individu. Mais cette Évolution ne peut représenter un succès adaptatif que si la vulnérabilité qui en résulte a des effets limités : la pérennité de la formule dépendra de l'importance du prélèvement réalisé au passage par les profiteurs. Si ce tribut est trop élevé, les inconvénients l'emportent sur les avantages, et l'espèce hote êst condamnée à Évoluer – par exemple, ici, par modification de l'éthogenèse – ou à disparaître.

Les fourmis ont atteint, chez les insectes, le degré le plus élevé de diversification et de spécialisation sociales, donnant même l'impression d'avoir parcouru le tour d'une boucle pour revenir à la « case départ » : un stade sans ouvrière (*cf.* le *Teleutomyrmex*). Le *summum* de la socialité serait-il la disparition de la socialité ? Certainement pas : les parasites sociaux extrêmes représentent plutôt des « perversions » évolutives que seul l'extrême succès des formes non parasites peut permettre.

Une autre leçon à tirer est l'existence d'une certaine analogie entre l'Évolution des mécanismes comportementaux chez les fourmis et chez les vertébrés : la complexification des sociétés est accompagnée par un progrès de la plasticité comportementale. En particulier, on

35. L'importance du phénomène a été confirmée par les travaux de Francesco Le Moli et Alexandre Mori, de l'université de Parme, notamment : « Early learning and cocoon nursing behaviour in the red wood-ant *Formica lugubris* Zett (Hymenoptera Formicidae) », *Boll. Zool.*, n° 49, 1982, p. 93-97.

assiste à une augmentation de la part d'information fournie par le milieu à l'individu pour la connaissance indispensable des partenaires vers lesquels il orientera son comportement dans le cadre de la *confiance absolue*. Cette empreinte sociale est maintenant connue chez bien des fourmis supérieures, chez l'abeille domestique (*cf.* chapitre 7) et chez les guêpes (*cf.* chapitres 6 et 9). Nous verrons qu'elle intervient dans la reconnaissance des caractéristiques d'une société par rapport à d'autres sociétés de la même espèce. On entrevoit dès maintenant comment l'éthogenèse pourra contribuer à orienter les comportements altruistes vers des partenaires de parentèle proche, ou, au contraire, à s'éloigner d'eux quand il s'agira du comportement sexuel : il ne manquera plus qu'un système de marquage individuel lié à des gènes, semblable à celui qui préside à la reconnaissance entre elles des cellules de l'organisme, et qui fait qu'un greffon aura d'autant plus de chances d'être perçu comme étranger et rejeté qu'il proviendra d'un donneur génétiquement éloigné.

Faut-il être esclave des mots ?

L'une des critiques les plus grotesques et insolites ayant fleuri à l'époque de la cabale anti-sociobiologique reprocha l'utilisation du mot *esclavagisme* pour des fourmis. Certains, sans perdre leur sérieux, sont allés jusqu'à soupçonner qu'il y avait là une volonté de justifier biologiquement des mœurs humaines détestables !

Ces mêmes censeurs ont jugé que le terme ne pouvait s'appliquer aux fourmis parce qu'elles ne se fondent sur aucune doctrine économique, et parce que le phénomène y est inter-spécifique alors qu'il est intra-spécifique chez l'Homme. Cette dernière remarque s'est vite révélée fausse : on a découvert, depuis, des exemples d'esclavagisme intra-spécifique chez les fourmis. Utilisant ce terme pour la première fois, les entomologistes du XIXe siècle avaient peut-être pensé qu'il était finalement moins hypocrite que celui de *domestication,* réservé pudiquement aux cas d'exploitation économique opérés par l'Homme sur des espèces différentes.

Quant à la première remarque, il est vrai que les fourmis esclavagistes n'ont aucune doctrine puisqu'elles ne savent même pas qu'elles sont fourmis... Leur esclavagisme n'est aucunement intentionnel : il n'est pas l'homologue de l'esclavagisme humain et ne peut donc faire l'objet d'aucun jugement moral. Mais il en est l'analogue du point de vue des conséquences sur l'économie des fourmilières. Des millions d'idéologies sont devenues objectivement esclavagistes sans le savoir. Et l'Homme, malheureusement, n'a pas eu besoin de soupçonner l'existence, à ses pieds, de cette forme de vie sociale pour prendre modèle ! Il a trouvé la formule tout seul, par sa culture, en quelques petits millénaires.

De grâce, restons sérieux : si les sociobiologistes cherchaient à justifier un modèle social humain par les fourmis, ils seraient bien en peine de choisir parmi les neuf mille espèces à leur disposition! Alors ne soyons pas esclaves des mots, conservons la commodité de leur sens descriptif en réservant bien volontiers à l'espèce humaine leur connotation subjective et intentionnelle.

Chapitre 6

De l'altruisme à la reconnaissance des apparentés : l'émergence d'un nouveau champ de connaissances

Pour que le comportement altruiste ait un sens, il faut qu'il procure à l'organisme qui le manifeste un avantage. La sociobiologie, et en particulier la théorie de la parentèle, définissent cet avantage comme un bénéfice génétique : le comportement altruiste sert à améliorer la propagation du patrimoine héréditaire d'un organisme. La théorie stipule qu'un individu peut favoriser la propagation de ses propres gènes en favorisant la reproduction de collatéraux au détriment de la sienne, parfois même au prix de sa vie. C'est ce qu'elle exprime au moyen du concept d'adéquation adaptative globale (*inclusive fitness*). Pour que cette formule ait une chance d'être retenue par la sélection naturelle au cours de l'Évolution, le coût du comportement altruiste doit être non seulement compensé, mais surpassé par les bénéfices tirés de la propagation des gènes qui le favorisent directement ou indirectement. Or, ce bénéfice génétique n'est effectif qu'à la condition que l'individu altruiste oriente ses comportements d'aide vers des congénères apparentés dont il favorise la reproduction. Il est donc essentiel qu'il puisse reconnaître les siens. C'est la seule façon pour lui de ne pas se tromper de cible bénéficiaire, donc de bien orienter ses comportements sociaux – au sens large – dans une direction qui lui soit génétiquement favorable. Par conséquent, la consécration de l'altruisme au cours de l'Évolution ne peut être envisagée sans l'apparition, préalable ou simultanée, d'un *mécanisme de reconnaissance des apparentés.*

Évidemment, ni les fourmis, ni les rats, ni aucun autre animal ne soupçonnent l'existence de la génétique et ne sont capables de choisir leurs partenaires en évaluant la proportion de gènes qu'ils possèdent en commun avec des congénères. Le choix de partenaires privilégiés n'est *jamais* fondé directement sur la reconnaissance des gènes (du moins n'en connaissons-nous aucun exemple), mais il s'appuie sur la perception et la reconnaissance d'indices ou de marqueurs, qui, eux, sont une expression du génome. Il fallait donc s'attendre à ce que les théories sociobiologiques aient un effet stimulant pour les recherches visant à caractériser les phénomènes de reconnaissance entre apparentés. Au terme de quinze ans d'existence de la sociobiologie, il faut porter à son crédit ce retentissement majeur sur la connaissance, sans doute l'un des plus remarquables dans le domaine des sciences du comportement. La bibliographie récente témoigne de l'accroissement de l'activité scientifique sur le problème de la reconnaissance de parentèle (*kin recognition*) : outre les quatre ouvrages de synthèse [1] qui lui ont déjà été consacrés, de plus en plus d'articles scientifiques abordent cette question [2], comme le montre la figure 6.1.

Depuis une dizaine d'années, notre savoir sur le phénomène de reconnaissance des apparentés s'est développé bien au-delà des espérances les plus optimistes. L'existence du phénomène a été démontrée dans presque tous les groupes zoologiques importants, des coraux à l'Homme. Ces capacités de reconnaissance atteignent parfois une précision étonnante : dans beaucoup d'espèces parfois fort éloignées les unes des autres, les individus sont capables, sans les avoir rencontrés préalablement, de distinguer leurs frères de leurs demi-frères, leurs demi-frères de leurs neveux et ces derniers de leurs cousins germains. C'est le cas notamment chez l'abeille, la guêpe, le têtard, la caille, la souris, le rat, l'écureuil, etc. En outre, il est apparu dès le début des années 1980, sous l'impulsion de spécialistes britanniques et américains, que cette capacité n'était pas utilisée seulement dans le registre des comportements sociaux, mais intervenait aussi dans le déterminisme du choix du conjoint. C'est pourquoi une bonne partie du chapitre 9 sera consacrée à cette question. Enfin, certaines décou-

1. 1) P. Colgan, *Comparative Social Recognition*, New York, John Wiley & Sons, 1983. 2) Sous la direction de D. J. C. Fletcher et C. D. Michener, *Kin recognition in Animals*, Chichester, John Wiley & Sons, 1987. 3) Sous la direction de A. R. Blaustein, R. H. Porter et M. D. Breed, « Kin recognition in animals : empirical evidence and conceptual issues », numéro spécial de la revue *Behavior Genetics*, n° 18, 1988, p. 405-564. 4) Le dernier livre en date, intitulé *Kin Recognition*, est un ouvrage collectif dirigé par P. G. Hepper publié en 1991 par Cambridge University Press.

2. On peut se reporter sur ce point à l'article de B. Waldman, P. C. Frumhoff et P. W. Sherman, « Problems of kin recognition », *Trends in Ecology & Evolution*, n° 3, 1988, p. 8-13.

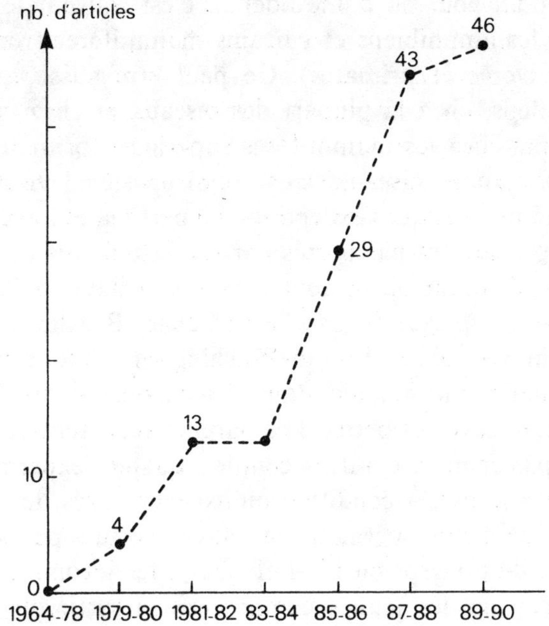

Fig. 6.1. Évolution du nombre d'articles scientifiques portant sur la reconnaissance de parentèle d'après l'enquête de Waldman et coll. (*cf.* note 2) pour la période 1964-1986, estimée selon la même méthode jusqu'en 1990.

vertes importantes concernant la reconnaissance des apparentés nous entraîneront à faire une incursion dans le domaine de la sociobiologie humaine (*cf.* chap. 10).

Les mécanismes de la reconnaissance de parentèle

Pour discriminer des congénères apparentés, il faut pouvoir disposer des éléments suivants :

Des indices de reconnaissance externes

Chaque organisme est porteur de marqueurs stables, qu'il a lui-même produits, au moins en partie, et qui sont un signal d'apparentement que nous appellerons le *visa* de l'individu. Pour remplir sa fonction, ce visa individuel doit être lié à l'hérédité de son porteur. Il peut s'agir d'un goût ou d'une odeur : c'est souvent le cas chez les invertébrés, les amphibiens et certains mammifères (rongeurs, carnivores, insectivores et primates). Ce peut être aussi un cri, comme chez les grillons, chez la plupart des oiseaux et chez certains mammifères. Enfin, chez les mammifères supérieurs, primates en particulier, et chez certains oiseaux, c'est aussi un signal visuel. Toutefois, cette règle admet quelques exceptions, en particulier lorsque les indices pris en compte ne sont pas portés par les partenaires apparentés mais caractérisent l'habitat où ils sont censés se trouver. L'hirondelle des rivages *Riparia riparia*, étudiée par Michael Beecher et ses collaborateurs de l'université de l'État de Washington [3] en fournit un exemple. Cette hirondelle fait son nid dans des terriers creusés le long des berges, où elle élève ses petits. Les parents acceptent de s'occuper de poussins appartenant à d'autres couples, quand l'expérimentateur les introduit dans le nid, à condition qu'ils soient âgés de moins de dix-sept jours. Si la même opération est tentée avec des poussins étrangers âgés de plus de dix-sept ou dix-huit jours, les inconnus sont évincés. C'est qu'à cet âge les jeunes commencent à sortir du nid parental, sans cesser d'être dépendants des adultes pour leur alimentation. Ils émettent alors des cris caractéristiques, que les parents apprennent très vite à reconnaître. Les cris des jeunes servent donc d'indices de reconnaissance pour leurs parents alors qu'auparavant tout poussin était reconnu pour peu qu'il fût localisé dans le nid familial. Par conséquent, tout poussin introduit avant la date fatidique des premières sorties émettra des cris que ses parents adoptifs apprendront à reconnaître aussi parfaitement que s'il s'agissait de ceux de leurs propres enfants. En revanche, si un jeune poussin est retiré à ses parents pour être placé dans un nid voisin, lorsqu'il effectuera ses premières sorties il demeurera ignoré de ses parents génétiques mais continuera de bénéficier des soins de ses parents adoptifs. Un couple d'hirondelles des rivages considère en effet comme étranger tout poussin âgé de plus de dix-sept jours qui émet un cri inconnu de lui. Dans les conditions naturelles, ce couple ne pond que dans son propre nid : tant que les poussins n'en sortent pas, il n'y a donc pas besoin d'indices individuels d'apparentement puisqu'il n'y a aucun risque de confusion génétique pour les parents. En revanche, des marqueurs individuels (les cris) deviennent

---

3. M. D. Beecher, I. M. Beecher et S. Lumpkin, « Parent-offspring recognition in bank swallows (*Riparia riparia*) : I. Natural history », *Animal Behaviour*, n° 29, 1981, p. 86-94. M. D. Beecher, I. M. Beecher et S. Hahn, « Parent-offspring recognition in bank swallows (*Riparia riparia*) : development and acoustic basis », *Animal Behaviour*, n° 29, 1981, p. 95-101.

indispensables dès que les jeunes commencent à quitter le nid, c'est-à-dire à l'âge de dix-huit jours. Le risque de confusion étant élevé, vu le nombre de jeunes quittant simultanément les nids concentrés en un même lieu, les parents peuvent ainsi reconnaître leurs propres jeunes, et concentrer sur eux les tâches de nourrissage et de protection.

La perception des visas

Chaque individu doit évidemment être capable de percevoir, par des organes sensoriels appropriés, les visas – olfactifs, gustatifs, visuels ou acoustiques – des partenaires qu'il rencontre.

La reconnaissance des visas significatifs d'un apparentement

Cette fonction peut présenter des modalités diverses faisant intervenir des mécanismes différents (fig. 6.2).

RECONNAISSANCE SANS EXPÉRIENCE PRÉALABLE

Deux modalités sont possibles :

L'effet barbe verte : des gènes de reconnaissance codent à la fois les caractéristiques du visa de l'individu et la reconnaissance par lui des autres individus porteurs du même visa. Une image de référence innée est donc stockée quelque part dans le cerveau. Le sociobiologiste britannique Richard Dawkins a baptisé ce mécanisme du nom intriguant d'effet « barbe verte [4] », en référence à un exemple imaginaire où un même équipement génétique programmerait, d'une part le caractère « barbe verte », et d'autre part la capacité à reconnaître tous les porteurs d'une barbe verte. Cette modalité présente un inconvénient : l'individu risque d'être incapable de reconnaître des visas correspondant, par exemple, à des degrés divers d'apparentement, c'est-à-dire, pour reprendre la métaphore de Dawkins, des barbes vert

4. R. Dawkins, *The Extended Phenotype*, Oxford, Freeman, 1982.

clair, vert moyen ou vert sombre. Un autre risque serait de ne pas pouvoir reconnaître des visas apparentés si leurs caractéristiques sont modulées par le milieu. Par exemple, si le visa est un marqueur chimique susceptible d'être modifié par certaines bactéries présentes dans le milieu, l'individu pourrait avoir du mal à le reconnaître à partir d'une référence strictement innée, qui ne saurait tenir compte de toutes les altérations possibles.

L'effet aisselle : les caractéristiques du visa sont programmées génétiquement, de même que la pratique, chez l'individu porteur, de fonder sa décision sur la comparaison de ce visa à celui de tout congénère rencontré. Là, Richard Dawkins trouva un autre nom évocateur, l'effet « aisselle », dont le sens est explicite. Ce mécanisme ne nécessiterait pas le stockage dans le système nerveux central d'une image étalon ; il offrirait en outre, théoriquement, la plus grande fiabilité puisque l'individu utiliserait comme gabarit de référence son propre visa individuel, lequel peut évoluer en fonction du temps et des influences du milieu.

L'effet « barbe verte » et l'effet « aisselle » ont en commun le gros inconvénient de n'avoir jamais été démontrés directement. Cela ne signifie pas qu'ils n'existent pas dans la Nature, mais traduit en fait la difficulté de les mettre en évidence expérimentalement. En effet, pour différencier l'effet barbe verte de l'effet aisselle, il faudrait empêcher un individu de percevoir son propre visa tout en lui permettant de percevoir celui des autres. Si la reconnaissance était supprimée, on se trouverait probablement en présence de l'effet « aisselle » ; à l'inverse, si la reconnaissance persistait, l'effet « barbe verte » serait plus vraisemblable. Mais une telle expérimentation ne semble pas réalisable. Le serait-elle, qu'il deviendrait alors très difficile de distinguer l'effet « barbe verte » d'un mécanisme de reconnaissance fondé sur un apprentissage préalable par autoréférence (le premier des trois mécanismes décrits ci-dessous) : il paraît en effet très délicat d'empêcher constamment un individu de s'autopercevoir pour l'empêcher d'apprendre...

Il est probable que les seuls cas – mais ils sont loin d'être négligeables – où l'on peut supposer sans trop de risque d'erreur un mécanisme de reconnaissance sans expérience préalable, sont ceux des amibes acrasiales (*cf.* chap. 2), des éponges et des coraux : dépourvus de cerveau, ils sont cependant capables de reconnaître des apparentés. On ne peut guère envisager que des organismes de ce type puissent stocker et utiliser une image étalon servant de référence,

Partenaires / Mécanismes	L'individu qui discrimine				L'individu qui est discriminé	
	apprend		n'apprend pas			
	à partir de ses propres indices	à partir des indices d'autrui	Possède un modèle de référence inné	Ne possède pas de modèle de référence inné	est déjà connu	est inconnu
Effet barbe verte	○	○	+	○	indifférent	
Effet aisselle	○	○	○	+	indifférent	
Familiarisation directe	○	+	○	+	+	○
Familiarisation indirecte par autoréférence	+	○	○	+	indifférent	
par alloréférence	○	+	○	+	indifférent	

Fig. 6.2. Les différents mécanismes théoriquement possibles dans le développement de la reconnaissance des apparentés, avec leurs caractéristiques supposées.

et qui serait programmée par le génome (effet « barbe verte ») ou apprise pendant la vie précoce. En l'état actuel des connaissances, ce sont donc les trois seuls exemples d'animaux pour lesquels un mécanisme de reconnaissance sans expérience préalable (probablement du type de l'effet « aisselle ») pourrait être considéré comme indirectement démontré.

RECONNAISSANCE AVEC EXPÉRIENCE PRÉALABLE

Dans ce schéma, l'individu compare le visa de son partenaire à une image de référence formée dans son cerveau à l'issue d'une expérience vécue. La plupart des spécialistes s'accordent à distinguer trois mécanismes théoriquement possibles :

L'apprentissage (ou familiarisation indirecte [5]*) par autoréférence* : l'individu construit un gabarit de référence basé sur l'apprentissage de son propre visa. Il comparera le visa de tout congénère rencontré à ce modèle stocké dans son cerveau. Comme nous venons de le voir, ce mécanisme est pratiquement impossible à distinguer de l'effet barbe verte.

L'apprentissage (ou familiarisation indirecte) par alloréférence : cette fois, c'est à partir d'informations extérieures à son organisme que l'individu construit et stocke une image de référence. La discrimination d'un congénère dépendra du degré de chevauchement entre le visa qu'il porte et l'image de référence. Généralement, les visas qui sont appris sont ceux des individus les plus proches dans l'espace : il y a une plus forte probabilité pour qu'ils soient apparentés. Parfois, ces visas d'apparentés sont associés à un objet de l'environnement, par exemple les matériaux du nid. C'est le cas chez les guêpes *Polistes*, étudiées en Amérique du Nord par différents groupes de chercheurs, sous l'impulsion de George Gamboa, de l'université d'Oakland (Michigan) et de David Pfennig, de l'université du Texas à Austin [6].

Les guêpes *Polistes fuscatus* construisent des nids en carton constitués d'alvéoles peuplés de couvain. Elles fondent des sociétés à cycle annuel, dont la disparition est précédée tous les ans de la dissémination de jeunes reines qui, après leur hibernation, fondent dès le printemps leur propre société. Lorsque la future fondatrice choisit un endroit abrité pour passer l'hiver, elle s'associe souvent à une ou parfois à plusieurs consœurs. On ne sait pas très bien quel avantage peut apporter cette association pour traverser avec succès la période froide (peut-être une meilleure défense). Néanmoins, on a démontré que des phénomènes de reconnaissance active interviennent dans l'établissement du groupe.

En expérimentant à la fin de l'été sur de jeunes reines *fuscatus*, on a montré qu'une jeune reine adulte séparée de sa colonie dans les trente secondes qui suivent son émergence de l'avéole natal, puis isolée pendant trois à quatre semaines, ne manifeste aucune préférence lorsqu'elle est mise simultanément en présence de deux autres jeunes

---

5. *Cf.* R. H. Porter, « The Ontogeny of Sibling Recognition in Rodents : Superfamily Muroidea », *Behavior Genetics*, n° 18, 1988, p. 483-494.

6. On pourra en particulier se reporter aux travaux suivants : D. W. Pfennig, G. J. Gamboa, H. K. Reeve, J. Shellman Reeve et I. D. Ferguson, « The mechanism of nestmate discrimination in social wasps (*Polistes*, Hymenoptera : Vespidae) », *Behavioral Ecology & Sociobiology*, n° 13, 1983, p. 299-305. G. J. Gamboa, H. K. Reeve et D. W. Pfennig, « The Evolution and Ontogeny of Nestmate Recognition in Social Wasps », *Annual Review of Entomology*, n° 31, 1986, p. 431-454.

reines dont la première est issue de la même colonie parente (donc sœur de la précédente) et a été élevée isolément en présence d'un fragment du nid parent et dont la seconde, non apparentée, a été élevée seule en présence d'un fragment de son nid d'origine. Le résultat reste le même si au lieu d'être totalement isolée, la jeune reine est élevée en présence de quelques guêpes adultes de sa société. Mais lorsqu'on fait la même expérience avec trois jeunes reines, dont deux issues du même nid, et que chacune est mise en contact, *pendant seulement la première heure* d'un isolement d'environ trente-six jours, avec un fragment du carton de leur nid d'origine, on observe que les deux reines provenant de la même colonie préfèrent ensuite s'associer entre elles.

Dans une expérience plus complexe encore, on isole, chacune de son côté, trois jeunes reines venant d'éclore et provenant de trois nids différents. Deux d'entre elles sont maintenues en présence d'un fragment d'un même quatrième nid, et la troisième en présence du fragment d'un cinquième nid. Après environ cinq jours, les trois jeunes guêpes sont mises en présence. On s'aperçoit alors que les deux reines restées au contact d'un fragment du *même* nid étranger préféraient s'associer. Pourtant, elles ne se connaissaient pas, n'étaient aucunement apparentées et avaient été mises en contact avec un fragment de nid appartenant à des guêpes qui leur étaient tout aussi étrangères. Leur affinité comportementale ne pouvait s'expliquer que par l'origine identique des fragments du nid qu'elles avaient côtoyés. Ces quatre expériences réalisées par Gamboa, Pfennig et leurs collègues montrent finalement que les jeunes reines des guêpes *fuscatus* apprennent à reconnaître le visa de leur société en un laps de temps très bref, après la métamorphose et la sortie de l'alvéole, dans les tout premiers instants de la vie adulte. Les marqueurs de reconnaissance sont portés par le nid et servent à l'élaboration d'un gabarit de référence du compagnon social. Le visa chimique des congénères rencontrés est comparé à ce modèle de référence et la décision de s'associer est prise par la jeune reine en fonction du degré d'affinité entre les deux. On sait que les guêpes ne produisent qu'en partie leur visa de reconnaissance. La source principale en est le nid, et vraisemblablement les adultes ou les larves qui s'y trouvent (peut-être les deux). On remarquera aussi dans cet exemple – notamment dans la dernière expérience –, que les jeunes guêpes peuvent acquérir de leur environnement nidal les marqueurs chimiques formant leur propre visa. Notons enfin que, dans la nature, la jeune guêpe *Polistes* qui naît de son nid parent ne peut apprendre autre chose que les indices chimiques de congénères étroitement apparentés, indices qui sont déposés sur le carton du nid. C'est du moins ce qui doit se passer, sauf si la jeune *Polistes* est dupée par une guêpe « coucou » qui aura investi le nid (par exemple une guêpe du genre *Sulcopolistes*). Dans ce cas, trompée par le parasite, la guêpe forgera un gabarit cognitif de référence de ses partenaires sociaux indépendant de l'apparentement.

L'apprentissage par familiarisation directe : ce dernier mécanisme diffère du précédent par l'absence de généralisation de l'apprentissage à des partenaires inconnus. Ici, l'individu apprend le visa des congénères qui l'entourent et ne s'en servira jamais pour reconnaître d'autres partenaires non familiers. Il reste alors incapable de mesurer son degré d'apparentement avec un congénère inconnu.

On fait souvent cette distinction entre apprentissage par alloréférence (ou familiarisation indirecte) et apprentissage par familiarisation directe. Mais certains spécialistes la critiquent – et non des moindres [7]. Ils y voient plutôt deux modes d'expression d'un même mécanisme. Cette réserve est sans doute justifiée, car l'interprétation du mécanisme impliqué peut dépendre des conditions expérimentales où l'on opère. C'est ce que montrent par exemple les recherches de Peter Hepper [8], de l'université de Belfast. Elles démontrent sans ambiguïté la reconnaissance de parentèle chez les rats et en analysent les modalités. Hepper montre qu'un jeune rat âgé de quelques jours préfère se rapprocher de l'un de ses frères côtoyé depuis la naissance plutôt que d'un autre frère inconnu (la même portée ayant été répartie entre différentes mères adoptives après la naissance). En revanche, lorsqu'un jeune rat est présenté à deux congénères qui lui sont inconnus mais dont l'un est un de ses frères génétiques, il préfère se rapprocher de ce frère inconnu plutôt que de l'inconnu non-frère. Dans le premier cas nous avons l'expression d'une familiarisation directe alors que dans le second nous constatons une capacité de généralisation, typique d'un apprentissage par alloréférence. En fait, ces deux résultats semblent bien correspondre à deux expressions d'une même règle de décision : *préférer le congénère dont le visa est le plus proche du gabarit de référence.* Dans le premier choix, c'était évidemment le frère à partir duquel ce modèle avait été construit, tandis que, dans le second, le frère inconnu était plus proche du gabarit de référence

7. Par exemple B. Waldman, « Mechanisms of kin recognition », *Journal of Theoretical Biology*, n° 128, 1987, p. 159-185.

8. P. G. Hepper, « Sibling recognition in the rat », *Animal Behaviour*, n° 31, 1987, p. 1177-1191.

que l'inconnu non-frère, qui cumulait toutes les raisons de s'en trouver éloigné.

Quoi qu'il en soit, l'acquisition par alloréférence et la familiarisation directe sont les stratégies les mieux connues – qu'elles soient ou non deux expressions d'un même mécanisme d'apprentissage. Il semble que ce soit le type de stratégie le plus répandu et le plus facile à étudier expérimentalement. Toutefois – comme nous l'avons vu au chapitre précédent à propos de l'esclavagisme chez les fourmis –, la stratégie qui implique l'apprentissage présente un grand inconvénient : le risque d'une « contamination » par des visas provenant du génome de partenaires non apparentés mais présents dans le proche environnement post-natal. Paradoxe de l'Évolution, cette situation laisse la voie ouverte à l'apparition d'espèces parasites qui, grâce à des stratégies de duperie, exploiteront des espèces hôtes riches en ressources mais fragilisées par la plasticité de leurs apprentissages, donc plus faciles à leurrer. Pour prévenir ce risque de reconnaître comme familiers des visas liés à des génomes éloignés, on peut augurer que la sélection naturelle aura eu tendance à favoriser des mécanismes « de sécurité ». Nous aurons à examiner certains de ces mécanismes servant à « verrouiller » les processus d'apprentissage impliqués dans la reconnaissance des apparentés.

La discrimination des apparentés

Le quatrième et dernier palier du processus de reconnaissance de parentèle est la discrimination des congénères apparentés au terme de leur reconnaissance. Cette discrimination se manifeste par l'orientation préférentielle des comportements altruistes. Le terme *discrimination de parentèle* est le seul à véritablement signifier qu'un acte social soit exécuté envers un congénère devenant partenaire privilégié après reconnaissance de son visa.

RECONNAISSANCE OU DISCRIMINATION DE PARENTÈLE ?

Il n'est pas rare de voir réunis les deux ou même les trois derniers éléments qui viennent d'être définis : on les rassemble alors sous l'appellation fédératrice de « reconnaissance de parentèle ». Cet amalgame est dû surtout à la réelle difficulté de distinguer les niveaux 3 et 4 (reconnaissance et discrimination). En effet, si chaque fois que l'on observe une discrimination, on peut affirmer qu'il y a eu préalablement reconnaissance, l'inverse n'est pas nécessairement vrai : il est possible qu'un animal ait parfaitement reconnu un apparenté sans pour autant le manifester. Cet animal, dans d'autres circonstances, pourra fort bien révéler par un comportement discriminatoire son aptitude à reconnaître les apparentés. De nombreux exemples expérimentaux montrent que la discrimination, qui autrement n'avait pas lieu, apparaît dans certaines situations tests. L'expérience sur le rat, rapportée plus haut, en est un premier cas ; mais Peter Hepper [9] en a réalisé une autre : ayant fait adopter par une rate étrangère, le jour de leur naissance, deux ratons non apparentés, Hepper montra qu'en retirant l'un d'eux à l'âge de douze jours pour le mettre en un autre lieu en présence simultanée de son frère adoptif, *non apparenté connu*, et d'un frère de ce dernier jamais côtoyé auparavant, donc *non apparenté inconnu*, le raton testé avait tendance à se joindre à celui de ses deux partenaires qui lui était familier, c'est-à-dire son frère d'adoption ou *non apparenté connu*. Ce résultat est conforme au schéma de la familiarisation directe (*cf. supra*). En revanche, si dans les mêmes conditions le raton retiré à sa mère adoptive est confronté simultanément à deux ratons de son âge qui ne lui sont ni apparentés ni connus mais dont l'un est un *frère de son frère adoptif*, il choisira alors de se joindre à ce dernier. Cette expérience démontre qu'un partenaire non discriminé dans une première situation de choix peut se trouver privilégié dans un contexte nouveau. Elle confirme également que les rats sont capables, à partir de l'expérience vécue au contact d'un individu lors des premiers jours de la vie, de construire un modèle cognitif [10] du visa de leurs futurs partenaires privilégiés. À ce gabarit de référence, qui chez les rongeurs est très souvent lié à une odeur, les rats comparent les visas des congénères qu'ils rencontrent au cours de leur vie, conformément, cette fois, au schéma d'apprentissage par alloréférence. On peut s'attendre à ce que, chez un rat, le gabarit cognitif de référence soit d'autant moins restreint que la portée à laquelle il appartient est grande : ainsi, ultérieurement, l'animal pourra traiter comme privilégiés un plus grand nombre de partenaires. Ce qui permet de prédire qu'un raton élevé au milieu

---

9. *Ibid.*
10. Modèle stocké dans le système nerveux central à l'issue d'une expérience vécue et qui est utilisé dans des circonstances ultérieures.

d'une vaste fratrie sera plus tolérant qu'un raton élevé au sein d'une fratrie restreinte. Évidemment, dans les conditions naturelles, les ratons restent avec leur mère et frères génétiques. Les visas étant corrélés au génome (comme le démontre l'aptitude à discriminer un frère inconnu, ou le frère, inconnu, d'un frère adoptif), le raton non manipulé forgera un gabarit de référence où le familier et le génétique seront en totalité confondus. C'est en les comparant à cette image étalon que le raton puis le rat devenu adulte discriminera ses futurs partenaires privilégiés.

Dans d'autres de ses très belles expériences sur le rat, Peter Hepper a réussi à répondre à la question de savoir si, pour forger son modèle de référence, le raton utilise l'odeur de sa mère ou celle de ses frères (au sens large, incluant frères et sœurs de portée) [11]. L'hypothèse de Hepper était *a priori* plus favorable à la mère, car elle entretient avec ses enfants des relations importantes et uniques, en particulier à travers les tétées et les léchages répétés qu'elle leur prodigue. Un autre argument, adaptatif celui-là, militait plutôt en faveur de la seconde hypothèse, celle de la fratrie comme source d'informations pour le raton qui apprend : en effet, à la différence de la mère, seuls les frères possèdent des marqueurs de reconnaissance provenant du génome du père. En fondant son apprentissage sur les marqueurs chimiques de ses frères, le raton recueillera donc une information plus significative sur son propre génome – auquel ont contribué les deux parents – qu'en se fondant uniquement sur les marqueurs de reconnaissance maternels. Ce schéma était en accord avec la théorie de la parentèle et permettait en outre de prédire que la sélection naturelle aurait plutôt favorisé, au cours de l'Évolution, les ratons élaborant leur modèle cognitif de référence à partir de l'odeur de leurs frères plutôt qu'à partir de celle de leur mère. Le résultat obtenu par Peter Hepper s'est finalement révélé conforme à cette seconde hypothèse, infirmant donc celle dont il était parti.

L'expérience se fait sur une dizaine de portées de rats constituées d'une mère et de huit petits. Dès le jour de la naissance, on parfume différemment les mères et leurs petits avec un parfum du commerce appliqué quotidiennement. Dans la moitié des portées la mère est parfumée à la rose et les petits à la lavande et dans l'autre moitié, c'est le contraire. Les mères sont régulièrement badigeonnées sur le

11. P. G. Hepper, « Rat pups prefer their siblings to their mothers : possible implications for the development of kin recognition », *The Quarterly Journal of Experimental Psychology*, n° 39 B, 1987, p. 265-272.

ventre entre les deux rangées de tétines, et les petits sur le dos, de la nuque jusqu'à la croupe, afin de limiter au mieux le risque d'auto-perception. On teste ensuite une quarantaine de ratons à l'âge de douze jours, et une quarantaine à l'âge de vingt jours. Le test consiste à placer la tête de chaque raton dans un olfactomètre, c'est-à-dire à la convergence de deux tubes opposés et véhiculant vers l'animal du parfum de lavande pour l'un et du parfum de rose pour l'autre. Le résultat global montre qu'au moins 80 % des ratons testés préfèrent remonter le tube émettant l'odeur correspondant à leurs frères, que ce soit la rose ou la lavande. C'est donc sur l'odeur de sa fratrie que le raton se base préférentiellement lorsqu'il développe ses capacités de reconnaissance des apparentés (c'est-à-dire lorsqu'il en forge le gabarit cognitif), et non sur l'odeur de sa mère. Cependant, Hepper montre aussi que le raton n'est pas complètement indifférent à l'odeur de sa mère. Effectivement, lorsqu'elle est en compétition avec une odeur inconnue présentée simultanément, par exemple du parfum de violette, 75 à 80 % des animaux testés choisissent alors de remonter le tube véhiculant l'odeur familière portée par leur mère (rose ou lavande). Il reste que l'ordre de préférence établi par le raton en faveur des odeurs liées aux frères conforte l'interprétation indiquée au départ : ils choisissent plutôt les visas qui rassemblent la double influence du génome maternel et du génome paternel.

De l'utilité de la reconnaissance des apparentés dans la vie courante

L'aptitude à reconnaître ses apparentés est utilisable dans un grand nombre de circonstances de la vie en société. La liste qui suit, sans être exhaustive, en récapitule les principaux usages :

Les soins aux enfants : chez toutes les espèces animales élevant leur progéniture, il existe des mécanismes permettant la reconnaissance des enfants par leurs parents. Cette reconnaissance peut même aller jusqu'à permettre l'adoption d'une progéniture orpheline par des adultes apparentés, notamment des tantes : le phénomène a été observé chez des guêpes sociales et des primates.

L'assistance aux apparentés directs (parents, frères, sœurs) : elle prend un aspect variable selon le groupe zoologique, allant du toilettage mutuel (insectes éosociaux, primates, etc.) aux comportements d'alerte en cas de danger, voire au combat contre un prédateur (pucerons, insectes éosociaux, amphibiens, oiseaux, rongeurs, ongulés, primates, etc.), mais aussi au don de nourriture (chauves-souris, insectes éosociaux). Plus cette assistance aux apparentés directs est forte, plus les individus ont tendance à réaliser des groupements d'apparentés. Nous en verrons une illustration avec les bancs de têtards de grenouilles ou de crapauds (*cf.* chap. 8).

Le mutualisme de parentèle (ou entraide entre apparentés) : il s'agit en somme d'altruisme réciproque entre apparentés. L'exemple le plus courant est probablement l'élevage communautaire de la progéniture par des femelles apparentées (en particulier des sœurs) ; il en résulte que les jeunes sont élevés par leur mère et par leurs tantes. Nous en analyserons, au chapitre 9, deux cas parmi les mieux connus, la souris et la guêpe.

La recherche du partenaire sexuel : l'aptitude à reconnaître les apparentés y joue un rôle essentiel. En effet, chez la plupart des animaux la consanguinité engendrée par l'inceste a des effets très néfastes sur les capacités reproductrices et sur l'espérance de vie de la descendance. Il fallait donc s'attendre à trouver une très forte pression sélective en faveur des individus capables d'éviter les rapports sexuels avec des partenaires apparentés, du moins avec les apparentés les plus proches. Une grande partie du chapitre 9 sera consacrée à l'évitement de l'inceste par reconnaissance de parentèle. Remarquons qu'entre l'impératif d'éviter la consanguinité et celui de favoriser la propagation d'associations de gènes qui ont été à l'origine du succès de chacun des partenaires, il apparaît parfois des compromis surprenants, comme la constitution de couples entre cousins germains (c'est-à-dire possédant une grand-mère ou un grand-père commun).

La malveillance : une façon de favoriser ses enfants dans la compétition qui les oppose à ceux des autres est de se livrer à des actes de malveillance à l'égard de ces derniers. Le cannibalisme illustre le phénomène. Ainsi, la femelle du Guppy (*Pœcilia reticulata*), petit poisson sud-américain très prisé des aquariophiles, dévore préférentiellement les enfants des autres femelles plutôt que les siens propres. De même, les rats mâles ont une forte tendance à des comportements cannibales envers les petits issus d'un autre père. Ce phénomène explique sans doute un autre comportement observé chez les rats : une femelle séparée du mâle qui l'a fécondée et placée dans une cage avec un autre mâle ne poursuit pas sa gestation. Si elle le faisait, son effort de reproduction serait condamné presque à coup sûr.

Comme on l'observe à travers ces cinq grandes catégories fonctionnelles – non exhaustives –, la discrimination de parentèle peut se traduire tantôt par une attraction, comme dans les soins aux jeunes ou le mutualisme de parentèle, tantôt par un évitement, comme dans la formation du couple. Mais dans les conditions naturelles, l'individu peut aussi avoir à résoudre des choix plus subtils, entre des congénères qui sont des parents plus ou moins éloignés. Est-il équipé pour affronter ce genre de problème ?

La reconnaissance des degrés de parenté

Les recherches expérimentales sur la discrimination de parentèle comparent généralement les relations entre partenaires apparentés à celles observées entre partenaires non apparentés. Peu d'études sont consacrées à la discrimination entre partenaires plus ou moins apparentés. C'est essentiellement pour des raisons techniques : on dispose rarement en même temps d'individus de même âge qui soient frères ou sœurs, demi-frères ou demi-sœurs, tantes, oncles, neveux, nièces, cousins, cousines, etc. On en a pourtant trois exemples d'une indéniable rigueur expérimentale. Ils amènent à conclure qu'il existe un lien positif entre le degré d'apparentement (parfois appelé coefficient de proximité génétique) et le degré de discrimination comportementale. Nous examinerons ces trois exemples, qui portent sur l'abeille, la guêpe et le rat. La signification, du point de vue génétique, de la notion de « degré d'apparentement » ou de « coefficient de proximité génétique », est précisée dans le passage encadré consacré à ces notions.

La première étude expérimentale destinée à comparer la discrimination comportementale à l'égard de partenaires plus ou moins apparentés fut réalisée en 1979 par Lee Greenberg, de l'université du Kansas, sur la petite abeille hypogée *Lasioglossum zephyrum* [12]. Elle vit en petites sociétés, dans des nids creusés dans le sol, dont l'entrée est à peine plus large que la tête d'une abeille. L'ouvrière gardienne peut ainsi en bloquer l'accès par cette porte vivante que

12. L. Greenberg, « Genetic component of bee odor recognition », *Science*, n° 206, 1979, p. 1095-1097.

La proximité génétique

La génétique nous apprend que seule une petite portion du génome varie d'un individu à l'autre au sein d'une même espèce. Ainsi, chez la mouche du vinaigre *Drosophila melanogaster*, animal de prédilection des laboratoires de génétique, on peut estimer à 10 % la proportion de gènes variables (gènes polymorphes existant sous forme d'*allèles* différents) dans l'ensemble de l'espèce. Mais la plupart de ces variations génétiques ne modifient pas les protéines qu'elles codent, c'est-à-dire le *phénotype.* Donc, seule une minorité de ces variations aboutissent à une sélection. On peut se demander pourquoi tant de gènes sont stables dans leurs effets chez un insecte qui compte sur terre bien plus d'individus que l'espèce humaine, et pourquoi si peu de ces variations entraînent des modifications effectives de caractères. De fait, si un seul des innombrables gènes stables était altéré, la mouche pourrait cesser d'être viable ou, au mieux, de se reproduire efficacement. Ces gènes invariants assurent donc à la mouche son état de mouche : d'une certaine façon, ils la définissent dans ce qu'elle a de plus fondemental. Ceci permet de comprendre plus précisément ce que l'on entend par *proximité génétique.* Dire, par exemple, qu'il y a un coefficient de proximité génétique de 0,5 (50 %) entre deux frères ou de 0,25 entre deux demi-frères pris au hasard, ne signifie pas qu'ils ne possèdent en commun que la moitié ou le quart de leur hérédité globale, mais la moitié ou le quart de la seule partie variable de leur génome, augmenté de la totalité de sa portion invariable. Cette variation est donc très faible. On évalue grossièrement à 1 % la différence génétique entre un Homme pris au hasard et un chimpanzé pygmée (*Pan paniscus*) pris au hasard. Personne ne peut contester de bonne foi la faiblesse du taux de variabilité génétique existant entre deux êtres humains choisis au hasard, même non apparentés. Finalement, les disputes autour du débat inné/acquis, nature/culture, gènes/environnement, pourraient se réduire à une divergence d'appréciation quant aux conséquences de cette très faible variabilité génétique interindividuelle : en termes de préjugés, on peut aussi bien soutenir que son impact est négligeable en raison de sa faiblesse quantitative, que déclarer que son niveau quantitativement modeste prouve son importance qualitative ! La connaissance des espèces animales (rat, souris, guêpe, abeille, ou autres) est heureusement moins exposée aux débats idéologiques. Là, il apparaît que les gènes variables, même s'ils restent peu nombreux, peuvent coder des caractères qualitativement importants, comme par exemple ceux qui déterminent les marqueurs olfactifs d'apparentement entrant dans la composition du visa de reconnaissance de l'individu.

constitue sa tête tournée vers l'extérieur. De ses antennes, restées mobiles, elle palpe le corps de toute abeille qui se présente pour pénétrer dans le terrier : il peut s'agir d'une sœur ou d'une étrangère qui commet soit une erreur de navigation, soit une tentative de pillage. En fait, la gardienne opère son choix en fonction de critères résultant d'un apprentissage : après sa naissance, elle a forgé une image cognitive de ses futurs partenaires sociaux, image à laquelle elle compare le visa de tous ceux qui se présentent à l'entrée du nid. En contrôlant les accouplements chez ces abeilles, Greenberg obtint des colonies présentant entre elles quatorze degrés d'apparentement (r) possibles, allant des sœurs ($r = 0{,}75$) aux non-apparentées ($r = 0$) en passant par les tantes et nièces ($r = 0{,}37$), les cousines germaines ($r = 0{,}1875$), etc. Il put ainsi mesurer le degré de tolérance ou d'intolérance des gardiennes (donc leur capacité de discrimination), en fonction de leur degré d'apparentement avec l'intruse (non familière) se présentant à l'entrée du nid. La tolérance se manifeste par le retrait de la gardienne, qui libère ainsi l'entrée. L'intolérance se traduit par le maintien de la gardienne, qui interdit l'accès au nid. Le résultat (fig. 6.3) montre une très nette corrélation entre la probabilité qu'une abeille accède au nid et son degré d'apparentement avec l'abeille gardienne.

Il y a donc un lien entre la tolérance sociale et le degré d'apparentement. Face à un résultat quantitatif de ce type, on peut envisager deux interprétations [13] : ou bien la baisse du degré d'apparentement entre deux groupes de partenaires entraîne une diminution de la quantité de marqueurs qu'ils possèdent en commun, ou bien elle engendre une diminution du nombre d'individus des deux groupes portant en commun tous les marqueurs d'apparentement. Jusqu'à présent, rien n'a permis de trancher entre l'une ou l'autre de ces deux explications.

Le cas de l'abeille montre une décroissance progressive et non pas une perte brutale du niveau de tolérance mutuelle en fonction de la baisse du coefficient de proximité génétique. Il en va tout autrement pour la guêpe sociale *Polistes fuscatus*, étudiée par George Gamboa et son équipe de l'université d'Oakland [14]. En contrôlant les fécondations, il put obtenir des sœurs, des nièces et des cousines germaines

---

13. P. G. Hepper, « Kin recognition : functions and mechanisms. A review », *Biological Reviews*, n° 61, 1986, p. 63-93.
14. G. J. Gamboa, J. E. Klahn, A. O. Parman & R. E. Ryan, « Discrimination between nestmate and non-nestmate kin by social wasps (*Polistes fuscatus*, Hymenoptera : Vespidae) », *Behavioral Ecology and Sociobiology*, n° 21, 1987, p. 125-128. G. J. Gamboa, « Sister, Aunt-Niece, and Cousin Recognition by Social Wasps », *Behavior Genetics*, n° 18, 1988, p. 409-423.

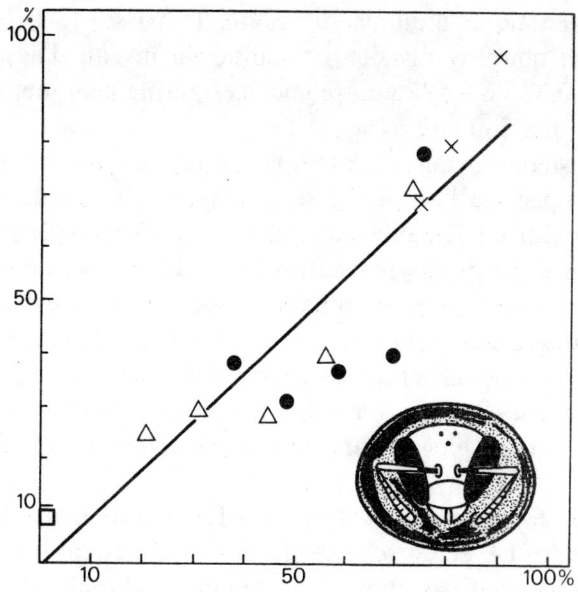

Fig. 6.3. Précision de la discrimination des apparentés chez l'abeille *Lasioglossum zephyrum* : en ordonnées, pourcentage de tolérance de l'abeille gardienne qui obstrue l'entrée du nid (dessinée en bas à droite) vis-à-vis d'abeilles intruses présentées qui lui sont plus ou moins apparentées. Le taux de proximité génétique est représenté en abscisses (carré blanc = non-apparentée, triangle blanc = cousine, rond noir = tante ou nièce, croix = sœur). La droite de régression obtenue répond à l'équation : Y = 0,07 + 0,924x (d'après Greenberg, 1979).

qu'il éleva séparément. Il mesura leur niveau de tolérance mutuelle et compara les résultats à ceux obtenus lors de confrontations entre individus non apparentés. Contrairement à l'abeille *zephyrum* étudiée par Greenberg, il s'avéra que les guêpes *fuscatus* ne marquent aucune différence dans le niveau de tolérance mutuelle entre sœurs familières (habitant le même nid) et demi-sœurs, tantes et nièces non familières (habitant des nids différents). Dans tous les cas, la tolérance est maximale, même si les nids sont très distants géographiquement et soumis à des odeurs environnementales distinctes. On peut en déduire que les marqueurs de reconnaissance sur lesquels se basent les guêpes pour tolérer ou non leurs congénères sont étroitement contrôlés par le génome. Enfin, la tolérance mutuelle disparaît soudainement lorsque des cousines non familières sont confrontées : elle devient aussi faible qu'entre guêpes non apparentées et non familières. Chez l'abeille *zephyrum*, la tolérance était liée quantitativement à la diminution du degré d'apparentement ; chez la guêpe *fuscatus*, la tolérance reste la même entre sœurs et entre tantes et nièces, bien que le coefficient de proximité génétique diminue de moitié (*r* passe de 0,75 à 0,375). Ensuite, une nouvelle division de moitié du niveau d'apparentement (*r* passe de 0,375 à 0,1875 entre cousines germaines) met en évidence un seuil de discrimination.

Le troisième et dernier exemple, le rat, est dû une fois de plus à Peter Hepper, de l'université de Belfast [15]. Le cas du rat rappelle davantage celui de l'abeille que celui de la guêpe. Hepper a utilisé comme indicateur de discrimination la tendance spontanée des rats à explorer davantage – en les reniflant – des congénères non familiers que des congénères familiers. Il a travaillé sur une souche non consanguine (donc génétiquement variable) de rats de laboratoire, appelée *Sprague-Dawley*. La figure 6.4 illustre la méthode employée pour constituer les lots de rats présentant divers degrés d'apparentement.

On utilise cinq rates adultes (A à E) et trois mâles (M1 à M3). Deux des rates (A et C) sont sœurs, mais les autres individus, mâles ou femelles, ne sont pas apparentés. On laisse le mâle M1 s'accoupler aux deux femelles A et B, le mâle M2 à la femelle C et enfin M3 à la femelle D. On étudie les capacités de discrimination fine des ratons J_A, issus du couple M1 x A, une fois qu'ils sont devenus adultes : le test de discrimination est réalisé une semaine après le sevrage, c'est-à-dire entre le trentième et le trente-deuxième jour suivant la naissance. Ce test (*cf.* fig. 6.5) a consisté à observer pendant quinze minutes chaque jeune rat J_A dans un enclos de 60 cm de côté dans le plancher duquel étaient insérées quatre cages individuelles grillagées contenant chacune un rat de même sexe que le rat testé, mais *inconnu* de lui et représentant chacun un degré d'apparentement différent : l'une des cages contenait un rat J_A', frère inconnu de J_A qui en avait été séparé

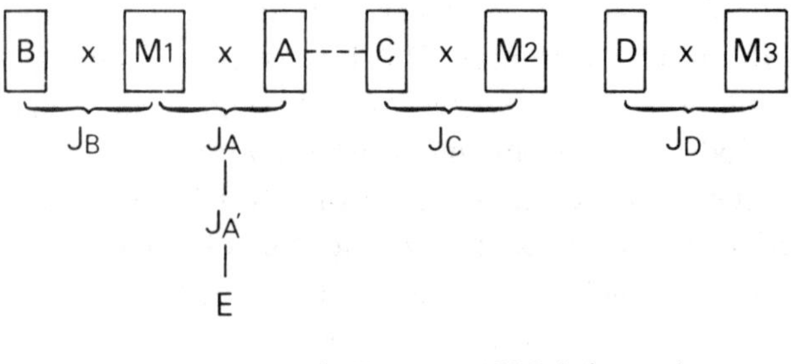

Fig. 6.4. Schéma de l'expérience de Hepper, 1987 (*cf.* texte).

15. P. G. Hepper, « The discrimination of different degrees of relatedness in the rat : evidence for a genetic identifier ? », *Animal Behaviour*, n° 35, 1987, p. 549-554.

le jour de sa naissance, pour être élevé par une mère adoptive E. Dans la seconde cage se trouvait un rat J_B, demi-frère paternel de J_A et dans la troisième, un rat J_C, cousin germain de J_A. Enfin la quatrième cage contenait un rat J_D qui n'était aucunement apparenté à J_A. Hepper mesura le temps que chacun des rats J_A passa à renifler à travers le grillage de chacune des quatre cages. Au total, quarante rats furent testés et les résultats furent rassemblés et comparés pour vérifier si les rats sont capables de discrimination fine entre des parents plus ou moins éloignés. Les coefficients de proximité génétique entre le rat J_A et les quatre autres sont les suivants : 0,5 avec J_A' ; 0,25 avec J_B ; 0,125 avec J_C et 0 avec J_D (pour la signification de ces coefficients, le lecteur pourra se reporter au passage encadré, p. 171).

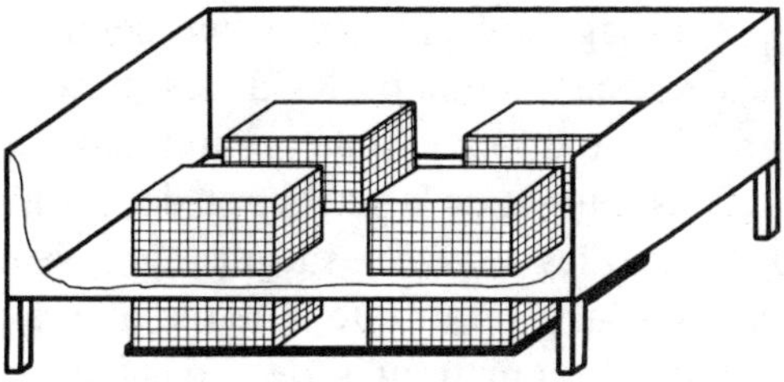

Fig. 6.5. Dispositif utilisé par Hepper pour tester la reconnaissance de divers degrés d'apparentement chez le rat (d'après Hepper, 1987).

Les résultats de cette expérience montrent que les rats J_A ont consacré en moyenne 136,6 secondes à explorer les cages contenant leurs frères J_A' ; 175,3 secondes à explorer celles de leurs demi-frères J_B ; 224,9 secondes celles de leurs cousins J_C, et 363,6 secondes à s'attarder contre le grillage de celles contenant les individus non apparentés. L'analyse de Hepper fait apparaître une relation linéaire négative entre la durée d'exploration d'un congénère inconnu et le degré d'apparentement entre ce dernier et le rat testé. Les rats sont donc capables d'une discrimination fine entre divers degrés d'apparentement chez leurs partenaires inconnus. Cette propriété leur est certainement utile dans la mesure où, s'agissant de rongeurs sociaux vivant en groupes ou en bandes, ils côtoient de nombreux partenaires diversement apparentés. La capacité de discrimination implique que les rats possèdent des marqueurs olfactifs d'apparentement liés à la partie variable du génome, et dont le degré de ressemblance est lié au degré d'apparentement avec leurs congénères. Ce phénomène fait soupçonner l'existence de gènes de marquage responsables de la synthèse d'une partie au moins de ces substances de reconnaissance.

Il est difficile d'en dire davantage sur ce sujet, en ce qui concerne le rat. Mais nous verrons au chapitre 9, en écho aux travaux de Hepper, comment fut démontrée chez la souris domestique l'implication du *complexe majeur d'histocompatibilité* H2 (le « HLA » de la souris).

L'apprentissage contraint

Les mécanismes de reconnaissance des apparentés faisant intervenir l'apprentissage semblent plus avantageux que ceux qui reposent sur une programmation génétique directe, trop rigide. Mais la plasticité due à l'apprentissage présente un risque potentiel : elle rend les individus – donc l'espèce – vulnérables à des parasites qui développeraient des stratégies de duperie pour profiter, sans contrepartie, des ressources, du gîte, des soins et de la protection de leur hôte (*cf.* chap. 5). Un autre risque, chez les espèces sociales qui vivent en groupes compacts de reproducteurs, serait que le jeune ou ses parents apprennent à considérer comme apparentés des congénères génétiquement éloignés de leur propre espèce. Pour pallier ces inconvénients, la meilleure solution sera sans doute une stratégie de compromis dans le développement individuel, alliant la souplesse de l'apprentissage à des mécanismes de verrouillage qui en garantissent la sécurité. Appelons cette stratégie l'*apprentissage contraint*. Ce raisonnement permet de prédire que la sélection naturelle devrait favoriser tout individu possédant des gènes qui le prédisposeraient à une reconnaissance par apprentissage offrant le maximum de chances de ne pas se fourvoyer vers des partenaires ou des objets inadéquats pour sa propre survie et la production d'une descendance. Ces prédispositions pourraient prendre l'aspect d'une préférence non apprise pour des objets ayant certaines caractéristiques (taille, forme, couleur, odeur, son) ; elles pourraient aussi concerner le moment où l'individu apprend, de façon qu'il corresponde à une synchronisation optimale entre la période où il est structurellement le plus apte à apprendre et la période où la probabilité de côtoyer un partenaire erroné est la plus faible. De nombreux travaux récents ont été consacrés à la recherche de telles prédispositions : ils ont généralement abouti à des résultats positifs, aussi bien chez les vertébrés que chez les insectes. Les prédispositions portant sur la période d'apprentissage paraissent protéger plutôt contre le risque d'apprentissage erroné à l'intérieur de l'espèce et semblent assez bien correspondre à une prédiction faite en 1981 par David Gubernick [16], de l'université Duke, selon laquelle ces prédispositions devaient être d'autant plus strictes que le risque était plus grand. Par exemple, dans le cas d'une espèce vivant en populations concentrées (colonies, troupeaux, bandes) où la reproduction se produit de façon synchrone pendant une période précise de l'année, le nouveau-né devait, selon Gubernick, apprendre beaucoup plus tôt et beaucoup plus vite à reconnaître ses apparentés que dans une autre espèce dont les couples seraient séparés les uns des autres et disposeraient de longues périodes pour la reproduction. Pour l'essentiel, dans le cas où ces prédispositions à éviter l'erreur sont relatives à la localisation de la période de l'apprentissage précoce, le processus de développement peut avoir trois modalités, que nous allons étudier : il consiste soit en une *empreinte filiale*, acquisition rapide s'effectuant lors d'une période située aussitôt après la naissance, soit en une *familiarisation prénatale* chez le fœtus, soit, dans le cas des insectes, en une *familiarisation pré-imaginale* au cours de la vie larvaire.

L'empreinte filiale

Dans la conception classique de l'empreinte, établie il y a plus d'un demi-siècle par Konrad Lorenz [17], un jeune oiseau apprend à reconnaître les traits formant la spécificité des membres de son espèce au cours d'une période, qualifiée de *critique* ou *sensible*, de son développement précoce. Selon la conception classique, une fois constituée au terme de cette expérience vécue, l'empreinte est l'image étalon qui toute sa vie durant servira de référence à l'oiseau pour lui permettre de reconnaître les partenaires de sa propre espèce. En outre, selon Lorenz, les effets de l'empreinte étaient irréversibles. Chez les poussins d'oiseaux nidifuges – quittant le nid après l'éclosion, comme les oies, les canards, les cailles, etc. –, il considérait que la poursuite de la mère après l'éclosion était le comportement révélateur d'une empreinte en cours de réalisation, l'objet de l'apprentissage étant la mère elle-même, porteuse des indices de reconnaissance de l'espèce. La fonction

16. D. J. Gubernick, « Parent and infant attachment in mammals », in *Parental Care in Mammals* (sous la direction de D. J. Gubernick & P. H. Klopfer), New York, Plenum, 1981, p. 243-305.

17. On peut se reporter par exemple à son article de base de 1935 : « Der Kumpan in der Umvelt des Vogels », *Journal für Ornithologie*, n° 83, 1935, p. 137-213.

essentielle de l'empreinte semblait être de permettre à l'oiseau, une fois devenu adulte, de reconnaître comme partenaires sexuels potentiels des congénères de la même espèce que celle à laquelle il avait été exposé pendant la période sensible. L'avantage adaptatif justifiant l'empreinte semblait être d'éviter l'hybridation entre espèces – coûteuse, pour un rendement génétique nul (à l'instar du mulet, les hybrides interspécifiques sont stériles).

Cette théorie de l'empreinte fit beaucoup d'adeptes, tant en Allemagne que dans les pays anglo-saxons et en Hollande. Elle eut aussi de nombreux détracteurs, notamment en Grande-Bretagne, aux États-Unis et en France : une opposition résolue et souvent virulente voulut repousser des thèses considérées comme dangereusement déterministes. Les notions de période critique et d'irréversibilité étaient souvent perçues comme le retour en force d'un innéisme inacceptable. L'analyse historique et épistémologique de cette querelle de l'empreinte devrait passionner l'historien des sciences et le philosophe. Ainsi, on reprochait aux éthologistes favorables à l'empreinte d'employer des méthodes peu rigoureuses, négligeant trop souvent les statistiques, par exemple. À l'inverse, les contradicteurs de la théorie travaillaient plutôt sur des protocoles expérimentaux très rigoureux, mais portant surtout sur le poulet domestique, gallinacé peu prisé par leurs adversaires, qui mettaient en doute la pertinence des résultats. En outre, ils se sont souvent évertués à démontrer la réversibilité totale de l'empreinte en utilisant comme objets d'apprentissage des objets géométriquement simples (cube, sphère, ou silhouette géométrique colorés), sans tenir compte de « l'imprégnabilité » du poulet domestique à de telles formes par rapport au modèle naturel [18].

Il est aujourd'hui établi que le poulet est prédisposé, en dehors de toute expérience préalable, à reconnaître un objet qui ressemble à une poule, ou qui du moins possède certaines caractéristiques de la poule. Mais à l'époque, la bataille de l'empreinte ne cessa que faute de combattants : les factions scientifiques, et parfois idéologiques, poursuivaient un étonnant dialogue de sourds, chacune choisissant les conditions expérimentales optimales pour obtenir les résultats qu'elle voulait démontrer. Depuis, une nouvelle génération d'éthologistes (en particulier en Grande-Bretagne), s'appuyant sur des études neurobiologiques, a réalisé des travaux fondamentaux pour la connaissance des mécanismes de l'empreinte, tout en s'intéressant à sa fonction,

---

18. Voir par exemple la référence classique de E. A. Salzen & C. C. Meyer, « Reversibility of imprinting », *Journal of Comparative Physiology*, n° 66, 1968, p. 269-275.

donc à sa justification adaptative. Ces mécanismes se sont révélés plus complexes que ne l'imaginaient les adeptes de la théorie de l'empreinte, et surtout leurs détracteurs. Le bilan actuel semble plutôt donner raison aux premiers.

Pour résumer l'état des connaissances, on peut dire que les oiseaux strictement ou partiellement nidifuges (capables dès l'éclosion de s'éloigner du lieu de naissance) sont capables de construire des empreintes dont les effets sont stables à long terme, mais parfois réversibles, dans des conditions particulières de pression du milieu. Chez le poulet par exemple, l'attachement à une boîte rouge, précocement suscité, est facilement réversible ; mais ce n'est pas le cas lorsque c'est à une poule empaillée qu'il s'est attaché [19]. Toutefois, réversibilité des effets ne signifie nullement effacement de l'empreinte : celle-ci apparaît souvent indélébile et susceptible de réapparaître quand les conditions redeviennent favorables à son expression. Quant à la période critique, elle est souvent moins instantanée, moins rigide et moins stricte que ne le croyait Lorenz, sauf dans certains cas. Période critique et irréversibilité apparaissent de façon d'autant plus évidente que l'objet à partir duquel le poussin construit son empreinte est plus proche du modèle naturel.

Le point sur lequel la théorie de l'empreinte se trouve le plus dépassée est probablement celui de sa fonction : Lorenz la limitait à la reconnaissance de l'espèce, croyant que l'empreinte servait au jeune à constituer une image de référence de ses congénères (partenaires potentiels de même espèce que lui), image utilisée dans la sexualité ou l'agression. Nous ignorons toujours s'il y a plusieurs images cognitives ou si la même image peut être utilisée différemment selon les circonstances, mais il apparaît que la fonction de l'empreinte est également – et peut-être surtout – d'intervenir dans la reconnaissance de parentèle, c'est-à-dire l'aptitude à discriminer, au sein de l'espèce, les individus plus étroitement affiliés. C'est ce qu'on appelle l'*empreinte filiale*.

Voici trois exemples montrant le développement de l'attachement entre la mère et les jeunes chez les vertébrés : le premier concerne la reconnaissance de sa mère par le jeune poulet domestique ; le deuxième concerne la reconnaissance de l'agneau par sa mère et le troisième la reconnaissance mutuelle entre la mère et le nouveau-né chez le chien de mer (*Phoca vitulina*).

---

19. J. J. Bolhuis & W. J. Trooster, « Reversibility revisited : stimulus-dependent stability of filial preference in the chick », *Animal Behaviour*, n° 36, 1988, p. 668-674.

L'EMPREINTE FILIALE CHEZ LE POULET DOMESTIQUE

Chez le poulet domestique, comme chez beaucoup d'oiseaux nidifuges, le poussin montre après l'éclosion (généralement entre douze et quarante-huit heures après la naissance) une forte tendance à poursuivre un objet mobile inconnu entrant dans son champ visuel et dont la taille est, grossièrement, supérieure à celle d'une boîte d'allumettes. Ce comportement de poursuite se manifeste aussi bien envers une poule empaillée qu'envers un cube coloré : c'est pourquoi on a souvent considéré que, pour le poussin, ces deux objets avaient la même signification. On en concluait que l'absence de période sensible et d'effets irréversibles dans le cas de la boîte rouge pouvait être directement extrapolée au cas de la poule empaillée (plus proche des conditions naturelles, mais plus difficile à gérer qu'une boîte rouge dans des conditions expérimentales de laboratoire). Les travaux menés depuis le début des années 1980 par des chercheurs de l'université de Cambridge permettent désormais d'expliquer pourquoi, étant donné ces conditions expérimentales, on pouvait légitimement croire que les notions de période sensible et d'irréversibilité, chères à Lorenz et aux éthologistes classiques, étaient sans fondement. Ces découvertes modifient notablement les conceptions sur l'empreinte et ses mécanismes chez les oiseaux nidifuges.

Tout commence en 1972, lorsque l'éthologiste britannique Patrick Bateson entreprit de localiser dans le cerveau du poulet le siège des phénomènes neurophysiologiques liés à l'empreinte. Une collaboration avec l'équipe de neurobiologistes de Gabriel Horn permit d'établir que des modifications biochimiques importantes au niveau du toit du cerveau antérieur accompagnent l'apprentissage au cours de l'empreinte [20]. Utilisant des techniques plus fines, les mêmes chercheurs parvinrent à identifier une région plus précise, située à mi-chemin entre les pôles antérieur et postérieur de l'hémisphère cérébral gauche : la partie intermédiaire et médiane de l'*hyperstriatum ventrale* (IMHV [21]). On y observait également des modifications au niveau des synapses, c'est-à-dire des jonctions entre cellules nerveuses [22]. La

20. P. P. G. Bateson, G. Horn & S. P. R. Rose, « Effects of early experience on regional incorporation of precursors into RNA and protein in the chick brain », *Brain Research*, n° 39, 1972, p. 449-465.

21. G. Horn, B. J. McCabe & P. P. G. Bateson, « An autoradiographic study of the chick brain after imprinting », *Brain Research*, n° 168, 1979, p. 361-373.

22. G. Horn, P. Bradley & B. J. McCabe, « Changes in the structure of synapses associated with learning », *Journal of Neurosciences*, n° 5, 1985, p. 3161-3168.

destruction de cette région avant ou après l'entraînement du poulet annihile les effets de cet entraînement alors que la destruction de régions de taille équivalente en d'autres endroits des hémisphères cérébraux ne produit pas cet effet [23]. Enfin, des études sur l'activité électrique des cellules de cette région ont confirmé son rôle dans l'attachement du poulet domestique à un objet d'entraînement [24].

En 1984, Horn et McCabe réalisèrent une découverte importante [25] : ils montrèrent que l'ablation de l'IMHV – localisation cérébrale supposée du phénomène d'empreinte – n'altérait gravement le comportement du poulet que si ce dernier avait été entraîné avec un objet géométrique simple, la sempiternelle boîte rouge. Mais lorsque le poulet avait été entraîné avec une poule empaillée, la perturbation n'était que très légère, c'est-à-dire que son attachement pour cet objet n'était pas fondamentalement modifié. En outre, la même équipe de Cambridge démontra que le degré d'attachement d'un poulet pour une poule empaillée dépendait de la concentration d'hormone sexuelle (testostérone) circulant dans le sang, alors qu'une telle corrélation était inexistante chez les poulets entraînés avec une boîte rouge [26]. D'autres travaux encore sont venus confirmer que l'attachement pour une boîte rouge et l'attachement pour une poule empaillée n'étaient équivalents que pour des cerveaux d'éthologistes mais certainement pas pour ceux des poulets ! La confusion provenait du fait que le poulet produisait le même comportement de poursuite vis-à-vis des deux types d'objets. Mais pour l'oiseau, la boîte rouge et la poule empaillée n'ont pas la même signification : les effets physiologiques qu'ils produisent sur lui sont très différents. On en a conclu que le poulet domestique devait posséder une prédisposition innée à développer un attachement spécifique au modèle naturel (représenté ici par la poule empaillée). Cette conclusion a été confortée par des recherches réalisées dans la même équipe et animées cette fois par Mark Johnson [27].

23. B. J. McCabe, G. Horn & P. P. G. Bateson, « Effects of restricted lesions of the chick forebrain on the acquisition of preferences during imprinting », *Brain Research*, n° 205, 1981, p. 29-37.

24. J. K. Payne & G. Horn, « Long-term consequences of exposure to an imprinting stimulus on spontaneous impulse activity in the chick brain », *Behaviour and Brain Researches*, n° 13, 1984, p. 155-162.

25. G. Horn & B. J. McCabe, « Predispositions and preferences. Effects on imprinting of lesions to the chick brain », *Animal Behaviour*, n° 32, 1984, p. 288-292.

26. J. J. Bolhuis, B. J. McCabe & G. Horn, « Androgens and imprinting. Differential effects of testosterone on filial preferences in the domestic chick », *Behavioural Neurosciences*, n° 100, 1986, p. 51-56.

27. M. H. Johnson, J. J. Bolhuis & G. Horn, « Interaction between acquired preferences and developing predispositions during imprinting », *Animal Behaviour*, n° 33, 1985, p. 1000-1006. J. J. Bolhuis, M. H. Johnson & G. Horn, « Effects of early experience on the develop-

Des poulets âgés d'un jour sont exposés pendant la même durée les uns à une boîte rouge, les autres à une poule empaillée. Deux heures après la fin de cet entraînement, on met la moitié de ces poulets en présence simultanément d'une boîte rouge et d'une poule empaillée : les poussins se dirigent préférentiellement vers leur objet d'entraînement respectif. Mais l'autre moitié du contingent n'est testée que vingt-quatre heures après l'entraînement : elle révèle un glissement de la préférence vers la poule empaillée. Plus précisément, les oiseaux préalablement entraînés à la poule empaillée montrent une préférence accrue pour cet objet par rapport à leurs homologues testés après deux heures. En revanche, les poulets entraînés à la boîte rouge n'expriment aucun choix préférentiel, contrairement à leurs homologues testés plus tôt. Mais le plus surprenant est probablement la comparaison avec un troisième groupe expérimental de poulets élevés individuellement et qui n'avaient été entraînés à aucun des deux objets, mais placés dans une roue tournante sous un éclairage faible pendant la période correspondant à l'entraînement de leurs congénères. Des poulets de ce lot, testés après deux heures, ne montrent aucune préférence entre les deux objets. Mais ceux testés après vingt-quatre heures manifestent une forte préférence en faveur de la poule empaillée. La même préférence en faveur de la poule empaillée a été observée chez des poulets élevés dans l'obscurité totale, pourvu qu'ils aient eu la possibilité de passer quelque temps dans une roue tournante – aucune préférence n'étant manifestée par des poulets maintenus à l'obscurité sans pouvoir réaliser ces exercices moteurs. Enfin, si la lumière n'est pas indispensable au développement de cette préférence, certaines conditions d'éclairage peuvent néanmoins l'accélérer. Plus récemment encore, on a démontré que pour être efficace, c'est-à-dire permettre l'apparition d'une prédisposition à préférer la poule empaillée en compétition avec la boîte rouge, l'expérience motrice devait être vécue par le poulet élevé à l'obscurité dans une fenêtre temporelle située entre douze heures et trente-six heures après l'éclosion [28]. Si l'exercice de la roue tournante est vécu après ce délai, il ne permet plus l'installation d'une préférence pour la poule empaillée. Cette période est à rapprocher de ce que l'on connaît des mœurs du coq Bankiva, la souche sauvage asiatique du poulet domestique. C'est en effet aux environs de vingt-quatre heures après l'éclosion que le jeune poulet

---

ment of filial preferences in the domestic chick », *Developmental Psychobiology*, n° 18, 1985, p. 299-308.

28. M. H. Johnson, D. C. Davies & G. Horn, « A sensitive period for the development of filial preferences in dark-reared chicks », *Animal Behaviour*, n° 37, 1989, p. 1044-1046.

sauvage émerge des plumes de sa mère, où il s'était réfugié dès la naissance, et commence à exercer ses facultés motrices.

Ironie de la Nature et de l'histoire, la période critique est mise en évidence justement chez une espèce où les éthologistes fidèles à Lorenz n'avaient jamais vraiment cru à l'empreinte, et dont les détracteurs du concept avaient fait la mascotte de leur croisade. Les travaux précédents prouvent qu'il y a chez le poulet une prédisposition à mettre en place précocement et sans expérience préalable une image mentale de référence lui permettant de reconnaître en sa mère l'objet mobile à suivre préférentiellement. Cette image mentale, vraisemblablement latente, nécessite pour être activée la réalisation d'un exercice moteur d'une certaine importance entre l'âge de douze heures et celui de trente-six heures. Nous ignorons encore la nature du lien de causalité entre exercice moteur et activation de l'image mentale de référence ; en revanche, nous connaissons assez bien les contours de cette image depuis les travaux publiés en 1988 par Mark Johnson et Gabriel Horn [29]. Ils traitent de la préférence de poulets âgés de trois jours élevés à l'obscurité, mais ayant pratiqué à l'âge de vingt-quatre heures l'exercice de la roue tournante. Les chercheurs procèdent systématiquement à des tests où le poulet choisit entre une poule empaillée du coq Bankiva (*Gallus gallus*) et un autre objet placé en compétition.

Le premier de ces objets concurrents (« a » sur la figure 6.6) est une poule empaillée désarticulée puis reconstruite dans une posture aberrante. Les poussins testés ne font pas de différence entre cet objet et la poule empaillée intacte. Pour le deuxième leurre (b), les parties désarticulées d'une poule empaillée (tête, tronc, ailes, pattes) sont simplement posées les unes à côté des autres. À nouveau, les poulets testés ne font pas la différence avec un modèle empaillé intact, pas plus d'ailleurs que lorsqu'on utilise un troisième leurre (c) dont les parties dissociées sont fixées sur un support vertical en liège. En revanche, dans le cas où le leurre (d) est constitué d'une poule empaillée coupée en petits cubes réassemblés sur un même support en un ensemble informe, les poulets testés manifestent cette fois une forte préférence pour la poule empaillée intacte. Ce test a démontré que les poulets ne sont pas spontanément sensibles à l'aspect ou la couleur des plumes, mais reconnaissent une partie du corps de la poule. Johnson et Horn ont découvert laquelle en retirant de l'objet (c)

29. M. H. Johnson & G. Horn, « Development of filial preferences in dark-reared chicks », *Animal Behaviour*, n° 36, 1988, p. 675-683.

toutes les parties sauf la région tête-cou : les poulets montrèrent alors une légère préférence pour ce nouveau leurre mis en compétition avec une poule empaillée intacte. Ce résultat apparemment paradoxal s'expliquerait par le fait que l'image mentale qui détermine la prédisposition du poulet correspond à la seule région tête-cou. Cette image n'est d'ailleurs pas d'une grande précision puisque l'ensemble tête-cou emprunté à un canard empaillé est tout aussi attractif pour le poulet. Le phénomène peut être interprété de la façon suivante : au cours de l'histoire évolutive des poulets ou de leurs ancêtres, a été sélectionné un mécanisme assurant la prédisposition à reconnaître sans expérience préalable la portion du corps d'un adulte qui lui sera inévitablement très proche dès qu'il émergera des plumes de sa mère. De plus, cette portion du corps de la mère est également celle par laquelle il recevra une bonne partie de ses aliments au cours des premiers jours de la vie : tous les ingrédients sont réunis pour qu'à partir de la prédisposition à reconnaître cette partie du corps maternel, la probabilité d'erreur soit quasiment nulle. Le poulet pourra construire rapidement, par apprentissage associatif renforcé par la dépendance alimentaire et la promiscuité, une image cognitive de la totalité d'une poule, perçue sous les différents angles de vision.

Mark Johnson et Gabriel Horn [30] ont démontré encore une autre conséquence de cet apprentissage contraint : le IMHV, région du cerveau impliquée dans le développement d'une empreinte à un objet géométrique – mais non à une poule (*cf. supra*) –, permet le développement chez le poulet d'une reconnaissance *individuelle* de la poule empaillée utilisée pour l'entraîner (fig. 6.7). En effet, après quatre séances d'exposition à une poule Bankiva empaillée, les poulets testés deux heures plus tard préfèrent s'approcher du leurre connu plutôt que d'un autre, différent par la coloration des plumes et par la posture. En revanche, des poulets soumis à un protocole identique après avoir subi une lésion de l'IMHV choisissent indifféremment le leurre connu ou un autre, qui leur est inconnu (un groupe témoin ayant subi la lésion d'une autre région du cerveau antérieur manifeste une préférence pour la poule empaillée connue, au même titre que le groupe des poulets intacts).

Ainsi, la reconnaissance individuelle de la mère par le poulet repose sur une empreinte filiale qui s'appuie sur deux mécanismes

30. M. H. Johnson & G. Horn, « The role of a restricted lesion of the chick forebrain in the recognition of individual conspecifics », *Behavioural and Brain Research*, n° 23, 1987, p. 269-275.

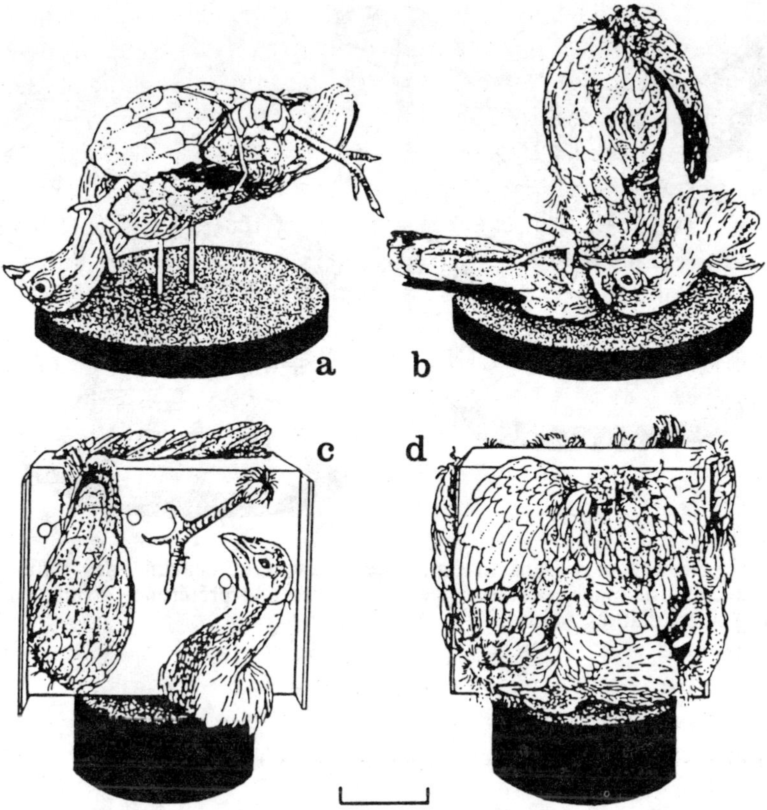

Fig. 6.6. Différents types d'objets maternels présentés à de jeunes poulets inexpérimentés, simultanément avec une poule empaillée du coq Bankiva, ancêtre sauvage du poulet domestique (se reporter au texte pour les détails). D'après Johnson, 1991 *.

* M. H. Johnson, « Information processing and storage during filial imprinting », publié sous la direction de P. G. Hepper, *Kin Recognition*, Cambridge University Press, 1991, p. 335-357.

successifs. D'abord, après une phase d'activité motrice non spécifique, apparaît une prédisposition non apprise, sous la forme d'une image mentale à laquelle correspond la partie tête-cou de la poule. Il se produit ensuite un affinement de la reconnaissance, étendue à l'ensemble du corps maternel, probablement par apprentissage associatif à partir de ce premier point d'ancrage de la préférence visuelle. La zone cérébrale impliquée dans l'image cognitive non apprise est encore inconnue, mais la région intermédiaire et médiane de l'*hyperstriatum ventrale* est impliquée dans la construction finale de l'image maternelle individuelle.

Fig. 6.7. Deux poules Bankiva empaillées présentant chacune des différences individuelles (plumage, posture) peuvent induire une préférence stricte chez le jeune poulet (d'après Johnson, 1991).

LA RECONNAISSANCE DE L'AGNEAU PAR SA MÈRE

La brebis, comme la chèvre, discrimine son petit de façon stricte et exclusive, et refuse de materner un agneau qui n'est pas le sien. Elle rejette l'agneau étranger de façon parfois violente s'il s'obstine dans ses approches. Cette intolérance de la brebis s'accompagne d'une synchronisation précise entre son aptitude à materner et le terme de sa grossesse : il a été démontré qu'elle ne devient capable de manifester des comportements parentaux que quelques heures avant l'accouchement. Un enchaînement d'événements se produit à l'approche de la mise bas. D'abord, on assiste à l'isolement de la brebis : soit elle s'écarte du troupeau de sa propre initiative, soit elle se trouve distancée. Cet isolement par rapport au troupeau a pour conséquence de réduire le risque que l'agneau nouveau-né et sa mère ne se correspondent pas génétiquement [31]. Ensuite, dans les minutes qui précèdent l'expulsion du fœtus, la femelle montre une forte attraction pour le

31. E. Lécrivain, « Comportement d'isolement et de recherche d'abri de la brebis agnelant en plein air dans un système d'élevage à caractère extensif », *Biologie du comportement*, nº 12, 1987, p. 127-148.

liquide amniotique qu'elle commence à perdre. Ce liquide stimule fortement la mise en place de son comportement maternel, juste avant la mise bas. C'est le signal du début de la période sensible où la brebis est potentiellement capable de s'attacher à tout nouveau-né. Dans les conditions naturelles, la précision de la synchronisation entre cette phase fugace de tolérance et la naissance de son petit protège la brebis contre le risque de développer un attachement pour un agneau autre que le sien.

Dès que l'agneau naît, trempé de liquide amniotique, sa mère le lèche avec avidité. Moins de deux heures après, la brebis a terminé de construire un lien exclusif avec son petit : dans les conditions naturelles, il restera le seul à pouvoir approcher et atteindre la mamelle, le lait maternel demeurant sa source unique de subsistance pendant au moins les deux premiers mois de la vie.

Différentes équipes de recherche, notamment celle dirigée par Pascal Poindron à l'Institut National de la Recherche Agronomique, ont analysé avec précision cette coïncidence entre le démarrage du comportement maternel et la période sensible au cours de laquelle la brebis construit, à partir des informations chimiques qu'elle en perçoit, l'image mentale (ou gabarit cognitif) correspondant à son petit [32]. Si le nouveau-né lui est retiré immédiatement à la naissance, elle perd en quelques heures son aptitude à manifester spontanément des comportements maternels, y compris vis-à-vis de son propre enfant. En revanche, si l'agneau est retiré quatre heures après la mise bas, le comportement maternel de la brebis se maintient pendant vingt-quatre heures dans la plupart des cas, car elle a vécu la période sensible *post-partum* au contact de son enfant. Si on le lui restitue le lendemain, elle le discriminera, l'acceptera et le soignera [33]. Ainsi, au cours de son existence, la brebis connaîtra autant de périodes sensibles

32. Pour plus de détails, le lecteur intéressé pourra consulter les références suivantes : P. Le Neindre, P. Poindron & C. De Louis, « Hormonal induction of maternal behavior in non-pregnant ewes », *Physiology and Behavior*, n° 22, 1979, p. 731-734. P. Poindron, G. B. Martin & R. D. Hooley, « Effects of lambing induction on the sensitive period for the establishment of maternal behavior in sheep », *Physiology and Behavior*, n° 23, 1979, p. 1081-1087. G. Alexander, P. Poindron, P. Le Neindre, D. Stevens, F. Lévy & L. Bradley, « Importance of the first hour post-partum for exclusive maternal bonding in sheep », *Applied Animal Behaviour Science*, n° 16, 1986, p. 295-300. P. Poindron & F. Lévy, « Physiological, sensory and experiential determinants of maternal behavior in sheep », in *Mammalian parenting (biochemical, neurobiological and behavioral determinants)* (sous la direction de N. A. Krasnegor & R. S. Bridges), Oxford University Press, 1990, p. 133-156.

33. Toutefois, on a pu montrer qu'après six heures de séparation, près de la moitié des brebis renâclent à reprendre leur petit : *cf.* F. Lévy, R. Gervais, U. Kindermann, M. Litterio, P. Poindron & R. Porter, « Effects of early *post-partum* separation on maintenance of maternal responsiveness and selectivity in parturient ewes », *Applied Animal Behaviour Sciences*, n° 31, 1991, p. 101-110.

Fig. 6.8. Dans les instants qui suivent la mise bas, la brebis lèche activement son agneau. Pendant cette période sensible, elle construit l'image olfactive de son enfant (dessin de J. P. Richard).

qu'elle aura d'accouchements : c'est indispensable car ses agneaux successifs ne porteront pas les mêmes marqueurs chimiques.

Les facteurs physiologiques responsables du déclenchement des comportements maternels et de la période sensible sont à présent assez bien connus. Deux d'entre eux sont essentiels : le premier est l'hormone sexuelle femelle ou *œstrogène*, libérée en grande quantité par les ovaires au moment de la mise bas. Il est même possible d'induire certains comportements maternels chez une brebis non gestante en lui injectant une dose de cette hormone. Toutefois, ce résultat est d'autant plus net que la brebis a déjà dispensé des comportements maternels au cours de son existence. Outre le facteur hormonal, intervient un facteur nerveux particulièrement important, lié à la stimulation de la sphère génitale lors du passage et de l'expulsion du fœtus. Cette stimulation génitale est indispensable pour la mise en œuvre de soins maternels normaux chez la brebis qui reproduit pour la première fois. En outre, une stimulation génitale artificielle pratiquée sur une brebis deux heures après la mise bas l'induit à tolérer un agneau étranger, qui serait normalement rejeté.

Le système brebis-agneau est à présent assez bien connu grâce à de nombreux travaux menés dans des pays d'élevage. Ces travaux ont révélé la complexité des mécanismes sélectionnés au cours de l'Évolution pour garantir que les brebis ne risquent pas d'orienter leurs comportements maternels vers un bénéficiaire génétiquement éloigné. L'ensemble a la précision d'une mécanique d'horlogerie : l'isolement de la brebis avant la mise bas, la synchronisation entre l'émission du liquide amniotique et la sensibilité à ce liquide, les décharges hormonales, la stimulation vaginale lors du passage du fœtus et finalement la présence de l'agneau à côté de sa mère assure la meilleure articulation possible entre l'exercice du comportement maternel et la mise en place simultanée, chez la brebis, d'un lien exclusif à l'égard de son enfant, alors qu'elle est potentiellement capable de développer ce lien pour tout agneau nouveau-né.

LE LIEN MUTUEL MÈRE-JEUNE CHEZ LES PHOQUES

Le cas des chiens de mer (*Phoca vitulina*) étudiés sur l'île de Miquelon par des chercheurs canadiens, John Lawson et Deane Renouf, de la *Memorial University of Newfoundland*, est sans doute l'un des plus étonnants que l'on puisse trouver chez un mammifère [34].

Les chiens de mer vivent en bandes et se réunissent sur la terre ferme à chaque marée basse. Le groupe étudié par Lawson et Renouf dans la baie du Grand Barachois compte sept cents individus qui passent à peu près autant de temps en mer que sur la terre. Les jeunes adoptent ce rythme dès leur naissance, qui a lieu à marée basse au sein d'une nurserie comptant quarante à cinquante mères et leurs petits. Dès la marée suivante, le nouveau-né doit être capable de plonger à la suite de sa mère, dont il dépendra pour sa nourriture jusqu'au sevrage, c'est-à-dire jusqu'à l'âge de quatre semaines. Ce

34. J. W. Lawson & D. Renouf, « Bonding and weaning in harbor seals, *Phoca vitulina* », *Journal of Mammalogy*, n° 68, 1987, p. 445-449.

comportement présente le maximum de risques pour la spécificité du lien mère-jeune : les femelles de chiens de mer sont regroupées lors de la mise bas et la probabilité de rupture s'accroît fortement lorsque les deux partenaires gagnent, à marée haute, le milieu aquatique. Pourtant, le suivi (de la naissance au sevrage) de neuf petits phoques et de leur mère a montré la stabilité de ce lien tout au long de la période : à chaque nouvelle marée basse on retrouva régulièrement chaque petit en compagnie de sa propre mère au sein de la nurserie. En fait, la mère apprend à reconnaître son petit dans les cinq minutes qui suivent l'accouchement et maintient activement le contact avec lui. Pendant une demi-heure environ, tant que le bébé phoque ne manifeste pas d'attachement spécifique pour sa mère, cette dernière repousse agressivement tout autre adulte s'approchant du rejeton. Enfin, assez rapidement, le jeune devient à son tour celui qui cherche activement le contact avec son partenaire. Ainsi, le lien est mutuellement établi environ quarante-cinq minutes après l'accouchement, c'est-à-dire peu de temps avant que ne survienne la marée montante, qui donne le signal de la dispersion. Une fois dans l'eau, alors que s'accroît le risque de rupture, c'est la mère qui, de nouveau, fait le plus d'efforts pour maintenir le contact. Enfin, à mesure qu'approche le moment du sevrage, le jeune phoque prend de plus en plus l'initiative du maintien du contact et la mère de moins en moins.

Le mode de vie en groupe des chiens de mer, leur reproduction limitée à une brève période de l'année et localisée sur une étroite bande de terre submergée la moitié du temps, ainsi que le risque accru de rupture que représente le déplacement dans les trois dimensions du milieu aquatique, sont autant de facteurs de risque qui justifient un mécanisme d'empreinte particulièrement rapide et efficace. Le résultat, à nouveau, est de réduire la place laissée au hasard dans l'orientation de l'investissement maternel : ici, elle devient négligeable.

La familiarisation pendant la vie fœtale chez les mammifères

Il a fallu longtemps pour se rendre à l'évidence que la situation la plus fortement contraignante pour qu'un individu se familiarise avec ses apparentés était celle du fœtus de mammifère. En effet, ce fœtus vit pendant une longue période à l'intérieur du ventre de sa mère, donc dans la plus grande proximité avec elle, mais aussi avec ses frères ou demi-frères de portée. De cette longue et étroite cohabitation avec ses parents les plus proches, seul le père est exclu, bien qu'il soit indirectement présent dans la moitié du génome des frères de portée. Dans une situation aussi contrainte, si le fœtus possède d'une part, la capacité de percevoir des indices de reconnaissance, et d'autre part, celle de former des images utilisables après la naissance, alors toutes les conditions sont réunies pour que commence à se construire, par familiarisation, une image du partenaire social qui correspondra le plus à un apparentement étroit.

Des travaux récents sur les mammifères ont confirmé cette prédiction. Chez tous les vertébrés, les fonctions de perception sensorielle se mettent en place dans le même ordre chronologique : d'abord le toucher, puis la sensibilité chimique (olfaction, gustation), l'audition et enfin la vision. Le degré de développement de ces différentes sensibilités est très variable selon les espèces. Chez l'Homme, l'audition est fonctionnelle trois mois avant la naissance alors que les rats sont sourds quand ils naissent. En revanche, la sensibilité chimique est en place à la naissance chez ces deux espèces, mais se manifeste dès la neuvième semaine de gestation (sur trente-huit) chez l'Homme alors qu'elle n'apparaît qu'au dix-huitième jour (sur vingt et un) chez le rat [35].

La perception chimique chez le fœtus de rat est activement étudiée depuis plusieurs années. On connaît assez bien, maintenant, le cheminement des substances que l'embryon est susceptible de percevoir. Elles lui sont apportées par la voie sanguine maternelle aboutissant au placenta, lequel laisse rapidement passer dans la circulation du fœtus toutes celles dont la masse moléculaire est inférieure ou égale à 1000 [36]. Les substances plus lourdes peuvent parvenir aussi à traverser la barrière placentaire, plus ou moins facilement selon leur masse. Une fois dans la circulation fœtale, tous ces produits finissent par être en partie rejetés dans le liquide amniotique dans lequel baigne l'embryon. Là, ils peuvent entrer en contact avec ses terminaisons sensorielles, particulièrement celles de la

---

35. Pour plus de précisions sur la mise en place des sensibilités chez l'embryon, on peut se reporter à la synthèse de S. R. Robinson et W. P. Smotherman, « Fetal learning : implications for the development of kin recognition », in *Kin Recognition* (sous la direction de P. G. Hepper), Cambridge University Press, 1991, p. 308-334.

36. Sucres, acides aminés, petits peptides, produits du métabolisme, certaines hormones ou autres messagers chimiques, drogues, anticorps, etc.

muqueuse nasale, qui sont pleinement fonctionnelles à la fin de la vie fœtale. Ces substances peuvent également diffuser à travers les capillaires sanguins qui irriguent la muqueuse nasale et atteindre ainsi par la voie interne les cellules sensorielles qui s'y trouvent [37].

Les différents produits reçus par le fœtus via la circulation sanguine maternelle peuvent provenir de la mère elle-même ou des fœtus frères situés à proximité, ou bien encore du milieu extérieur à travers les aliments dont se nourrit la femelle gestante. On juge de la sensibilité du fœtus à certains produits en mesurant la réaction des cellules sensorielles olfacto-gustatives ou en observant les réactions comportementales, souvent évidentes et rapides lorsqu'il s'agit de substances désagréables, comme le chlorure de lithium, par exemple. Mais les résultats les plus spectaculaires sont fournis par les recherches qui mettent en évidence l'action, sur le comportement post-natal du jeune rat, de substances qu'on lui avait administrées lorsqu'il était à l'état de fœtus. Ainsi, William Smotherman, de la State University de New York, démontra qu'en injectant du jus de pomme dans la cavité amniotique d'un fœtus âgé de vingt jours, on obtenait un rat adulte consommant davantage de jus de pomme qu'un rat témoin [38]. Si au lieu d'une injection intra-amniotique, comme le réalisa Peter Hepper [39], on nourrit simplement la femelle gestante avec de la nourriture parfumée à l'ail à partir du quinzième jour de gestation, les ratons issus de cette femelle préféreront, à l'âge de douze jours, et sans avoir eu d'autre contact avec l'ail, une préférence à se tenir à proximité d'une coupelle parfumée à l'ail plutôt que d'une autre, voisine, parfumée à l'oignon. Le résultat sera inversé pour les ratons dont la mère aura été nourrie dans les mêmes conditions à l'aide d'un aliment parfumé à l'oignon. Dans les deux cas, les résultats du choix resteront les mêmes si on fait adopter les ratons dès leur naissance par une femelle n'ayant jamais eu de contact avec de l'ail ou de l'oignon.

Par conséquent, comme on pouvait s'y attendre à la lumière des recherches sur la reconnaissance des apparentés, il apparaît que le

---

37. P. Beaconsfield, G. Birdwood & R. Beaconsfield, « The placenta », *Scientific American*, n° 243, 1980, p. 80-89. P. E. Pedersen, C. A. Greer & G. M. Shepherd, « Early development of olfactory function », in *Handbook of behavioral neurobiology* (sous la direction de E. M. Blass, New York, Plenum Press, vol. 8, 1986, p. 163-203. J. A. Maruniak, W. L. Silver & D. G. Moulton, « Olfactory receptors respond to blood-borne odorants », *Brain Research*, n° 265, 1983, p. 312-316.

38. W. P. Smotherman, « In utero chemosensory experience alters taste preferences and corticosterone responsiveness », *Behavioral and Neural Biology*, n° 36, 1982, p. 61-68. D'autres expérimentateurs ont également obtenu des inductions comportementales avec de l'essence d'orange ou du jus de fraise.

39. P. G. Hepper, « Adaptive fetal learning : pre-natal exposure to garlic affects post-natal preferences », *Animal Behaviour*, n° 36, 1988, p. 1343-1346.

fœtus de rat apprend à discriminer du liquide amniotique provenant de ses frères par rapport à du liquide amniotique de fœtus non apparentés. C'est ce qu'a démontré Peter Hepper [40], au moyen d'expériences utilisant des femelles gestantes d'une souche non consanguine, élevées séparément dans les mêmes conditions et nourries de la même façon. Au dix-huitième jour de gestation, il préleva sur chacune de ces femelles 0,1 ml. de liquide amniotique qu'il déposa sur un coton-tige conservé ensuite au réfrigérateur. Huit heures après la naissance, chacun des ratons (cinquante-huit au total) fut placé en situation de choix, à l'aide d'un dispositif dans lequel deux coton-tige furent placés latéralement à égale distance de sa tête et à cinq centimètres l'un de l'autre (*cf.* fig. 6.9).

L'un des tampons de coton était imprégné du liquide amniotique provenant de la mère du raton testé, et l'autre du liquide amniotique provenant d'une mère étrangère (leur localisation fut inversée à chaque test). On convenait que le test était achevé dès que la tête du raton entrait en contact avec l'un des cotons, considéré comme choisi. Dans

Fig. 6.9. La tête du raton nouveau-né est placée à égale distance de deux coton-tige imbibés de liquides amniotiques différents (dont celui provenant de sa mère). (D'après Hepper, *Animal Behaviour,* n° 35, 1987.)

40. P. G. Hepper, « The amniotic fluid : an important priming role in kin recognition », *Animal Behaviour*, n° 35, 1987, p. 1343-1346.

ces conditions, on a observé que quarante-trois ratons (sur cinquante-huit) préfèrent le liquide amniotique provenant de leur propre mère au liquide amniotique non apparenté. Ce résultat est corroboré si l'on utilise des ratons délivrés par césarienne, lavés et séchés afin de les soustraire à toute influence amniotique périnatale, ce qui confirme le rôle inducteur de la perception amniotique prénatale : quarante-deux ratons sur cinquante-six ainsi testés choisirent le tampon de coton imbibé de liquide amniotique apparenté.

Ce phénomène garantit que dès la naissance, le raton s'orientera préférentiellement vers ses frères et aura donc toute chance de construire, grâce à cette contrainte, ses apprentissages précoces à partir des congénères les plus étroitement apparentés.

L'expérience larvaire chez les fourmis

Chez les insectes, nous n'avons aucune connaissance au sujet d'éventuels phénomènes d'apprentissage ou de familiarisation avant l'éclosion de l'œuf ; nous n'avons aucune connaissance non plus sur l'influence prénatale que pourrait subir la jeune larve dans les rares espèces ovovivipares [41]. De tels phénomènes existent peut-être, mais n'ont jamais fait l'objet de recherches. En revanche, on connaît de mieux en mieux les influences que subissent certains insectes au cours de leur vie larvaire, c'est-à-dire avant la métamorphose en insecte adulte ou *imago*. Ces influences sont le plus souvent alimentaires : telle larve de ténébrion meunier apprend à s'orienter dans un labyrinthe pour trouver sa ration de farine et le même trajet est spontanément parcouru dès le premier test par le coléoptère adulte issu de cette larve, malgré une très profonde métamorphose [42] ; telle mouche préfère pondre sur un substrat parfumé à la menthe poivrée, normalement répulsive, car, lorsqu'elle n'était encore qu'un asticot, un éthologiste lui a imposé pour unique nourriture un aliment parfumé à la menthe poivrée [43]. Chez les insectes sociaux, on pouvait prédire que la situation de proximité devait favoriser l'existence d'apprentissages larvaires sociaux. Cela signifie

---

41. Où la totalité du développement de l'œuf a lieu à l'intérieur du corps de la mère.
42. T. M. Alloway, « Retention of learning through metamorphosis in the grain beetle (*Tenebrio molitor*) », *American Zoologist*, n° 12, 1972, p. 471-477.
43. W. H. Thorpe, « Further studies on pre-imaginal olfactory conditioning in insects », *Proceedings of the Royal Society*, B, n° 127, 1939, p. 424-433. J. E. Cushing, « An experiment on olfactory conditioning in *Drosophila guttifera* », *Proceedings of the National Academy of Sciences of the USA*, n° 27, 1941, p. 496-499.

par exemple que la larve vermiforme d'une fourmi pourrait être capable d'apprendre des informations dont elle ne se servirait qu'une fois devenue *imago.* Cette hypothèse, que j'avais proposée il y a près de vingt ans sans trop y croire, a été vérifiée par un étudiant de l'université de Villetaneuse, Michel Isingrini. Ses expériences allaient permettre de démontrer pour la première fois l'existence d'un apprentissage social larvaire [44]. Les ouvrières de la petite fourmi noire méditerranéenne *Cataglyphis cursor*, isolées de la fourmilière dès leur éclosion du cocon et maintenues au repos pendant quelques jours, discriminent les larves de leur propre colonie – c'est-à-dire leurs sœurs – par rapport à celles, non apparentées, d'un nid étranger de la même espèce : elles soignent préférentiellement les premières. Ces fourmis ayant été écartées de tout contact avec des larves de leur propre colonie jusqu'au jour du test, on pourrait croire que la reconnaissance a lieu sans apprentissage.

Pourtant, la discrimination dépend d'une familiarisation précoce qui se déroule pendant la vie larvaire, comme le prouve l'expérience suivante (fig. 6.10). Lorsque des œufs fraîchement pondus sont transférés de leur colonie à une autre colonie, adoptive, de *cursor*, ils donnent naissance à des larves dont tout le développement se produit dans un milieu social non apparenté. Arrivées à maturité, ces larves tissent le cocon qui va les protéger durant la métamorphose. On prélève à nouveau ces cocons pour les restituer à la colonie dont les larves étaient originaires.

À leur éclosion les fourmis sont isolées de leur société pour être soumises, quelques jours plus tard, au même test de discrimination en présence de larves des deux colonies, parente et adoptive. Dans ce cas, les ouvrières de *cursor* préfèrent soigner les larves de la colonie adoptive (non apparentées connues) plutôt que celles de la colonie parente (apparentées inconnues). C'est donc l'expérience sociale vécue au cours de la vie larvaire qui détermine cette réponse. Il est vraisemblable que la larve perçoit l'odeur portée par les nourrices qui la soignent : il se construit ainsi chez elle une image cérébrale de référence qui, une fois passé le cap de la métamorphose, est utilisée par la jeune fourmi dans la reconnaissance de ses partenaires sociaux. Le *Cataglyphis cursor* se situe près du sommet de l'Évolution sociale des fourmis, ce qui explique peut-être la présence de mécanismes d'éthogenèse aussi sophistiqués. Cependant, le cas n'est peut-être pas

44. M. Isingrini, A. Lenoir, P. Jaisson, « Pre-imaginal learning for colony-brood recognition in the ant *Cataglyphis cursor* Fonscolombe », *Proceedings of the National Academy of Sciences of the USA*, n° 82, 1985, p. 8545-8547.

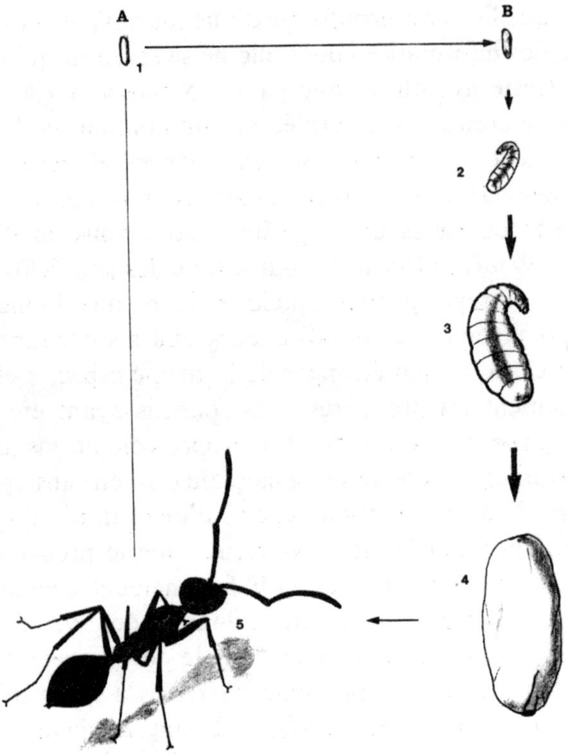

Fig. 6.10. Manipulation expérimentale de l'expérience vécue au cours de la vie larvaire par une fourmi *Cataglyphis cursor* : un œuf est prélevé dans la colonie *A* et transféré dans une colonie adoptive *B*, de même espèce. En quelques semaines, le développement larvaire se poursuit jusqu'au stade cocon (métamorphose). Avant son éclosion, le cocon est remis dans la colonie parente (*A*). Le comportement social de la fourmi qui naîtra sera-t-il plus influencé par son héritage génétique *A* ou par son histoire larvaire *B* ?

si rare si l'on en juge par la confirmation apportée par deux chercheurs de l'université Harvard, Norman Carlin et Peter Schwartz, chez la fourmi charpentière *Camponotus floridanus* [45]. Et il est assez probable que l'on trouvera également des phénomènes de cette nature chez les abeilles ou chez les guêpes sociales.

Finalement, la société de fourmis est une sorte de « matrice sociale », un analogue du ventre de la mère chez les mammifères. Elle représente la même contrainte spatiale et familiale (donc génétique), et offre un compromis semblable entre la meilleure adaptabilité que permet la plasticité des mécanismes de reconnaissance, et le risque

45. N. F. Carlin & P. Schwartz, « Pre-imaginal experience and nestmate brood recognition in the carpenter ant, *Camponotus floridanus* », *Animal Behaviour*, nº 38, 1989, p. 89-95.

corrélatif d'exposer l'individu en développement à des partenaires non apparentés, dont la fréquentation pourrait entraîner un abaissement de son adéquation adaptative globale (*inclusive fitness*).

Existe-t-il un centre cérébral de la reconnaissance des apparentés ?

Il n'y a pas encore de réponse à cette question en ce qui concerne les insectes. Chez les vertébrés en revanche, des recherches neuro-éthologiques, en particulier celles de Mark Johnson et Gabriel Horn sur l'empreinte filiale chez le poulet domestique (*cf. supra*), militent en faveur d'une localisation des facultés de reconnaissance des congénères. Par ailleurs, les connaissances accumulées ces dernières années sur les primates supérieurs vont dans le même sens, avec un degré de précision supérieur, qui s'explique par l'importance de la reconnaissance fine des physionomies au sommet de l'Évolution des vertébrés. Deux types d'études ont une portée considérable : les unes portent sur les cas cliniques humains caractérisés par une absence de la faculté de reconnaître des visages auparavant familiers (prosopagnosie), les autres sur l'activité électrique dans le cerveau des singes macaques soumis à des tests visuels de reconnaissance de congénères.

La prosopagnosie [46] est une affection aux symptômes impressionnants : les patients sont incapables de reconnaître visuellement même leurs parents les plus proches. Ils reconnaissent parfaitement les personnes au son de leur voix, mais sont incapables de la moindre identification visuelle lorsqu'on leur montre des photographies, y compris leur propre portrait. Ce trouble apparaît rarement seul. Il est généralement associé à d'autres anomalies des facultés de reconnaissance : tel fermier ne parvient plus à reconnaître individuellement ses vaches, tout en restant capable de dire que ce sont des vaches ; tel amateur d'oiseaux confirmé devient incapable d'en distinguer les espèces alors qu'il sait toujours qu'il s'agit d'oiseaux ; tel automobiliste ne reconnaît plus sa voiture et ne sait plus distinguer les différents modèles alors qu'il continue de distinguer une voiture d'un autobus ou un camion semi-remorque d'un corbillard. Donc, le malade pro-

46. A. R. Damasio, « *Prosopagnosia* », *Trends in Neurosciences*, n° 8 (3), 1985, p. 132-135.

sopagnosique est capable de classer un certain objet dans une catégorie, mais, à l'intérieur de cette catégorie, il restera incapable de le discriminer d'un autre. Curieusement, le malade garde intactes ses facultés visuelles et même, par exemple, celles de décrire finement les détails qui donnent à un visage son caractère unique [47]. Il est donc dans l'incapacité de comparer les caractéristiques fines d'un visage qu'il perçoit parfaitement à la « banque de modèles familiers » qu'on suppose stockés dans sa mémoire, de quelque façon. Des comparaisons de cas semblent montrer que ces déficits sont particulièrement nets chez les patients présentant une lésion du cortex temporal droit, qui apparaîtrait comme le centre de stockage de la mémoire des visages familiers.

D'après les études menées, il semblerait en fait que le prosopagnosique pourrait reconnaître les visages familiers, mais demeurerait incapable de faire émerger cette reconnaissance au niveau du conscient [48]. Par exemple, si on lui met dans la paume des mains des électrodes, on peut mesurer les micro-variations de la conductibilité de la peau (réponse électrodermale) en fonction des sudations qui, sous le contrôle du système nerveux autonome, constituent un bon indicateur de l'état émotionnel de l'individu (c'est le principe de l'appareil appelé « détecteur de mensonges »). Ainsi préparé, le malade à qui l'on montre des photographies de visages reste incapable de reconnaître ceux qui lui sont familiers alors que l'enregistrement de la réponse électrodermale traduit une forte poussée correspondant uniquement aux présentations de photographies de personnes familières.

Selon l'interprétation généralement admise, la prosopagnosie serait le résultat de cette rupture de la chaîne qui relie la reconnaissance et la prise de conscience de la reconnaissance. Mais, sans remettre en cause ce schéma, on pourrait proposer également une interprétation évolutive où coexisteraient normalement deux processus indépendants de reconnaissance situés dans deux régions distinctes (pour autant que cette indépendance soit possible dans le cerveau), le phénomène de la reconnaissance sans conscience correspondant à un processus archaïque conservé chez l'Homme, où se serait parallèlement déve-

47. D. Tranel, A. R. Damasio & H. Damasio, « Intact recognition of facial expression, gender, and age in patients with impaires recognition of face identity », *Neurology*, n° 38, 1988, p. 690-696.

48. D. Tranel & A. R. Damasio, « Knowledge without awareness : an autonomic index of facial recognition by prosopagnosics », *Science*, n° 228, 1985, p. 1453-1454. R. Bruyer, « Covert face recognition in prosopagnosia, a review », *Brain & Cognition*, n° 15, 1991, p. 223-235.

loppé un processus de reconnaissance consciente, lié à l'Évolution du cortex temporal.

Les études expérimentales de l'activité électrique du cerveau de singes macaques auxquels on montre des photographies de congénères ont apporté des informations de première importance sur le rôle inattendu de certains neurones. Ces découvertes, dues en particulier à l'équipe de Charles Gross, de l'université Princeton, montrent que la perception d'un visage et sa reconnaissance sont liées à l'activité de certains neurones du cortex temporal inférieur, au nombre de 5 % seulement, qui sont sélectivement sensibles aux visages (dont l'image ne leur parvient évidemment pas directement mais via les cellules réceptrices de l'œil et plusieurs autres étapes cérébrales intermédiaires) [49]. Ce caractère facio-sensible a été découvert ensuite dans d'autres cellules, situées en d'autres régions du cerveau, où elles sont entourées d'une masse de neurones sensibles à des stimulations différentes.

Parmi ces cellules facio-sensibles, certaines réagissent sélectivement aux vues de face, d'autres aux profils, d'autres encore manifestent une sélectivité intermédiaire. Les cellules sensibles à tous les angles de vues sont plus rares. En outre, certains de ces neurones sont sensibles à des éléments particuliers du visage (yeux, nez ou lèvres), tandis que d'autres ne sont excités que par des visages complets. Enfin, d'autres cellules sont sensibles au type de regard. La façon dont le fonctionnement de ces différents neurones est coordonné au niveau du cortex cérébral, pour aboutir à la perception d'un même visage, reste encore du domaine de l'hypothèse. D'autres recherches ont montré que des neurones homologues étaient déjà spécifiques chez le jeune macaque de six semaines [50] et il n'est nullement impossible qu'ils le soient à la naissance. Il est également démontré que, par apprentissage associatif, certaines de ces cellules peuvent se sensibiliser à des visages familiers en modifiant leur sélectivité à court ou à long terme. C'est grâce à cette propriété, retenue par la sélection naturelle, que l'aptitude à la reconnaissance et à la distinction visuelle des individus devient possible, chez un animal qui vit plutôt dans des endroits ouverts (clairières, savanes) et où la ressemblance est grande entre les visages.

---

49. C. G. Gross, C. E. Rocha Miranda & D. B. Bender, « Visual properties of neurons in the inferotemporal cortex of the macaque », *Journal of Neurophysiology*, n° 35, 1972, p. 96-111.

50. H. R. Rodman, J. P. Skelly & C. G. Gross, « Stimulus selectivity and state dependance of activity in inferior temporal cortex of infant monkeys », *Proceedings of the National Academy of Sciences of the USA*, n° 88, 1991, p. 7672-7675.

Il est encore trop tôt pour élaborer des comparaisons précises avec d'autres mammifères. Il n'existe évidemment pas d'études expérimentales de ce type chez l'Homme. Mais la comparaison entre la prosopagnosie et les expériences réalisées chez le macaque aboutit à des résultats divergents quant à la localisation d'un centre de la reconnaissance sociale visuelle. Cela s'explique peut-être par l'hypertrophie de la reconnaissance consciente chez l'Homme. En fait, la seule espèce de mammifère où des études comparables aient été entreprises est la brebis. On a découvert également dans le cortex temporal de cet animal des neurones facio-sensibles, qui réagissent à des photographies de béliers : la réponse est d'autant plus forte que les cornes sont plus longues [51] ! D'autres neurones, moins nombreux, répondent spécifiquement à la progéniture de la brebis, tandis qu'une proportion encore plus restreinte de cellules ne sont excitées que par la présentation à la brebis testée de photographies d'humains ou de chiens de berger. Ces informations confirment qu'une partie au moins des neurones corticaux facio-sensibles de la brebis ont une sensibilité acquise et déterminée par l'expérience vécue.

Quels que soient ses modalités et ses mécanismes, la reconnaissance des apparentés semble très largement distribuée dans le monde animal, y compris chez l'Homme. Dans notre espèce, en effet, l'aptitude à la reconnaissance des apparentés utilise non seulement des données visuelles (dont nous sommes conscients), mais aussi des données olfactives, qui pourraient jouer un rôle à la mesure de l'acharnement que nous mettons à le réprimer à force de parfums ou autres déodorants. Mais avant de nous intéresser à *Homo sapiens*, nous allons d'abord gravir progressivement les échelons zoologiques dans les chapitres 7 et 8, en choisissant deux exemples à l'intérieur de chacun des deux grands groupes que sont les arthropodes et les vertébrés. À chaque fois, nous juxtaposerons une espèce située, du point de vue évolutif, vers la base du groupe (un crustacé – le cloporte – et un amphibien – le crapaud ou la grenouille) avec une autre, localisée plus près du sommet du *phylum* (un insecte hyménoptère – l'abeille – et un mammifère – la chauve-souris).

---

51. K. Kendrick, « How the sheep's brain controls the visual recognition of animals and humans », *Journal of Animal Sciences*, n° 69, 1991, p. 5008-5015.

Chapitre 7

De la fraternité chez les cloportes de Réaumur à la compétition chez les abeilles

Bien qu'il ne ressemble guère à une langouste et qu'il ait des mœurs terrestres, le cloporte de Réaumur (*Hemilepistus reaumuri*) est un crustacé. À ce titre, il se situe vers la base de l'arbre généalogique des invertébrés à pattes articulées ou *arthropodes*. Inversement, l'abeille domestique, insecte hyménoptère, se trouve dans la frondaison de ce même arbre. On peut évaluer la distance évolutive qui sépare ces deux animaux en comparant le degré de complexité de leur système nerveux central et, corrélativement, celui de leur comportement. Le cerveau d'un cloporte représente à peine une dizaine de milliers de cellules nerveuses tandis que celui de l'abeille en comprend environ huit cent mille. Malgré l'abîme qui les sépare, chacun de ces deux arthropodes oriente une bonne part de ses comportements dans un cadre familial, à travers une discrimination de ses partenaires liée au degré d'apparentement. Le fait que des mœurs en partie voisines – bien que très différentes dans leurs modalités – se soient trouvées sélectionnées au cours de l'Évolution à deux degrés aussi éloignés de la lignée des arthropodes permet à nouveau de souligner la valeur sélective des phénomènes de discrimination de parentèle.

Monogamie et fraternité chez les cloportes du désert

Les cloportes appartiennent à l'ordre des *isopodes* (crustacés aux pattes identiques). Ils dépassent rarement la taille d'un centimètre. On les trouve aussi bien dans les eaux côtières que dans les grands fonds océaniques, où les autres crustacés sont rares ; mais ils vivent aussi sur la terre ferme. Dans ce dernier cas, leur adaptation à la vie aérienne est d'une grande originalité parmi les crustacés : ils sont effectivement les seuls à pouvoir s'affranchir totalement du milieu aquatique lors de la reproduction. Ils pondent en surface ou dans le sol et peuvent stocker leurs œufs et leurs larves dans une poche incubatrice ventrale, sorte de sac marsupial. Dès leur libération, les petits utilisent un mode de respiration aérien.

Les cloportes se sont beaucoup diversifiés au cours de l'Évolution : en France, on en connaît plus de cent cinquante espèces différentes, qui peuplent généralement les endroits humides et obscurs (ils affectionnent les caves, le dessous des pots de fleurs ou les tas de bois), et peuvent abonder même en altitude. Malgré leur besoin d'humidité, les cloportes se sont également lancés à la conquête des déserts. C'est le cas du cloporte de Réaumur, dont les étonnantes mœurs sociales ont été étudiées par l'éthologiste allemand K. Eduard Linsenmair [1].

Cycle biologique du cloporte de Réaumur

Le cloporte de Réaumur, *Hemilepistus reaumuri* (*cf.* fig. 7.1), habite les déserts et zones semi-arides d'Afrique du Nord. Dans son habitat, c'est un herbivore et un détritivore [2] majeur. En outre, il joue un rôle déterminant dans le renouvellement des sols. Les adaptations de son organisme à des conditions climatiques difficiles – chaleur et

1. Pour une synthèse très complète, voir K. E. Linsenmair, « Kin recognition in subsocial arthropods, in particular in the desert isopod *Hemilepistus reaumuri* », *Kin recognition in animals* (publié sous la direction de D. J. C. Fletcher et C. D. Michener), John Wiley & Sons, Chichester, 1987, p. 121-208.
2. Mangeur de détritus.

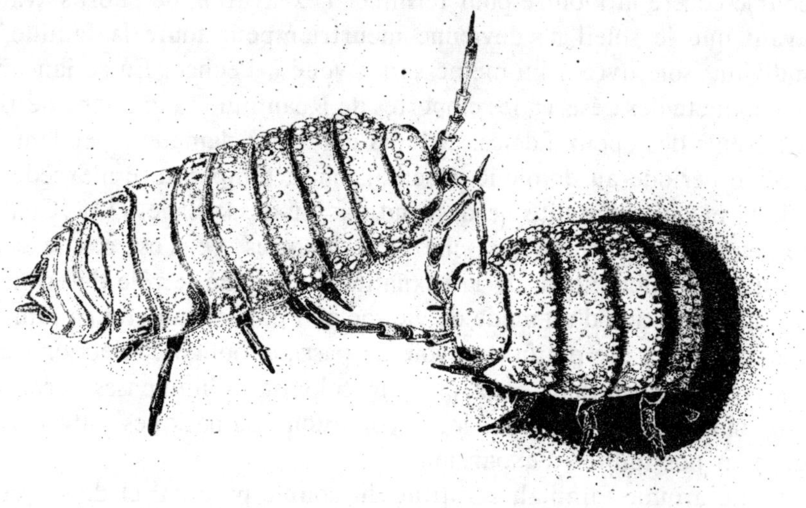

Fig. 7.1. Deux cloportes de Réaumur à proximité de l'entrée de leur terrier. Le cloporte gardien palpe son partenaire revenant d'une sortie d'approvisionnement. Une fois ce dernier reconnu, l'entrée du nid sera dégagée par le gardien (d'après un dessin de Ingrid Kropsch).

sécheresse sont accablantes durant la majeure partie de l'année – ne suffisent pas à expliquer son succès écologique, qui tient davantage à des mœurs sociales tout à fait remarquables pour un crustacé. En effet, le cloporte de Réaumur vit en groupes familiaux annuels, qui se disloquent en février-mars, à l'issue de l'hivernage. À ce stade, les cloportes de la nouvelle génération se dispersent à des dizaines ou des centaines de mètres de leur lieu de naissance. Ils forment alors des couples monogames [3] qui se mettent ensemble à creuser un terrier, malgré le froid encore vif des premiers jours du printemps, qui restreint leur activité aux seules heures chaudes du début de l'après-midi. Mais le printemps est bref : très vite on atteint des températures caniculaires auxquelles les cloportes ont du mal à résister. À la surface du sol, un adulte ne tient que quelques heures au plus tandis que les petits ne survivent pas au-delà de cinq minutes. C'est pourquoi le couple se met à creuser sa tanière sans répit, ne s'accordant qu'une brève interruption lors de la naissance de ses enfants. Cette activité prend fin deux à trois semaines après la mise bas, lorsque le terrier atteint une profondeur d'environ 90 cm, pour une longueur totale de l'ordre

3. Composés de deux partenaires stables.

de 2 mètres si l'on tient compte des galeries latérales. Dans cette course contre la montre pour terminer l'excavation de l'abri salvateur avant que le soleil ne devienne meurtrier pour toute la famille, un individu isolé livré à lui-même serait voué à l'échec. En se lançant à la conquête des déserts, les cloportes de Réaumur étaient donc destinés à devenir des époux fidèles, et leurs enfants à demeurer pendant une longue période au domicile parental, où la température n'excède pas 37° C et où l'humidité ne descend pas au-dessous de 92 %. Contrairement aux hyménoptères, chez les cloportes, ce n'est pas le déterminisme haplodiploïde de la sexualité qui a joué le rôle déterminant dans l'apparition d'un mode de vie social à partir d'un groupe familial. La socialité a été plutôt une voie de passage obligée, sélectionnée au cours de l'Évolution, pour pouvoir coloniser d'immenses territoires qui, malgré la rudesse de leurs conditions climatiques, offraient de grandes possibilités d'expansion.

Le groupe familial, constitué du couple parental et de sa progéniture (quelques dizaines de petits) est strictement hermétique, c'est-à-dire que chaque membre du groupe est intolérant à l'égard de tout cloporte issu d'une autre famille. Le phénomène se maintient en laboratoire, même chez des groupes familiaux élevés dans des boîtes en plastique pendant plusieurs générations. On peut supposer que cette fermeture du groupe familial s'explique par la nécessité de lutter contre des intrus qui tenteraient de profiter d'un terrier creusé par d'autres. Lorsqu'un cloporte étranger est admis par inadvertance (ce qui arrive rarement), l'erreur risque de se révéler coûteuse, car si l'intrus parvient à s'infiltrer plus profondément dans le terrier que les propriétaires eux-mêmes, il finit généralement par les expulser : s'opposant ensuite à leur retour, il les condamne à une mort certaine. Il peut aussi dévorer leur progéniture, puis la remplacer, quelques jours plus tard, par la sienne.

Dans le désert, on peut trouver jusqu'à dix terriers par mètre carré, ce qui représente un effectif global d'environ mille cloportes. Pour s'approvisionner, le cloporte s'éloigne en moyenne de 2,5 mètres de son terrier : dans ces conditions, les risques de rencontre, de compétition, voire d'erreur d'orientation ne sont pas minces, les entrées des terriers ne se trouvant parfois séparées que de quelques centimètres.

L'intolérance entre cloportes appartenant à des familles différentes est marquée par des réactions allant de l'évitement à de violentes agressions pouvant conduire au cannibalisme. Par exemple, il est assez courant que des adultes dévorent la progéniture d'un autre couple.

Les cloportes délimitent leur territoire par une sorte de frontière constituée par les excréments des membres du groupe familial amassés en cercle tout autour du nid, à quelques centimètres de l'entrée. Celle-ci est gardée en permanence par l'un des parents, parfois par des jeunes âgés d'au moins six semaines. La limite du cercle est traversée chaque fois que des membres de la famille partent ou reviennent d'un approvisionnement. Mais lorsqu'un cloporte d'une autre famille entre dans la zone ainsi délimitée, il est inspecté au moyen des antennes, puis systématiquement attaqué. Le plus souvent, les occupants du terrier se contentent de le raccompagner brutalement à la frontière. Mais si la rencontre a lieu en dehors du périmètre délimité par la couronne fécale, le cloporte inconnu est tantôt évité, tantôt attaqué. Inversement, lorsque deux membres de la même famille se rencontrent à l'intérieur ou à l'extérieur du cercle, on ne les voit jamais s'éviter ou s'agresser. Quand les terriers sont très rapprochés, il arrive que deux cercles d'excréments se chevauchent partiellement, accroissant les risques de confusion – et la nécessité de se reconnaître. L'essentiel des travaux de Linsenmair a consisté à déterminer les modalités et le développement des processus de reconnaissance entre cloportes de Réaumur d'une même famille ou de familles distinctes.

Un système de reconnaissance hautement évolué

Les découvertes de K. Eduard Linsenmair paraîtraient banales si elles avaient été réalisées sur un insecte supérieur : abeille, fourmi ou guêpe ; elles sont tout à fait surprenantes dans le cas du cloporte, arthropode beaucoup plus primitif.

Lors de la dispersion des adultes encore célibataires de la nouvelle génération, au tout début du printemps, les cloportes de Réaumur sont exceptionnellement tolérants. Mais une fois que le nouveau couple a vécu au moins vingt-quatre heures ensemble, une séparation de quatre heures ne suffit pas à entamer le lien conjugal fraîchement établi : aucun des deux partenaires, isolé, n'accepte un compagnon de substitution sans résister vigoureusement pendant beaucoup plus d'une heure, sauf s'il s'agit de l'un de ses frères et sœurs, accepté dans 63 % des cas. Mais cette exception elle-même disparaît assez rapidement : dès le quatrième jour, les frères ou sœurs ne sont plus acceptés que dans 14 % des cas.

La faculté qu'ont les cloportes de Réaumur de se reconnaître individuellement ne dépend pas de l'endroit de la rencontre ; elle existe partout, à l'intérieur comme à l'extérieur du nid. Elle est fondée sur un principe de *tout ou rien* : après un temps de palpation plus ou moins long, le congénère rencontré est reconnu comme familier ou étranger mais il ne laisse jamais indifférent. Comme chez les insectes sociaux, ce sont des substances chimiques portées à la surface du corps qui servent d'indices de reconnaissance. Ces produits ont un poids moléculaire relativement faible, sont peu volatils et résistent aux fluctuations de *pH*, à l'oxydation et aux températures élevées. Ils sont fabriqués par chacun des deux parents ainsi que par les enfants du groupe familial. Chaque cloporte est donc porteur, d'une part, de substances quantitativement dominantes qu'il produit lui-même, et d'autre part, de composés complémentaires fournis par les partenaires de son groupe familial, les parois du nid et les excréments. Au sein d'une même famille, chaque cloporte possède un profil d'odeurs qui lui est propre, mais dans ce cocktail certaines substances sont communes à tous les membres du groupe et constituent le *visa* familial. Cela ne signifie pas que chaque membre du groupe synthétise toutes ces substances, mais qu'une majorité d'entre eux en est capable, les autres complétant celles qui leur manquent par contamination. Le visa familial servirait à discriminer les membres du groupe de ceux appartenant à une autre famille. Il semble que les cloportes puissent très facilement être contaminés passivement par l'odeur de leurs congénères : si l'on prélève vingt jeunes d'un groupe familial et qu'on les enferme pendant vingt-quatre heures dans une petite boîte en plastique en compagnie d'un cloporte d'une autre famille, lorsqu'on essaie de restituer les premiers à leur groupe, ils ne sont pas reconnus comme apparentés et sont attaqués. Cette intolérance à leur égard persiste plusieurs jours. Si un seul cloporte peut en contaminer vingt autres en vingt-quatre heures, l'inverse est encore plus vrai : il suffit de mettre un cloporte dans un récipient en présence de vingt autres appartenant à une famille différente et de secouer le tout pendant dix secondes pour rendre le premier inacceptable par son groupe d'origine. Un rapide contact entre leurs téguments est suffisant pour assurer le passage des produits d'un animal à l'autre. Enfin, lorsqu'une substance inconnue du groupe est appliquée expérimentalement à l'un de ses membres, celui-ci est immédiatement attaqué par ses compagnons.

Ces phénomènes supposent non seulement que chaque cloporte membre du groupe apprenne à reconnaître les substances communes du visa familial, mais encore qu'il doive se familiariser à celles qui sont spécifiques à chacun de ses compagnons en particulier. Sachant qu'une famille comprend en moyenne une centaine de membres, et bien que beaucoup de composés individuels doivent être partagés par plusieurs des petits en fonction de leur degré de proximité génétique, il faut donc que les cloportes aient la capacité de mémoriser un certain nombre d'informations chimiques différentes. Le phénomène a de quoi surprendre de la part de tels animaux, même si la durée de leur mémoire semble limitée à environ huit jours. En effet, un cloporte isolé pendant un tel laps de temps ne reconnaît pas ses frères : il les attaque ou les fuit, alors qu'il continue à être lui-même discriminé par eux comme un apparenté. Dans la nature, la nécessité du renouvellement permanent de ces familiarisations précaires par leur durée permet aux cloportes de s'adapter aux dérives d'odeurs entraînées par la modification de la composition du groupe suite à la mort de certains de ses membres. Les familiarisations sont renouvelées et réajustées au cours d'inspections méticuleuses auxquelles les cloportes apparentés se livrent mutuellement de façon régulière dans leur terrier. Afin de tester jusqu'où pouvait aller l'aptitude à apprendre des odeurs individuelles, Linsenmair forma des *groupes mixtes extrêmes* constitués de cent cloportes provenant chacun d'une famille différente. Il réalisait ainsi une sorte de famille chimérique (une telle hétérogénéité génétique est impossible dans la nature) car, placé dans un milieu uniquement constitué d'odeurs qui lui sont étrangères, chaque cloporte adopte un profil bas : il s'abstient de toute réaction agressive. Il en résulte que les membres de ce groupe génétiquement très hétérogène finissent par se familiariser les uns aux autres et, comme le montre la figure 7.2, après cinquante à quatre-vingt seize heures de vie commune, ils attaquent dans les trois quarts des cas un congénère étranger. Les cloportes de Réaumur sont donc potentiellement capables de discriminer des cocktails d'odeurs en nombre beaucoup plus élevé qu'ils n'ont à le faire, dans la Nature, au sein d'une famille d'apparentés.

Les phénomènes de discrimination individuelle sont rendus encore plus complexes du fait que les cloportes, comme tous les crustacés, sont des animaux qui muent fréquemment. Or, en rejetant leurs vieux téguments, ils perdent en même temps les substances du visa familial, qu'ils avaient synthétisées eux-mêmes ou reçues des autres membres du groupe, ainsi que celles qui leur sont spécifiques. Au terme de sa mue, le cloporte est très vulnérable car il risque de ne pas être reconnu et d'être attaqué, ce qui serait d'autant plus périlleux que la mollesse de ses téguments neufs le rend très fragile. La moindre attaque sérieuse entraînerait une hémorragie qui aiguiserait chez les congénères un appétit cannibale fatal. Dans les faits, le problème est assez

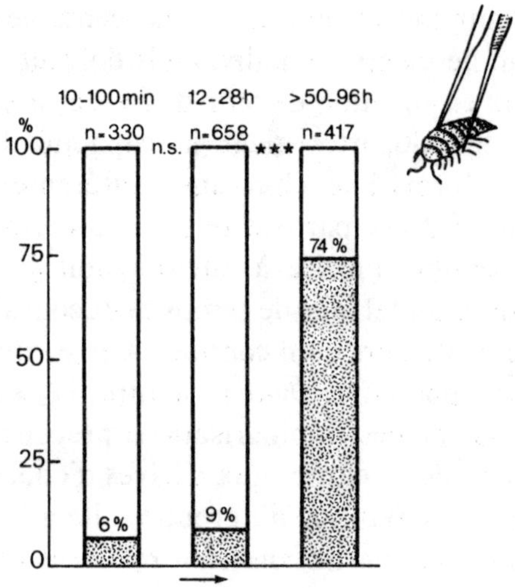

Fig. 7.2. Réponse comportementale de « groupes mixtes extrêmes » à la présentation d'un cloporte inconnu, issu d'un groupe étranger (l'intrus est présenté entre des pinces, comme représenté à droite). Le pourcentage d'attaques (en grisé) est le plus élevé pour les groupes mixtes extrêmes constitués depuis plus de cinquante heures (modifié d'après Linsenmair, 1987).

bien résolu : plusieurs mécanismes permettent une bonne réintégration du cloporte après sa mue.

D'abord, la mue ne se réalise pas d'un seul coup : le cloporte perd en premier lieu la moitié postérieure de ses téguments, dix-huit à vingt-huit heures avant d'en abandonner la moitié antérieure. Ainsi, la nouvelle portion tégumentaire postérieure, jeune, peut être contaminée par les produits portés par la portion antérieure, encore en place.

Ensuite, lorsque les deux moitiés du corps ont mué, l'animal reste immobile dans les régions les plus profondes du terrier, au moins pendant la première heure. Pendant cette période, il semble porter transitoirement un signal chimique particulier – dont la composition demeure encore inconnue – qui inhibe l'agression des congénères venant l'explorer. Lui-même ne manifestera pas la moindre agressivité pendant les vingt-quatre heures succédant à la seconde moitié de la mue.

Enfin, le cloporte reconstitue progressivement son visa chimique en commençant par les substances qu'il fabrique lui-même et qui forment son odeur individuelle, à laquelle ses parents et ses frères s'étaient déjà familiarisés lorsqu'il portait ses téguments précédents. Dès que les nouveaux téguments commencent à durcir, assurant à l'animal une meilleure protection, le cloporte devient très agité et recherche alors le contact avec ses compagnons, ce qui lui permet de capter ceux des produits qui lui font encore défaut pour reconstituer sur sa nouvelle enveloppe la totalité du visa familial. Si l'on isole de son groupe un cloporte dont la mue est imminente et qu'on le restitue à sa famille vingt-quatre heures après qu'il l'eut achevée, il est attaqué dans un tiers des cas, ce qui montre bien que les substances qu'il synthétise lui-même ne suffisent pas à lui garantir une totale immunité.

Pendant la durée de la mue, le cloporte cesse toute fréquentation du milieu extérieur. Cette abstinence lui permet d'éviter de se contaminer en se frottant à des cloportes d'une autre famille, mais surtout d'échapper à l'inspection très tâtillonne menée par celui de ses compagnons qui garde l'entrée de son propre nid. Les gardes sont recrutés parmi les individus les plus sensibles aux odeurs d'autrui. Ceux-ci constituent un véritable groupe d'alerte capable d'exciter leurs frères à réagir en agressant un intrus. Ces individus actifs sont capables d'identifier un congénère comme apparenté ou étranger au terme d'une inspection antennaire d'une durée inférieure à une seconde. L'opération peut devenir beaucoup plus longue si le cloporte examiné est un apparenté préalablement contaminé par des individus étrangers ou bien s'il appartient à un groupe familial dont le visa est peu différent. Les parents eux-mêmes forment souvent de bons gardes, sous réserve qu'ils ne se trouvent pas en période de mue ou en phase de déclin sénile.

La forte propension au cannibalisme chez le cloporte de Réaumur suppose également un mécanisme efficace de reconnaissance de la progéniture. Les petits d'un couple étranger sont en effet chassés et dévorés s'ils sont attrapés par un adulte, qu'il ait déjà reproduit ou non. Or, comme le fait remarquer Linsenmair, « si on est prêt à manger les enfants des voisins, on doit être sûr d'être capable de reconnaître ses propres enfants » ! Ce n'est pas le simple fait de se trouver dans le terrier de leurs parents qui protège les petits contre le cannibalisme. L'élément fondamental semble être l'âge de ces petits quand ils sont rencontrés pour la première fois : lorsqu'on isole un couple de cloportes de ses propres enfants immédiatement après la naissance et qu'on les remet tous en présence vingt-quatre à soixante-dix heures plus tard, les petits sont alors tous dévorés, indépendamment du lieu de la rencontre, dans leur propre terrier, dans un autre terrier, ou à l'extérieur. Inversement, si l'on présente à un couple isolé une progéniture produite par un autre couple moins de six heures auparavant, les petits sont alors généralement acceptés indépendamment du lieu de rencontre. Cela démontre qu'un couple ne reconnaît pas ses petits en tant que tels à leur naissance. Par ailleurs, les mâles adultes offrent la particularité d'être plus intolérants lorsqu'ils ne sont pas en compagnie de leur propre femelle : si l'on oblige un mâle à vivre avec une femelle en gestation fécondée par un autre, il n'accepte pas les jeunes à l'éclosion et dévore la totalité de la portée. Bien qu'aucune démonstration n'ait été apportée jusqu'à présent, on peut supposer qu'à leur naissance les tout jeunes cloportes de Réaumur sont porteurs d'une substance qui inhibe l'agression de leurs parents pendant quelques heures. Cette inhibition pourrait être suffisante pour que les adultes aient le temps de se familiariser aux indices de reconnaissance de leurs enfants.

Malgré les nombreuses questions qui demeurent encore sans réponse, on reste confondu par les résultats produits par Linsenmair. En effet, le cloporte de Réaumur apparaît comme un animal possédant des mécanismes sociaux remarquablement sophistiqués, et qui parfois n'ont rien à envier à l'abeille domestique. Chez ce crustacé, nous sommes confrontés à un exemple d'optimisation extrême dans l'utilisation d'un système nerveux assez rudimentaire. Le cloporte de Réaumur est bien loin de certaines performances cognitives des abeilles. Mais, malgré un équipement nerveux beaucoup plus archaïque, il parvient à des performances sociales peut-être plus surprenantes par comparaison.

Un modèle remarquable pour la reconnaissance des apparentés : l'abeille domestique

Des générations de professeurs – dont je fais moi-même partie – ont enseigné à des générations d'étudiants que, si les abeilles de ruches différentes ne se toléraient pas mutuellement, c'était parce qu'elles discriminaient les odeurs portées par la cuticule cireuse recouvrant le corps de leurs congénères : ces odeurs devaient provenir de l'environnement et varier en fonction des fleurs et des endroits fréquentés. En effet, le milieu n'étant jamais identique pour deux ruches, même voisines, puisqu'elles n'exploitent jamais exactement les mêmes sources alimentaires, ce phénomène semblait suffisant pour expliquer que seules deux abeilles vivant dans la même ruche pouvaient porter à la surface de leur corps le même visa social, fondement de la discrimination. Les éthologistes considéraient donc le déterminisme de l'agression entre colonies chez l'abeille domestique comme un problème scientifiquement résolu. Cette conviction s'appuyait sur les travaux réalisés par des chercheurs britanniques, H. Kalmus et C. Ribbands [4], qui avaient démontré que des abeilles originaires d'une même ruche mais élevées séparément et nourries différemment devenaient après quelque temps incapables de se reconnaître et manifestaient des comportements d'agression dès qu'elles étaient remises en contact.

Ces travaux, apparemment rigoureux, étaient néanmoins incomplets. En effet, la motivation des chercheurs était de démontrer l'importance de l'environnement : c'est pourquoi ils ont négligé celle du génome. En modifiant l'environnement des abeilles, ils ont certes altéré leur tolérance mutuelle, mais ils ont oublié de vérifier si l'on n'obtiendrait pas le même type de résultat, à environnement constant, en faisant seulement varier le génome. Ils n'ont vu que ce qu'ils voulaient voir !

Cet exemple est significatif d'une tendance trop fréquente à tomber dans le travers, soit de prôner la suprématie de l'environnement, soit de défendre la toute-puissance de l'hérédité dans l'explication des mécanismes comportementaux. On ne peut que déplorer cette inaptitude chronique à imaginer des solutions complexes, mixtes et balancées, faisant place à chacun des deux facteurs.

Pendant trente ans au moins, les résultats de Kalmus et Ribbands ont paru constituer une pierre solidement intégrée à l'édifice des choses admises. Et l'idée que ces travaux ne dévoilaient qu'une partie seulement des réalités de la reconnaissance sociale chez l'abeille ne vit le jour que grâce au développement de la sociobiologie. C'est en effet à la lumière de la théorie de l'Évolution génétique du comportement social que le problème a été reconsidéré depuis quelques années, ce qui ouvrait la voie à des découvertes nouvelles, dues pour l'essentiel à des chercheurs américains [5].

Avant de présenter ces recherches récentes, il est indispensable de rappeler les principales caractéristiques de la reproduction des abeilles. Il faut comprendre aussi comment le débat scientifique

---

4. H. Kalmus & C. R. Ribbands, « The origin of odors by which honey bees distinguish their companions », *Proceeding of the Royal Society, London,* (B), n° 140, 1952, p. 50-59.

5. Les recherches ont été menées principalement par quatre équipes américaines : celles de Michael Breed à l'université du Colorado, Wayne Getz à l'université de Californie (Berkeley), Robert Page à l'université de l'Ohio et enfin par Thomas Seeley à l'université Cornell, dans l'État de New York.

provoqué par la sociobiologie en est arrivé à stimuler l'intérêt pour les modalités de la reconnaissance sociale chez ces insectes.

La reproduction au sein de la ruche

Il n'y a qu'une seule reine par société d'abeilles domestiques. Cette reine produira toutes les ouvrières, mais aussi des reines filles. Or, les reines d'abeilles ne se tolèrent pas mutuellement : si de futures reines sont en formation dans des cellules royales, la reine en exercice quitte la ruche quelques jours avant leur éclosion, entraînant avec elle un essaim composé d'environ la moitié des ouvrières de la colonie. Une seule des jeunes reines émergentes prendra ensuite la place de l'ancienne, les autres quittant généralement la ruche avec une petite escouade d'ouvrières. Autre scénario possible, si la reine meurt, les ouvrières se mettent immédiatement à élever des remplaçantes à partir des derniers œufs fécondés pondus par leur mère. Dans ce cas, la première jeune reine à éclore se dirigera vers les autres cellules royales pour piquer ses rivales potentielles avant qu'elles aient eu le temps d'achever leur développement.

Dans tous les cas, la nouvelle reine sort de la ruche à plusieurs reprises pendant les deux à quatre jours qui suivent sa naissance. Au cours de ces sorties, elle se dirige vers une zone où s'assemblent les mâles des environs, qu'elle attire alors puissamment grâce à une substance très attractive appelée *phéromone sexuelle*. Ainsi, elle s'accouple et reçoit le sperme de plusieurs mâles – généralement entre dix et vingt. Ce sperme est stocké dans la spermathèque (*cf.* chapitre 3 et fig. 3.4), glande qui peut contenir quatre à six millions de spermatozoïdes. Selon les thèses admises, les mâles ne s'accouplent qu'une fois et meurent peu de temps après. Par la suite, la reine sortira de temps à autre de la ruche afin de renouveler son stock de spermatozoïdes. Au cours de ses périodes de ponte, elle peut utiliser simultanément le sperme de plusieurs des mâles qui l'ont fécondée [6], ce qui signifie que les spermatozoïdes se mélangent au sein de la spermathèque.

La polyandrie de la reine [7] a pour corollaire le fait que, si toutes

6. R. E. Page & R. A. Metcalf, « Multiple sperm utilization, and social evolution », *American Naturalist*, n° 119, 1982, p. 117-126.
7. On parle de *polyandrie* lorsque la même femelle est fécondée par plusieurs mâles (la femelle est polygame, alors que chacun des mâles est monogame).

les ouvrières d'une ruche sont bien issues d'une même mère, elles n'ont pas nécessairement le même père. Dans ce cas, on dit qu'il coexiste, au sein d'une même ruche, différentes *lignées paternelles* d'ouvrières, en nombre égal ou supérieur au nombre des noces consommées par la reine. Cette convivialité entre plusieurs lignées paternelles est source de variabilité génétique pour la colonie ; mais elle constitue également une réelle difficulté pour les sociobiologistes et une aubaine pour leurs détracteurs.

La sexualité de la reine : une menace pour la théorie de la parentèle ?

La théorie de Hamilton s'applique aux hyménoptères sociaux sans difficulté majeure tant que la proximité génétique moyenne entre ouvrières d'une même société reste de 75 % : c'est le cas lorsqu'il n'y a qu'une reine par société et qu'elle n'est fécondée que par un seul mâle. S'il existe plusieurs reines ou si la reine unique – comme dans le cas des abeilles – est fécondée par plusieurs mâles, la relation de proximité génétique entre ouvrières de la même colonie devient inférieure, voire très inférieure, à 75 %, ce qui fait décroître notablement l'adéquation adaptative globale (*Fx*, ou *inclusive fitness*) de sorte que l'individu altruiste n'y trouve plus son compte pour la propagation de ses propres gènes, et parmi eux, de ceux qui favorisent les comportements altruistes.

Dans la ruche coexistent donc des abeilles de la même lignée paternelle (vraies sœurs) et des abeilles appartenant à des lignées paternelles distinctes (demi-sœurs). Si les ouvrières d'une même lignée ont bien entre elles 75 % de proximité génétique en moyenne, ce chiffre tombe à 25 % entre abeilles d'une même ruche, mais membres de deux lignées distinctes : la source de proximité génétique est alors limitée à la seule moitié du patrimoine provenant de leur mère. Dans ce cas, selon la relation de Hamilton décrite plus haut (*cf.* chap. 2), l'altruisme n'est plus rentable pour la pérennisation du patrimoine génétique. Par conséquent, la sélection de gènes disposant à l'altruisme devrait devenir plus difficile au cours de l'Évolution. Bien entendu, les adversaires de la sociobiologie n'ont pas manqué de souligner cette difficulté majeure.

Plusieurs réponses ont été avancées. On a d'abord rappelé que la théorie de la parentèle de Hamilton expliquait le passage de la vie solitaire à la vie sociale, mais ne s'appliquait pas nécessairement avec la même pertinence à l'Évolution des espèces une fois atteint le stade social. Cela signifiait que, pour franchir le seuil de la socialité, l'ancêtre de l'abeille domestique avait dû être *monandre* [8], le processus de fécondation de la reine par plusieurs mâles n'étant apparu qu'ensuite. Les abeilles solitaires ou les espèces socialement primitives connues actuellement n'ont d'ailleurs qu'une descendance limitée : le sperme d'un seul mâle y suffit amplement. Chez l'abeille domestique, bien que le sperme d'un seul mâle puisse théoriquement suffire pour assurer toute la descendance femelle produite par la reine au cours de sa vie (un mâle est capable de fabriquer jusqu'à dix millions de spermatozoïdes), cette dernière convole en de multiples noces. Il faut donc rechercher d'autres justifications à la sélection de la polyandrie au cours de l'Évolution.

Il semble que deux découvertes américaines publiées simultanément en 1988 [9], et confirmées depuis par plusieurs autres travaux, aient apporté l'explication attendue. Les chercheurs y apportent la preuve que l'hétérogénéité génétique entre ouvrières, alimentée par la coexistence de différentes lignées paternelles au sein de la ruche, a pour effet de favoriser la division des rôles sociaux. Cela signifie qu'il existerait des gènes prédisposant l'ouvrière à devenir, par exemple, une bonne gardienne, une récolteuse de nectar, une récolteuse de pollen ou encore une exploratrice.

Gene Robinson et Robert Page, utilisant cinq jeunes reines d'abeilles inséminées artificiellement par du sperme de mâles provenant de trois lignées génétiques sélectionnées, ont obtenu cinq ruches au sein desquelles coexistaient trois lignées paternelles d'ouvrières. Plus tard, ils prélevèrent à deux reprises dans chacune des cinq ruches (soit dix essais au total) trois échantillons d'une quarantaine d'abeilles ouvrières :

– un échantillon témoin d'ouvrières prélevées au hasard,

– un échantillon d'ouvrières gardiennes (qui se tiennent à l'entrée de la ruche pour en interdire l'accès aux intrus),

– un échantillon d'ouvrières fossoyeuses (qui transportent les cadavres de leurs compagnes et les rejettent hors de la ruche).

Chacune des lignées de mâles servant à inséminer les reines est

---

8. On parle de *monandrie* lorsqu'une femelle est fécondée par un seul mâle.

9. G. E. Robinson & R. E. Page, « Genetic determination of guarding and undertaking in honey bee colonies », *Nature*, n° 333, 1988, p. 356-358. G. E. Robinson & R. E. Page, « Genetic determination of nectar foraging, pollen foraging, and nest-site scouting in honey bee colonies », *Behavioral Ecology & Sociobiology*, n° 24, 1989, p. 317-323.

caractérisée par certaines protéines, grâce auxquelles on peut la distinguer. Par ce moyen, on a pu constater que, dans neuf essais sur dix, les trois lignées paternelles étaient distribuées différemment chez les abeilles gardiennes par rapport à l'échantillon témoin [10] ; et dans huit cas sur dix chez les abeilles fossoyeuses, aussi bien par rapport à l'échantillon témoin que par rapport aux gardiennes. On obtient des résultats semblables en répétant l'expérience sur d'autres catégories d'ouvrières : récolteuses de nectar, récolteuses de pollen et exploratrices recherchant un nouveau site de nidification lors d'un essaimage.

Utilisant une méthode différente, Peter Frumhoff et Jayne Baker sont parvenus à la même conclusion pour la catégorie d'ouvrières qui nettoient leurs congénères en les léchant [11]. En revanche, on n'a pas pu mettre en évidence une distribution génétique particulière chez les ouvrières pratiquant des échanges alimentaires (ou *trophallaxies*). Ce dernier résultat n'est pas surprenant dans la mesure où la trophallaxie n'est pas une tâche spécialisée mais un comportement alimentaire largement distribué chez tous les membres de la ruche. Cependant, comme nous le verrons plus loin, l'orientation de ce comportement de trophallaxie n'est pas indifférent à l'affinité génétique entre partenaires.

Ces découvertes assez récentes sur les facteurs génétiques de la division des rôles sont capitales car, depuis les travaux du chercheur allemand G. Rösch [12], datant d'une soixantaine d'années, on continuait à penser que seuls le vieillissement de l'abeille et les besoins de la société régulaient la division des rôles. Grossièrement, selon ce schéma classique, l'abeille jeune était nourrice et terminait sa vie par les sorties périlleuses de l'approvisionnement, après avoir consacré la période intermédiaire à des travaux domestiques, comme le nettoyage et la construction. L'abeille ouvrière pouvait néanmoins être amenée à se consacrer plus rapidement aux tâches d'approvisionnement (c'est-à-dire vieillir plus vite) dans le cas où l'abondance de la progéniture entraînait un besoin accru en nectar ou en pollen. Inversement, l'accroissement momentané des tâches domestiques pouvait stopper l'évolution vers les tâches d'approvisionnement, donc maintenir l'abeille dans une sorte de jeunesse physiologique prolongée.

Ce système imaginé par Rösch et ses successeurs reste globalement

10. Il s'agit plus précisément de trois allozymes de la mallate-déshydrogénase-1 (Mdh), caractérisés par électrophorèse sur gel.

11. P. C. Frumhoff & J. Baker, « A genetic component to division of labour within honey bee colonies », *Nature*, n° 333, 1989, p. 358-361.

12. Par exemple : G. A. Rösch, « Untersuchungen über die Arbeitsteilung im Bienenstaat. 1. Teil. Die Tätigkeiten im normalen Bienenstaate und ihre Beziehungen zum Alter der Arbeitsbienen », *Zeitschrift für Vergleichende Physiologie*, n° 2, 1925, p. 571-631.

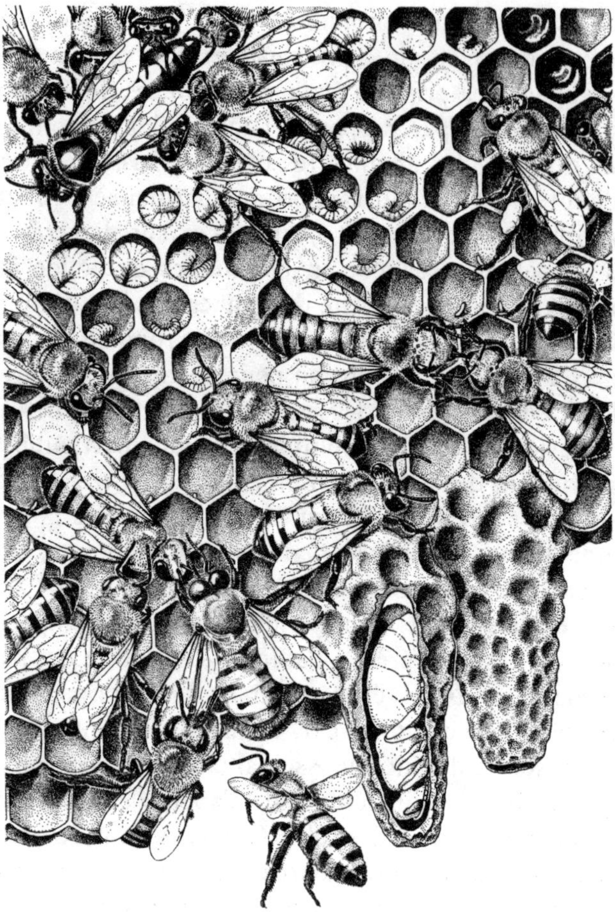

Fig. 7.3. Portion d'un rayon de ruche : en haut à gauche, la reine, se tenant sur des alvéoles scellés contenant des pupes en métamorphose, est entourée d'une cour d'ouvrières ; au milieu et à droite, une ouvrière régurgite de l'aliment à une partenaire ; en bas et à gauche, un mâle (reconnaissable à ses grands yeux) est malmené par des ouvrières ; en bas et à droite, deux cellules royales dont l'une est ouverte pour montrer une pupe de reine ; la plupart des cellules ouvertes contiennent des œufs ou des larves de différents âges, et d'autres du pollen ou du miel (par exemple en haut et à droite). D'après Wilson, *The Insect Societies,* Harvard University Press, Cambridge, 1971.

valable : les récentes découvertes américaines n'ont pas fait apparaître une distribution différentielle de « gènes de récolte » ou de « gènes de garde », ou encore de « gènes de l'exploration » ; toutes les abeilles restent en principe capables de réaliser chacune de ces tâches de façon innée [13]. Ce qui est nouveau, c'est la démonstration que la

13. Un comportement inné peut être défini comme un comportement potentiellement réalisable sans apprentissage préalable par tout individu appartenant à une espèce donnée,

polyandrie produit un brassage génétique favorisant des prédispositions individuelles différentes mais complémentaires, pour les comportements sociaux essentiels à la survie de la société. Selon Gene Robinson et Robert Page, les différences génétiques entre lignées paternelles d'une même ruche prédisposeraient les abeilles à réagir plus ou moins facilement, ou plus ou moins tôt dans leur existence, à des informations circulant dans la société. Chez les plus réactives, le seuil de sensibilité est plus bas : elles basculeront plus aisément vers le statut de gardienne ou celui de récolteuse, par exemple, dès que la nécessité s'en fera sentir dans la société. Globalement, il en résulte une harmonisation de la distribution des rôles sociaux en fonction des besoins, grâce à une double modulation agissant simultanément sur le profil comportemental de chaque abeille : d'une part, la modulation résultant des effets de l'âge, et d'autre part, celle qui dépend de la présence de certains gènes. Le fait que des variations génétiques interviennent dans la division des rôles au sein de la société fournit une nouvelle explication du comportement de la reine lors du vol nuptial, au cours duquel elle reçoit du sperme de différentes origines. Peut-être découvrira-t-on qu'elle préfère s'accoupler avec des mâles génétiquement distincts pour favoriser l'hétérogénéité génétique propice à une plus grande souplesse dans la division des rôles entre ouvrières filles. En tout état de cause, ces données devraient inciter les apiculteurs à veiller encore plus attentivement à la pratique régulière de l'insémination artificielle des jeunes reines. Par exemple, on pourrait utiliser comme donneurs de sperme des mâles provenant d'œufs pondus par des ouvrières de différents pools génétiques prédisposant à différents profils sociaux [14].

Chez de nombreuses fourmis supérieures, où le nombre de fécondations de la reine est faible ou réduit à une seule, l'homogénéité génétique au sein de la colonie peut se trouver compensée par la propriété que possède chaque œuf d'ouvrière de se développer différemment selon les circonstances [15], donnant ainsi naissance soit à une

---

pourvu qu'il se soit développé par ailleurs dans des conditions trophiques normales. Dès qu'un apprentissage quelconque intervient nécessairement dans la structuration de ce comportement, il ne peut plus être qualifié d'inné.

14. Rappelons que des abeilles ouvrières isolées de la ruche, donc écartées de l'influence inhibitrice de la reine, sont susceptibles de pondre (des œufs à *n* chromosomes donnant des mâles). En sa présence, les ouvrières ne produisent que 0,12 % des mâles de la ruche. *Cf.* P. K. Visscher, « A quantitative study of worker reproduction in honeybee colonies », *Behavioral Ecology & Sociobiology*, n° 25, 1989, p. 247-254.

15. Notamment les influences reçues au cours de son développement (nourriture, température, etc.). On en trouve de bons exemples dans le livre de Luc Passera, *L'Organisation sociale des fourmis*, Privat, Toulouse, 1984.

petite ouvrière nourrice (*minor*), soit à une grande ouvrière gardienne (soldat ou *major*), soit à une intermédiaire (*media*) fourragère, c'est-à-dire vouée aux tâches d'approvisionnement. À la différence de ces fourmis, l'abeille domestique a résolu le problème de la nécessaire diversification des tâches au sein de la société par une variabilité génétique, en l'absence de variabilité morphologique. Ces deux stratégies semblent étayer l'idée que de nombreuses sociétés d'insectes représentent des stades évolutifs déjà très avancés par rapport à ce que prédit la théorie de Hamilton, qui s'applique mieux au passage du Rubicon évolutif séparant la vie solitaire de la vie sociale.

En d'autres termes, un degré élevé de proximité génétique a certainement favorisé l'apparition de la vie sociale chez les hyménoptères solitaires lorsque plusieurs options s'offraient à eux. Mais une fois franchi ce cap, le choix entre vie solitaire et vie sociale n'étant plus en question, des possibilités d'évolutions nouvelles étaient ouvertes. La théorie de la parentèle n'est contredite que si l'on en reste à une lecture superficielle. L'*apparente* remise en cause d'acquis évolutifs antérieurs est pourtant un phénomène bien connu des évolutionnistes. C'est le cas, par exemple, pour un autre grand *Rubicon* de l'Évolution, celui qui sépare la vie aquatique de la vie terrestre : alors que les poissons faisaient preuve de beaucoup « d'obstination » pour la conquête du milieu terrestre, les cétacés (dauphins, baleines et cachalots), qui comptent parmi les mammifères les plus avancés, sont retournés à la vie aquatique, comme l'avaient déjà fait avant eux certains grands reptiles (ichtyosaures et plésiosaures). Bien qu'il y ait retour au milieu aquatique ancestral, il ne s'agit pas d'une régression évolutive car il ne suffit pas d'avoir des nageoires et une forme hydrodynamique pour être un poisson : les cétacés sont d'authentiques mammifères utilisant des caractéristiques importantes de ce groupe comme atouts dans la maîtrise de leur milieu de vie (par exemple les comportements parentaux ou l'homéothermie [16]). Des caractères sélectionnés chez les vertébrés terrestres dans la compétition pour la possession de leur domaine vital se sont donc révélés utiles par la suite pour recoloniser avec de nouveaux moyens un milieu de vie ancestral.

Revenant à notre propos initial, nous allons voir que la sélection de parentèle n'est pas entièrement absente, cependant, de l'interprétation du système social de l'abeille domestique.

---

16. Faculté de réguler la température du corps autour d'un optimum, notamment pour les fonctions cellulaires.

Les rapports entre demi-sœurs au sein de la ruche, ou comment l'abeille redevient sociobiologiste

La polygamie de la reine, difficulté apparente pour la théorie de la parentèle, pouvait recevoir une autre interprétation s'il était démontré qu'au sein de la ruche une ouvrière était capable de reconnaître une vraie sœur (de même lignée paternelle) d'une demi-sœur (de père différent) et de se baser sur cette reconnaissance pour orienter préférentiellement son altruisme vers des partenaires sociaux génétiquement plus proches. Mais cette hypothèse, émise comme un résultat direct du débat sur la validité de la théorie de Hamilton, impliquait de prêter à l'abeille ouvrière un tel niveau de sensibilité dans la perception des odeurs corporelles et une telle sophistication des comportements qu'il fallut attendre plusieurs années avant que des sociobiologistes ne se lancent dans une aventure expérimentale pour la démontrer. Pourtant, Karl von Frisch avait décrit depuis longtemps certaines aptitudes des abeilles qui pouvaient paraître tout à fait incroyables. Finalement, les recherches furent entreprises : leur résultat allait contredire l'idée que les abeilles se reconnaissent uniquement grâce aux odeurs du milieu absorbées par les cires recouvrant la surface de leurs téguments.

Une première étape vers la vérification des hypothèses nouvelles fut franchie par Michael Breed, de l'université du Colorado : il réalisa, en 1981 et en 1983 [17], deux expériences où il compara la tolérance d'un groupe d'abeilles sœurs à l'égard d'une intruse inconnue mais provenant de la même ruche (il s'agissait donc d'une sœur non familière) ou d'une ruche différente (non-sœur et non familière). Dans l'expérience de 1981, il trouva qu'une non-sœur non familière était attaquée deux fois plus souvent qu'une sœur non familière, issue de la même colonie que les abeilles testées. Dans l'expérience de 1983, il contrôla plus étroitement l'intervention d'odeurs de l'environnement. Le résultat précédent fut encore plus net que le précédent : les abeilles sœurs non familières n'étaient agressées que dans 13 % des cas, tandis que les non-sœurs non familières l'étaient dans 56 % des cas, c'est-à-

17. M. D. Breed, « Individual recognition and learning of queen odors by worker honey bees », *Proceedings of the National Academy of Sciences of the U.S.A.*, n° 78, 1981, p. 2635-2637. M. D. Breed, « Nestmate recognition in honeybees », *Animal Behaviour*, n° 31, 1983, p. 86-91.

dire quatre fois plus souvent. Ces travaux démontraient pour la première fois que les abeilles peuvent se tolérer mutuellement en se basant sur des indices chimiques en rapport avec leur code génétique.

En 1983, Wayne Getz et Katherine Smith, de l'université de Berkeley (Californie) ont apporté la première démonstration d'une véritable discrimination entre lignées paternelles issues d'une même reine [18]. L'expérimentation se déroule comme suit : par insémination artificielle, on féconde quatre reines avec du sperme provenant chaque fois de deux mâles de souches différentes aisément discernables par l'observateur grâce à leurs pigmentations distinctes (par exemple en utilisant une souche porteuse du gène mutant *cordovan*, qui donne une couleur brune aux téguments des abeilles). Chacune de ces reines est donc capable de donner une descendance d'ouvrières possédant l'une ou l'autre des deux pigmentations (normale ou *cordovan*). Afin d'éviter un effet d'apprentissage des jeunes abeilles à la sortie de leur alvéole de naissance, les chercheurs les en extirpent juste avant l'éclosion. Ces abeilles, aisément discernables par leur couleur, sont aussitôt réparties en petits lots de dix individus de même lignée paternelle, et élevées dans des cagettes stockées en incubateur. Elles reçoivent toutes une nourriture identique strictement contrôlée pendant cinq jours. Au bout de cette période, on introduit dans chaque lot une abeille intruse inconnue, soit de même lignée paternelle (vraie sœur), soit de l'autre lignée paternelle (demi-sœur), et on enregistre pendant cinq minutes les réactions à l'égard de l'intruse, en particulier les comportements marquant l'intolérance : morsures ou piqûres. Dans les huit combinaisons possibles (deux par ruche en fonction des lignées) les réactions d'intolérance sont nettement plus fréquentes et plus fortes à l'égard d'une inconnue demi-sœur qu'à l'égard d'une inconnue vraie sœur. En moyenne, une ouvrière intruse de même lignée paternelle que les abeilles réceptrices est mordue ou piquée dans 22 % des cas tandis qu'une intruse demi-sœur (de même mère, mais de père distinct) l'est dans près de la moitié des cas (48,75 %).

En 1986, les mêmes auteurs, utilisant la même technique, conduisirent une expérience où l'abeille intruse inconnue était cette fois introduite dans un groupe mixte comprenant cinq ouvrières de sa propre lignée paternelle et cinq ouvrières demi-sœurs [19]. Dans ces conditions, l'abeille intruse n'est pas plus attaquée par ses demi-sœurs

18. W. M. Getz & K. B. Smith, « Genetic kin recognition : honeybees discriminate between full and half sisters », *Nature*, nº 302, 1983, p. 147-148.

19. W. M. Getz & K. B. Smith, « Honeybee kin recognition : learning self and nestmate phenotypes », *Animal Behaviour*, nº 34, 1986, p. 1617-1626.

que par ses vraies sœurs. De leur côté, utilisant non pas deux lignées paternelles issues d'une même reine mais deux lignées d'abeilles issues de reines différentes, Michael Breed et ses collaborateurs de l'université du Colorado [20] ont trouvé que l'abeille intruse n'est pas plus agressée par ses sœurs que par ses non-sœurs, ce qui suggère que ces dernières se sont familiarisées à une odeur commune à l'intruse et à ses sœurs. En revanche, ils observent beaucoup plus d'échanges alimentaires entre l'abeille intruse inconnue et ses sœurs du groupe mixte dans lequel elle est introduite. Ces résultats permettent probablement de comprendre pourquoi les relations sont pacifiques entre les différentes lignées paternelles au sein d'une même ruche : la discrimination de parentèle qui s'applique à l'intérieur de la société pour la distribution de la nourriture ne doit pas détruire pour autant le minimum de cohésion qu'implique la vie commune entre plusieurs lignées paternelles issues d'une mère unique (*cf.* fig. 7.3).

Pourtant, cette belle harmonie peut être rompue dans certaines circonstances : c'est ce qu'ont démontré Evers et Seeley [21], de l'université Cornell, en orphelinant la ruche, c'est-à-dire en ôtant la reine. Des réactions agressives apparaissent alors entre les diverses lignées paternelles d'ouvrières en compétition pour pondre des œufs non fécondés susceptibles de donner des fils.

Malgré leur rigueur méthodologique, les travaux que nous venons d'évoquer ont parfois tendance à s'écarter des caractéristiques naturelles d'une société d'abeilles. Le fait d'isoler des abeilles une par une, ou même dix par dix, n'autorise pas à extrapoler les résultats à la ruche dans toute sa complexité. Une recherche conduite en 1987 par Frumhoff et Schneider [22] a permis de corriger ce défaut en confirmant l'existence de phénomènes de reconnaissance de parentèle au sein des grandes ruches. Utilisant cinq ruches dont chaque reine avait été fécondée par deux mâles de races pigmentaires différentes, ces spécialistes ont démontré que la quantité de toilettages mutuels ou d'échanges alimentaires était nettement plus élevée entre ouvrières de même pigmentation (vraies sœurs) qu'entre ouvrières de pigmentations distinctes (demi-sœurs).

---

20. M. D. Breed, L. Butler & T. M. Stiller, « Kin discrimination by worker honeybees in genetically mixed groups », *Proceedings of the National Academy of Sciences of the U.S.A.*, n° 82, 1985, p. 3058-3061.
21. C. A. Evers & T. D. Seeley, « Kin discrimination and aggression in honeybee colonies with laying workers », *Animal Behaviour*, n° 34, 1986, p. 924-925.
22. P. C. Frumhoff & S. Schneider, « The social consequence of honeybee polyandry : kinship influences worker interactions within colonies », *Animal Behaviour*, n° 35, 1987, p. 255-262.

Comme nous allons le vérifier, cette aptitude à reconnaître ses partenaires règle également les relations de l'abeille ouvrière avec la reine et intervient dans une compétition entre lignées dont l'enjeu génétique est représenté par la production de nouvelles reproductrices.

La reine et ses dauphines

La reconnaissance de la reine par l'ensemble de ses filles est importante pour que la ruche soit à l'abri d'un parasitage par des reines étrangères. Pour cette reconnaissance, les ouvrières se basent sur des indices chimiques émis par leur reine et qui sont liés à ses caractéristiques génétiques.

Une première approche du problème est celle de Boch et Morse, de la station de recherche d'Ottawa et de l'université Cornell [23]. Ils provoquent des essaimages d'abeilles en sortant la reine de la ruche et en la plaçant dans une petite cage accrochée à quelques pas de distance. Un essaim d'ouvrières se forme autour de la cage : on retire alors cette dernière, puis on accroche simultanément deux autres cages à la même distance (environ deux mètres) de l'essaim, chacune contenant une reine. Dans une première expérimentation, les chercheurs reprennent la reine d'origine et la mettent en compétition avec l'une de ses propres sœurs. Dans la seconde série, ils placent une reine sœur de la reine d'origine en compétition avec une reine non affiliée. En évaluant le nombre d'ouvrières de l'essaim ayant rejoint l'une ou l'autre reine au bout de cinq heures pour chacune de ces deux situations, Boch et Morse ont découvert que les abeilles préfèrent leur mère (reine initiale) à leur tante (sa sœur en compétition dans la première expérience), mais choisissent en revanche cette dernière de préférence à une reine qui n'est aucunement apparentée.

Cette expérience montre que les abeilles sont parfaitement capables de discriminer leur mère, avec laquelle elles possèdent un coefficient moyen de proximité génétique de 1/2, de leur tante, avec laquelle la proximité génétique moyenne n'est que de 3/8 [24]. Elles ont également la capacité de reconnaître leur tante par rapport à une reine étrangère,

---

23. R. Boch & R. A. Morse, « Individual recognition of queens by honeybees », *Annals of the entomological Society of America*, n° 72, 1979, p. 51-53. R. Boch & R. A. Morse, « Genetic factor in queen recognition odors of honey bees », *Annals of the entomological Society of America*, n° 75, 1982, p. 654-656.

24. À la condition que la tante et la mère appartiennent à la même lignée paternelle. Dans le cas contraire, la proximité génétique tombe à une moyenne de 1/8.

non affiliée. Dans une situation comportementale associée à l'essaimage, l'abeille privilégie donc la stratégie qui favorise le reproducteur qui lui offre la meilleure probabilité de propagation de ses propres gènes.

Tant que la reine est en vie, certaines de ses propriétés la rendent très attractive pour les ouvrières. Cette attraction commune masque, au moins partiellement, un conflit latent d'intérêts génétiques entre les lignées paternelles d'ouvrières. Mais ce conflit risque de réapparaître dans le cadre d'une activité critique pour l'avenir de la ruche et la propagation des gènes des ouvrières : l'élevage de nouvelles reines. C'est effectivement ce qu'ont vérifié simultanément différentes équipes américaines ayant exploré la question depuis le début des années 1980. Je n'évoquerai que certaines de ces recherches.

Elles se basent généralement sur une technique expérimentale connue depuis longtemps pour induire l'élevage de nouvelles reines par les abeilles ouvrières : l'orphelinage. Elle consiste à ôter la reine puis à offrir aux ouvrières des cupules (généralement en cire) de taille suffisante pour contenir de grosses larves. L'orphelinage a pour premier effet de libérer les abeilles ouvrières de l'effet castrateur de la phéromone de la reine, qui inhibe également la construction de cellules royales. L'introduction des cupules permet un démarrage immédiat de l'élevage de jeunes reines. L'un des travaux basés sur cette technique fut publié en 1986 par l'Américain Kirk Visscher, de l'université Cornell [25]. L'expérience centrale de Visscher consistait à implanter dans les cupules à reines (insérées dans les ruches expérimentales orphelines) des œufs fécondés provenant en quantité égale de deux colonies étrangères : une colonie non apparentée et une colonie cousine [26]. Dans ces conditions, il s'avère que 63 % des reines élevées sont cousines des ouvrières testées tandis que 37 % proviennent du développement d'œufs fournis par la ruche non apparentée. Cette dissymétrie est très significativement différente d'une situation de non-préférence, où les abeilles étudiées auraient élevé la même quantité de reines non apparentées que de reines apparentées.

Parallèlement, Katherine Noonan, de l'université du Wisconsin [27], réalisa cinq ruches d'observation en Plexiglas dans lesquelles furent élevées simultanément deux lignées paternelles d'abeilles ouvrières,

---

25. P. K. Visscher, « Queen rearing by honey bees (*Apis mellifera*) », *Behavioral Ecology & Sociobiology*, n° 18, 1986, p. 453-460.
26. Le coefficient de parenté *r* est d'environ 1/4.
27. K. C. Noonan, « Recognition of queen larvae by worker honey bees », *Ethology*, n° 73, 1986, p. 295-306.

dont l'une se distinguait de l'autre par sa pigmentation, due au gène *cordovan*. Après orphelinage, elle transporta dans des cupules à reines des larves d'un jour prélevées dans des cellules d'ouvrières, puis nota pendant cinq jours l'origine génétique, reconnaissable à la pigmentation, de chaque ouvrière venant soigner la larve contenue dans chaque cupule à reine. Lorsque ces cupules furent totalement operculées de cire par les abeilles, Katherine Noonan les plaça en incubateur et attendit leur éclosion afin de connaître la lignée d'appartenance de chaque jeune reine (reconnaissable, encore une fois, à sa pigmentation). En effet, les larves d'un jour avaient été prélevées au hasard puisque, au stade larvaire, aucune différence d'aspect ne sépare celles qui sont porteuses du gène *cordovan* de celles qui ne le sont pas. Autrement dit, on connaissait le nombre d'ouvrières de chaque lignée ayant soigné la larve implantée dans chaque cupule à reine, mais on ignorait à quelle lignée paternelle appartenait cette larve. Il fallait donc attendre l'éclosion des jeunes reines pour rechercher une éventuelle corrélation entre ces deux données. Il s'avéra ainsi que les abeilles *cordovan* et les abeilles non *cordovan* avaient, chacune, soigné davantage les larves de leur propre lignée paternelle. Cependant, la préférence ne joua que sur 5 % du nombre total d'actes de soins, ce qui n'est pas considérable, bien que le résultat reste très fiable compte tenu des effectifs importants sur lesquels portait cette expérimentation.

Ces travaux démontrent qu'il existe des différences d'odeurs liées à des différences génétiques subtiles, et que les abeilles sont capables de les discriminer dans l'orientation de leurs relations sociales. Depuis le premier ancêtre social de l'abeille domestique, qui formait très probablement des colonies de petite taille et dont la reine devait être fécondée par un seul mâle (il existe encore aujourd'hui plusieurs exemples de ce type dans la Nature), l'Évolution a abouti à un super-organisme complexe, constitué de lignées de « cellules-abeilles » pouvant présenter entre elles des différences génétiques, dans la mesure où ces différences n'excèdent pas celles qui séparent deux demi-sœurs. Ainsi, les sociétés d'abeilles domestiques peuvent atteindre une taille considérable (plusieurs dizaines de milliers d'individus), favoriser la division des rôles par des prédispositions génétiques distinctes en fonction des lignées paternelles, et mieux exploiter les richesses infinies offertes par les plantes à fleurs en échange du transport du pollen. Parallèlement à la compétition sans merci qui règle les relations entre sociétés distinctes est venue s'en ajouter une autre, moins spectaculaire mais tout aussi féroce, qui oppose cette fois les lignées de demi-sœurs à l'intérieur même de la ruche. Cette dernière équivaut un peu à une supersociété dans laquelle chaque lignée paternelle d'abeilles pratiquerait la sélection de parentèle au détriment des autres. Cependant, cette compétition a des limites parce qu'il reste un patrimoine génétique commun à préserver, même si l'homogénéité est moindre qu'à l'intérieur d'une même lignée. En outre, il faut préserver aussi les avantages que procure l'association contre les attaques et convoitises de tout bord.

L'apprentissage précoce de l'abeille

Il ne fait plus guère de doute que l'abeille dispose d'une capacité de discrimination entre ses apparentés proches. Se pose alors la question de savoir si une telle aptitude comportementale découle d'un apprentissage précoce, les ouvrières apprenant à reconnaître l'odeur de la colonie, éventuellement celle de leur lignée paternelle, immédiatement avant ou après la naissance ; ou bien si elle est due à leur faculté de comparer en permanence l'odeur d'un partenaire à leur propre odeur (concept dit « d'assortiment de phénotype [28] »). La première hypothèse implique la construction, dans le cerveau de l'abeille, d'un modèle de référence (en anglais : *template*) appris et mémorisé, une sorte de gabarit par rapport auquel les visas chimiques des partenaires rencontrés seraient évalués, ces visas étant corrélés au génome de l'organisme porteur. La seconde hypothèse n'implique pas l'existence d'une telle empreinte mais tolérerait davantage les modifications d'odeurs liées au vieillissement de l'abeille et aux différentes tâches qu'elle accomplit (sa référence, dans ce cas, est l'odeur qu'elle porte au moment de chaque rencontre).

D'autres travaux réalisés à l'université du Colorado ont montré que l'abeille domestique développait l'odeur propre à sa lignée paternelle dans les douze heures suivant son éclosion [29], et qu'elle pouvait être conditionnée, par récompense ou punition, à reconnaître différents mélanges d'hydrocarbures entrant dans la composition du cocktail chimique qui constitue l'odeur de parentèle. Mais la surface du corps

---

28. D'après le terme anglais de *phenotype matching*. Revient à l'effet « aisselle » (*cf.* chap. 6).

29. M. D. Breed, T. M. Stiller & M. J. Moor, « The ontogeny of kin discrimination in the honey bee, *Apis mellifera* », *Behavior Genetics*, n° 18, 1988, p. 439-448. W. M. Getz & K. B. Smith, « Olfactory sensitivity and discrimination of mixtures in the honeybee, *Apis mellifera* », *Journal of Comparative Physiology*, A., n° 160, 1987, p. 239-245.

des abeilles n'est pas la seule source efficace d'odeur coloniale. On savait déjà que la composition chimique de la cire entrant dans la constitution des rayons variait d'une ruche à l'autre [30]. Partant de là, Michael Breed et ses étudiants ont démontré que la cire portait non seulement des indices chimiques provenant des abeilles, mais qu'elle absorbait également des odeurs de l'environnement (notamment des essences) et jouait un rôle central dans la reconnaissance des partenaires du nid [31].

Des travaux encore plus récents, menés par le même Michael Breed et ses collaborateurs de l'université du Colorado [32], permettent à présent d'attribuer l'origine de la reconnaissance des congénères de la ruche à un apprentissage précoce des jeunes abeilles au contact de la cire des rayons. Les chercheurs procèdent en prélevant des rayons à couvain dans une quarantaine de ruches de race italienne pour les placer en incubateur au laboratoire, où ils font éclore les abeilles en prenant soin qu'elles n'aient aucun contact entre elles ni avec des abeilles adultes. Pendant vingt-quatre heures, ils laissent certaines des abeilles fraîchement écloses en contact avec le rayon à couvain d'où elles sont nées. Pour d'autres, ce contact est limité à la première heure suivant l'éclosion. Enfin, une dernière catégorie est soustraite dès la naissance à tout contact avec les rayons à couvain. Ainsi, retirées de l'incubateur vingt-quatre heures, une heure ou immédiatement après leur naissance, les jeunes abeilles sont disposées par groupes de vingt-cinq individus ayant subi le même sort post-natal, dans de petites ruchettes où sont disposés deux fragments de rayons de cire nouvellement construits, encore vierges de couvain, de miel ou de pollen. L'un de ces deux fragments provient de la ruche mère tandis que l'autre a été prélevé dans une ruche étrangère. Ces ruchettes sont laissées au repos pendant vingt-quatre heures. Ensuite, on observe sur lequel des deux fragments de rayon les abeilles préfèrent se regrouper. Dans près de trois quarts des cas (vingt-trois ruchettes sur trente et une), les abeilles préalablement exposées pendant vingt-quatre heures au contact de leur rayon d'origine préfèrent se regrouper

---

30. A. P. Tulloch, « Beeswax : composition and analysis », *Bee World*, n° 61, 1980, p. 47-62.

31. M. D. Breed, J. H. Fewell & K. R. Williams, « Comb wax mediates the acquisition of nest-mate recognition cues in honey bees », *Proceedings of the National Academy of Sciences of the U.S.A.*, n° 85, 1988, p. 8766-8769.

32. M. D. Breed & G. Julian, « Do simple rules apply in honeybee nestmate discrimination ? », *Nature*, n° 357, 1992, p. 685-686. M. D. Breed & T. M. Stiller, « Honey bee, *Apis mellifera*, nestmate discrimination : hydrocarbon effects and evolutionary implications of comb choice », *Animal Behaviour*, n° 43, 1992, p. 875-883.

sur le fragment de rayon neuf provenant de leur même ruche parente plutôt que sur celui d'une ruche étrangère. Les jeunes abeilles exposées seulement pendant une heure après leur naissance à leur rayon d'origine manifestent une réaction sensiblement identique à celle du lot précédent : vingt-trois ruchettes sur trente-trois préfèrent se regrouper sur le fragment de rayon provenant de la ruche parente. Enfin, les jeunes abeilles qui, dès l'éclosion, avaient été écartées de tout contact avec un rayon de cire, se regroupent de façon équivalente tantôt sur le fragment de rayon de la ruche parente (quatorze ruchettes sur trente), tantôt sur celui de la ruche étrangère.

La même équipe de l'université du Colorado a étudié le comportement des abeilles dans un olfactomètre, appareil consistant en un labyrinthe en forme de *Y*, dont chacune des deux branches latérales reçoit un flux d'air ayant passé sur un fragment neuf de rayon de cire d'origine différente de celui qui alimente l'autre branche. Cet olfactomètre est un dispositif simple qui a fait ses preuves en éthologie comme en physiologie sensorielle. L'insecte est déposé, dans l'obscurité, à l'entrée de la branche médiane de l'olfactomètre puis doit remonter au confluent des deux branches latérales en s'aidant éventuellement de l'information olfactive contenue dans l'air pulsé qui en provient. Testées dans cet appareil, des abeilles exposées pendant les cinq jours suivant leur naissance à un fragment neuf de rayon (de leur ruche parente ou bien d'une ruche étrangère) se dirigent préférentiellement (entre 60 et 63 % des cas) vers la branche correspondant au rayon familier. La réponse est semblable, que la familiarisation ait eu lieu au contact d'un rayon de la ruche parente ou au contact d'un rayon provenant d'une ruche étrangère. De même, il semble que la préférence pour la branche véhiculant l'odeur du rayon familier soit plus marquée (77 % des cas) lorsque la jeune abeille n'a été exposée que pendant vingt-quatre heures à un rayon de cire, puis a été isolée pendant cinq jours avant le test olfactométrique. Étant donné la remarquable mémoire des abeilles, on peut supposer que les cinq jours d'isolement ont servi à consolider l'apprentissage post-natal. Mais l'un des résultats les plus surprenants a été obtenu en exposant pendant vingt-quatre heures une abeille fraîchement éclose à un rayon neuf de sa ruche mère, puis en l'éloignant de tout rayon pour l'élever pendant cinq jours au sein d'un groupe d'abeilles issues d'une ruche étrangère. Testée en olfactomètre au bout de ces six jours, cette abeille montre une préférence (61 % des cas) pour la branche véhiculant l'odeur d'un rayon neuf prélevé dans la ruche d'où provenaient les abeilles étrangères familières. Cette expérience prouve que les abeilles elles-mêmes peuvent être sources d'informations apprises et que la jeune abeille est capable de modifier sa préférence en fonction de deux entraînements distincts et successifs. Elle confirme aussi que les abeilles et la cire de leur ruche portent des indices de reconnaissance communs.

Au moment où sont écrites ces lignes, il est encore impossible d'affirmer que le même mode de déterminisme par apprentissage précoce intervient dans la discrimination entre lignées paternelles au sein d'une ruche. Les fragments de cire utilisés par Breed et ses collaborateurs proviennent de ruches différentes et portent des indices certainement mieux différenciés que ceux qui permettraient de distinguer deux demi-sœurs. Les réponses seront apportées dans les années qui viennent, mais pour exciter l'imagination, on pourrait émettre l'hypothèse que, si les abeilles ouvrières fréquentent davantage les portions de rayons hébergeant des larves de leur propre lignée paternelle, elles pourraient y déposer une plus grande quantité de leurs propres indices. Plus tard, l'abeille éclose à cet endroit, peu mobile comme le sont tous les insectes à ce stade, serait exposée davantage aux informations chimiques caractéristiques de la lignée paternelle à laquelle elle appartient, ce qui induirait ses préférences sociales ultérieures.

Tous ces travaux, récents pour la plupart et encore peu connus en France, montrent à quel point la problématique sociobiologique a fait progresser rapidement la connaissance sur des aspects jusqu'ici insoupçonnés de la biologie des abeilles. Partant de l'apparente contradiction entre la théorie de la parentèle et le fait qu'il y ait coexistence de plusieurs lignées paternelles d'abeilles ouvrières au sein d'une même ruche (conséquence de la polyandrie), plusieurs équipes de chercheurs ont apporté un faisceau de preuves en faveur de l'existence de relations privilégiées – bien que non exclusives – entre membres d'une même lignée paternelle. Ils ont démontré également la propension des abeilles à se consacrer davantage à l'élevage de nouvelles reines répondant à ces mêmes caractéristiques. Les travaux anciens semblaient attribuer aux odeurs environnementales l'origine exclusive des indices de reconnaissance entre abeilles d'une même colonie. Ces travaux ne deviennent pas totalement caducs, mais l'intervention de marqueurs génétiques puissants est désormais solidement établie et la polyandrie elle-même trouve une justification évolutive : d'une part, elle permet d'introduire une variabilité génétique susceptible d'alimenter différentes prédispositions comportementales parmi les ouvrières, et d'autre part, elle permet une certaine compétition entre les génomes, sans pour autant détruire l'harmonie que requiert la défense d'intérêts communs liant plusieurs lignées de demi-sœurs. Enfin, s'ajoutant aux étonnantes capacités d'apprentissage précoce déjà connues chez les fourmis et les guêpes sociales, les découvertes les plus récentes sur l'abeille domestique ont confirmé la sophistication de ses facultés cognitives.

Chapitre 8

Le sens de la famille chez les têtards et le don de sang entre vampires

Voici deux vertébrés, le têtard et le vampire, que tout semble séparer : le premier, animal aquatique, est un descendant direct des amphibiens de la fin de l'ère primaire, qui quittèrent les eaux pour gagner la terre ferme il y a trois cent soixante millions d'années, étrennant leurs pattes toutes neuves. En se métamorphosant, le têtard, qui perd branchies, nageoires et queue en même temps que lui poussent une paire de poumons et quatre pattes à cinq doigts, restitue sous nos yeux, en quelques jours, le fac-similé de cet épisode de la conquête des terres émergées, qui dura des millions d'années. Ce scénario évolutif, « fossilisé » dans le développement du têtard, donne toute la mesure du niveau d'archaïsme que représentent ces vertébrés à sang froid, rescapés des vicissitudes terrestres. À côté de ce miracle primitif, le vampire est un joyau technologique. Son aile palmée est, dans sa structure, plus simple que l'aile plumée des oiseaux. Pourtant, la rapidité, le silence et la précision du vol rappellent directement celui de l'hirondelle, tenue pour un excellent voilier. En même temps qu'il accomplit cette prouesse ordinaire, le vampire voit le monde par les oreilles, comme l'avait découvert l'abbé Spallanzani, au XVIIIe siècle, se heurtant à une incrédulité unanime. En effet, en plein vol, deux cents ultra-sons sortent chaque seconde de la face du vampire pour aller frapper objets, ennemis ou proies, avant de revenir percuter le pavillon du détecteur sonar, oreille remarquablement sensible. Le traitement quasi instantané de l'information acoustique aboutit, dans le cerveau de l'animal, à une image nette de son environnement. Mis en appétit, le vampire fond sur sa proie, la caresse doucement de son nez, doté d'un splendide équipement thermo-sensible. Là, il détecte, sous l'épiderme de la victime, les parties les plus prometteuses... celles qui sont le plus richement vascularisées. Ce n'est là qu'un bref aperçu des capacités du vampire, bien suffisant, toutefois, pour convenir qu'il est bien loin du têtard ! Pourtant, nous allons découvrir que tous deux émargent au registre des « reconnaisseurs » de parentèle : en effet, cette propriété est très importante pour leur adéquation adaptative.

Le sens de la famille chez les têtards

En 1949, Irenaüs Eibl-Eibesfeldt, un élève de Konrad Lorenz qui se fit connaître plus tard par ses travaux d'éthologie humaine, montra que l'épiderme d'un têtard [1] blessé dégage des substances d'alarme (*phéromones*) qui diffusent dans l'eau et déclenchent la fuite des congénères situés à proximité. Objectivement, la proie qui périt sous les crocs de son prédateur accomplit un ultime acte altruiste en permettant à ses congénères, alertés, d'éviter d'être les prochaines victimes. La découverte était aussi troublante que celle de la pérennisation des neutres chez les fourmis : comment les gènes ayant favorisé l'altruisme de la proie dévorée avaient-ils pu passer à la génération suivante, alors que les organismes qui en étaient porteurs avaient péri avant d'avoir pu exprimer les prémices d'un comportement sexuel ? Pourtant, si une telle propriété existe chez tous les individus de l'espèce, nous sommes certainement en présence d'une stratégie stable d'évolution, ou ESS (*cf.* chap. 4). Comme pour les insectes éosociaux, la solution de ce paradoxe fait appel à des phénomènes de sélection de parentèle.

Les têtards de crapauds, comme ceux des grenouilles, se regroupent entre individus de la même espèce. Or, l'efficacité de l'alarme est d'autant plus grande que les congénères sont plus proches, puisque les phéromones doivent diffuser dans l'eau. Cette relation entre vie

1. Nom commun donné aux larves d'amphibiens *anoures*, crapauds ou grenouilles. Les têtards, qui mènent une vie aquatique rappelant celle des poissons, subissent une métamorphose progressive aboutissant à la forme amphibie typique de l'adulte.

en groupe et fonction d'alarme est connue depuis longtemps chez les oiseaux, où le signal n'est pas un médiateur chimique mais un cri (*cf.* chap. 4). Dans le cas des têtards, on a cherché à connaître les mécanismes assurant la cohésion du groupe. Deux interprétations ont été proposées, qui sont d'ailleurs compatibles. La première postule une fidélité des têtards à leur lieu de naissance, et la seconde une attraction visuelle entre les individus.

Le crapaud a du nez

Depuis quelques années, des découvertes nouvelles, en particulier celles de Bruce Waldman à l'université Cornell, ont modifié les interprétations du mode de regroupement des têtards. Ce chercheur américain a démontré qu'ils utilisaient non seulement la vue, mais également des signaux chimiques qu'ils émettent dans l'eau. Ces signaux leur permettent de se reconnaître et de se regrouper préférentiellement entre frères et sœurs, constituant ainsi des groupes familiaux [2]. La démonstration se fondait sur l'hypothèse que la théorie de la parentèle de Hamilton pouvait s'appliquer au comportement social des têtards. Les travaux ont porté essentiellement sur le crapaud américain, *Bufo americanus*, dont les têtards sont brun foncé sur le dos et ont le ventre blanchâtre, comme chez la plupart des amphibiens anoures.

Au printemps, les *Bufo americanus* adultes se regroupent, parfois fort nombreux, dans les mares où vont se produire les accouplements. Les crapauds mâles, dépourvus de pénis, se tiennent solidement agrippés au dos de la femelle et arrosent de leur sperme des milliers d'œufs, au moment où ils sortent en chapelet du cloaque de cette dernière. En capturant des couples de crapauds à cette époque, on peut obtenir des pontes en laboratoire, qui permettent de contrôler précisément la paternité des têtards. Pour différencier les lignées, Waldman eut l'idée de les colorer différemment en fonction de leur

---

2. Parmi les nombreux articles publiés par Bruce Waldman, signalons les suivants : « Sibling recognition in Toad Tadpoles : The Role of Experience », *Zeitschrift für Tierpsychologie*, n° 56, 1981, p. 341-358 ; « Kin recognition and sibling association among wood frog (*Rana sylvatica*) tadpoles », *Behavioral Ecology and Sociobiology*, n° 14, 1984, p. 171-180 ; « Chemical Ecology of Kin Recognition in Anuran Amphibians », *Chemical Signals in Vertebrates IV : Ecology, Evolution and Comparative Biology*, ouvrage publié sous la direction de D. Duvall, D. Müller-Schwarze & R. M. Silverstein, Plenum Press, New York, 1986.

groupe familial d'origine. Pour cela, il les plaça pendant douze heures dans un aquarium contenant de l'eau additionnée d'une très faible quantité d'un colorant vital, bleu de méthylène ou rouge neutre. Il obtint, de la sorte, des têtards dont les parties claires étaient teintées, ce qui permettait de les identifier par lignées.

En disposant dans un même aquarium des têtards provenant de deux couples de crapauds différents donc colorés différemment, il s'aperçut qu'ils se regroupaient progressivement en fonction de leur couleur, c'est-à-dire de leur parenté. La tendance au regroupement, mesurée en fonction de la distance moyenne au plus proche voisin, se révéla plus étroite entre non-apparentés provenant d'une même mare qu'entre non-apparentés provenant de mares séparées par plusieurs kilomètres. D'autres comportements sont révélateurs : par exemple, placés dans un labyrinthe en « Y » (selon le procédé indiqué dans la figure 8.1), les têtards testés préfèrent nager vers la branche où circule l'eau provenant d'un récipient contenant des têtards apparentés (issus de la même ponte) plutôt que vers celle qui reçoit l'eau où ont baigné des têtards d'une autre ponte. En outre, lorsqu'on bouche les narines des têtards à l'aide d'une pâte gélatineuse, les animaux cessent

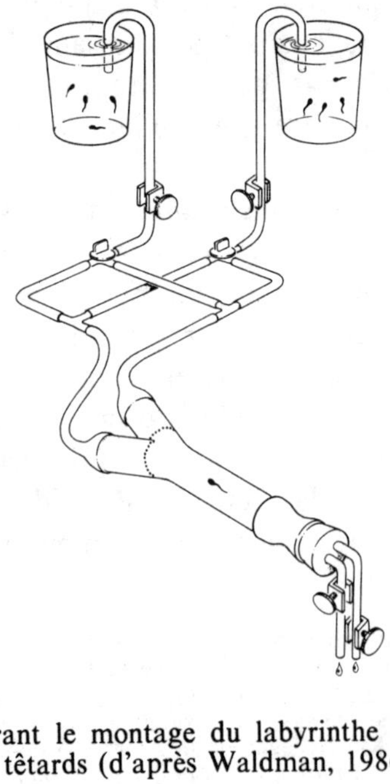

Fig. 8.1. Schéma montrant le montage du labyrinthe aquatique en « Y » pour tester la préférence des têtards (d'après Waldman, 1986 *).

* B. Waldman, « Preference for unfamiliar siblings over familiar non-siblings in American toad (*Bufo americanus*) tadpoles », *Animal Behaviour*, n° 34, 1986, p. 48-53.

de discriminer la branche des apparentés : ils s'orientent au hasard. Cette discrimination reprend aussitôt que la pâte est retirée.

Préférence innée ou apprentissage social ?

Résumée grossièrement, l'expérience semble aboutir à la conclusion que les têtards préfèrent leurs parents à des inconnus, et disposent des moyens de les différencier. Mais elle ne précise pas s'il s'agit d'une préférence innée ou résultant d'un apprentissage, qui suppose une expérience sociale préalable. La question paraît simple, mais la réponse est malaisée, bien qu'un certain nombre de faits soient clairement démontrés. Ainsi, un têtard élevé isolément préfère la proximité de têtards provenant de la même ponte lorsqu'il a le choix entre des têtards inconnus apparentés et des têtards inconnus non apparentés placés simultanément dans le même aquarium test. Il est capable de discriminer de la même façon des têtards demi-frères (ou demi-sœurs) par rapport à des têtards non apparentés. On remarque cependant qu'il préfère des demi-frères d'origine maternelle à des demi-frères d'origine paternelle.

Lorsque les têtards sont élevés en groupe dans un aquarium où sont présents simultanément des congénères issus de la même ponte et d'autres, non apparentés, issus d'une ponte différente, au bout de quelque temps, ils ne manifestent plus de tendance significative à se rapprocher davantage entre apparentés.

Les expériences de Bruce Waldman sur les têtards de *Bufo americanus* isolés ou groupés démontrent donc qu'un têtard ne fait pas la différence entre des partenaires familiers, qu'ils soient apparentés ou non ; en revanche, il discrimine fort bien des partenaires non familiers apparentés par rapport à des partenaires non familiers non apparentés. Il est clair que, si l'expérience sociale post-natale peut avoir un rôle sur le comportement du têtard de crapaud américain, ce rôle paraît toutefois assez limité par rapport à l'aptitude de ce têtard à reconnaître des congénères de la même famille en l'absence de toute forme d'expérience sociale. Reste à savoir dans quelle mesure une expérience hétérofamiliale peut venir perturber la reconnaissance homofamiliale spontanée : une expérience acquise après l'éclosion, au cours d'une expérience sociale, peut-elle interférer avec la préférence manifestée spontanément après l'éclosion du têtard ?

Dans la nature, les têtards sont peu mobiles dans les jours qui suivent l'éclosion. Ils se maintiennent généralement à proximité des restes de la masse d'œufs dont ils sont issus et, souvent, consomment des vestiges de la gangue gélatineuse qui enveloppait les embryons jusqu'à l'éclosion. Cette sédentarité les soustrait largement à l'influence d'autres groupes familiaux, du moins pendant la première période de la vie larvaire. Ce fait coïncide avec la mise en évidence, par Waldman, d'une période sensible située quelque part dans les dix-huit premiers jours de la vie du têtard de crapaud. Si, en effet, pendant les dix-huit jours qui suivent leur éclosion on élève les têtards exclusivement en présence de leurs frères, et qu'on les place ensuite pendant six semaines dans un aquarium peuplé de quatre autres familles de têtards, à l'issue de cette période, dans un aquarium test, ils manifesteront une nette fidélité aux têtards qui leur sont apparentés plutôt qu'à ceux qui ne le sont pas, bien qu'ils aient subi l'influence sociale de ces derniers pendant les six semaines précédant le test. Si l'on inverse l'expérience, c'est-à-dire si les têtards sont élevés pendant les dix-huit premiers jours avec des congénères non apparentés, puis exclusivement avec leurs frères de couvée pendant les six semaines qui suivent, le test consécutif ne fait apparaître aucune préférence pour l'une des deux catégories.

Cette capacité des jeunes têtards à profiter d'une expérience sociale vécue précocement, jointe à l'observation, dans la Nature, de leur faible mobilité (ils restent groupés à proximité de leur lieu de naissance en compagnie de leurs centaines de frères et sœurs) témoigne de la cohérence de l'interprétation sociobiologique : il y a de bonnes raisons de penser que, dans les circonstances naturelles, les têtards utilisent effectivement leur faculté de discriminer la parentèle. Il est vraisemblable que cette aptitude aura été sélectionnée au cours de l'Évolution, compte tenu de l'avantage qu'elle confère pour échapper aux prédateurs, comme je l'ai évoqué au début de ce chapitre. En effet, la libération de la substance d'alarme par les tissus déchirés d'un têtard dévoré aboutit à un résultat objectivement altruiste (au sens de Hamilton) à cause de la forte probabilité pour que les voisins les plus proches, ceux qui bénéficient vraiment de l'effet d'alarme, soient apparentés à la victime. Le « sens de la famille » constaté chez les têtards du crapaud *Bufo americanus* semble donc être une nouvelle illustration de la notion de sélection de parentèle. Si l'équipement génétique qui favorise ce sens de la famille n'est pas transmis par l'altruiste sacrifié, il le sera par l'intermédiaire de ses bénéficiaires apparentés, dont le génome est lié au sien.

Et si le têtard apprenait avant de naître ?

On peut s'interroger sur la préférence manifestée spontanément pour des apparentés inconnus par le têtard élevé isolément : ne provient-elle pas d'une expérience vécue avant la naissance, au stade embryonnaire ?

Il est vraisemblable que des recherches actuellement en cours permettront de répondre à cette question dans le cas du têtard de crapaud. Mais nous disposons déjà d'indications encourageantes chez la grenouille des bois (*Rana sylvatica*). En effet, dans un travail récent, Peter Hepper et Bruce Waldman ont démontré que les embryons de ces grenouilles étaient capables d'apprendre [3]. Ils ont injecté sous la membrane vitelline de l'embryon, trois à cinq jours après la ponte, un micro-litre d'essence pure d'orange ou de citral (substance portant une forte odeur de citron). Les têtards ayant subi cette opération sont ensuite testés à l'âge de vingt à cinquante jours. Ils sont placés dans un aquarium où débouchent simultanément une source d'eau parfumée à l'orange et, à l'autre extrémité, de l'eau parfumée au citral. Dans ces conditions, et quel que soit leur âge, les têtards issus des embryons ayant reçu l'injection choisissent le côté correspondant de l'aquarium test (par exemple, ceux qui furent injectés au citral préfèrent se tenir à proximité de la source parfumée au citral).

Bien évidemment, ces expériences ne prouvent pas qu'il y ait apprentissage embryonnaire des marqueurs de parentèle, mais elles démontrent qu'un phénomène d'expérience est *possible* à ce stade. Si un tel processus existait réellement chez le crapaud, il pourrait permettre d'expliquer pourquoi un têtard préfère des demi-frères maternels (même mère et père différent) à des demi-frères paternels. Effectivement, si des produits de reconnaissance existent dans le cytoplasme de l'ovule (le spermatozoïde n'apportant pratiquement pas de cytoplasme), ils auront des chances d'être appris par l'embryon. Or, les demi-frères paternels proviennent d'œufs possédant le cytoplasme d'une *autre mère* : dans ce cas, la familiarisation serait divergente.

3. P. G. Hepper & B. Waldman, « Embryonic olfactory learning in frogs », *The Quarterly Journal of Experimental Psychology*, n° 44B, 1992, p. 179-197.

Le familier et l'inconnu : attirance et aversion

Chaque fois qu'une étude comportementale met en évidence une préférence dans un test de choix entre deux informations concurrentes, le chercheur doit essayer de déterminer si la stimulation choisie est activement préférée à la seconde ou bien si la réponse de l'animal est due à une répulsion pour la seconde. Il n'est pas rare d'ailleurs que la réponse obtenue résulte de la combinaison simultanée d'une reconnaissance de la stimulation « préférée » et d'une répulsion pour la stimulation inconnue. La complexité de ce phénomène apparaît également chez nos têtards. Il semble en effet que leur réponse comportementale soit aussi la conséquence d'une fuite face à des congénères inconnus. Ainsi, lorsqu'on offre à un têtard placé dans la branche médiane d'un labyrinthe en « Y » le choix entre un courant d'eau pure et un courant d'eau dans laquelle ont vécu des individus apparentés, il se dirige indifféremment vers l'un ou l'autre des deux bras du « Y ». Mais s'il est soumis à l'arrivée simultanée d'un courant d'eau pure et d'un courant d'eau dans laquelle ont vécu des individus non apparentés, ce même têtard choisira de remonter dans le bras d'où coule l'eau pure.

Très vraisemblablement, ce phénomène est lié à l'action de médiateurs chimiques, mais ceux-ci n'ont pas encore été découverts. Waldman a montré que l'eau d'un aquarium dont on retire les têtards garde ses vertus pendant une durée de vingt-cinq à trente heures, ce qui pourrait correspondre à la durée de dégradation de substances organiques complexes et relativement labiles. En l'absence d'une identification chimique, deux hypothèses au moins sont envisageables pour expliquer comment un code chimique peut caractériser à l'infini des combinaisons génétiques familiales. La première, formulée par Wilson de façon générale, bien avant que soit connu le comportement familial des têtards, propose que les « odeurs familiales » soient des mélanges de substances. Dans ce cas, plus la proximité génétique est grande entre deux individus, plus ils posséderont de médiateurs en commun au sein de leurs cocktails respectifs. L'affinité comportementale se réglera donc en fonction du degré d'affinité chimique, elle-même traduisant une affinité génétique. La seconde hypothèse, non exclusive de la première, ne requiert pas un aussi grand nombre de substances mais se fonde sur l'idée qu'une reconnaissance immunitaire se développerait à partir de substances à propriétés antigéniques, par exemple des protéines d'origine maternelle comme celles contenues dans le cytoplasme ou la gangue gélatineuse entourant les œufs, gangue avec laquelle le têtard est en contact étroit, avant comme après l'éclosion. Cette hypothèse aurait, elle aussi, l'avantage d'expliquer la discrimination pratiquée par le têtard entre ses demi-frères d'origine paternelle et ses demi-frères d'origine maternelle (*cf. supra*).

La grenouille des Cascades

Deux chercheurs américains de l'université d'Oregon, Andrew Blaustein et Richard O'Hara, ont démontré l'existence d'une reconnaissance de parentèle chez les têtards de la grenouille des Cascades (*Rana cascadae* [4]). Cette grenouille est assez commune dans la chaîne des Cascades, montagnes de l'Ouest situées près de la frontière américano-canadienne. Les méthodes utilisées par ces chercheurs sont assez différentes de celles de Waldman, ce qui incite à une certaine prudence dans les comparaisons. En particulier, ils n'ont pas testé la préférence de parentèle chez des groupes de têtards par l'utilisation de colorants vitaux (qu'ils utilisèrent en revanche dans la Nature, *cf. supra*), mais ils ont préféré observer le choix de têtards isolés, placés entre deux groupes dont ils étaient séparés par un grillage, à chaque extrémité de l'aquarium test. Les résultats amènent à conclure que la discrimination de parentèle est encore plus stricte chez la grenouille des Cascades que chez le crapaud américain. Par exemple, même après avoir été élevé avec des congénères non apparentés, le têtard est capable de discriminer ses frères génétiques, auprès desquels il préfère se tenir.

Un aspect original du travail de Blaustein et O'Hara réside dans le choix de réaliser des expériences dans la Nature, dans des conditions infiniment plus difficiles qu'en laboratoire : ces expériences en milieu naturel étaient destinées à vérifier si la réponse obtenue en laboratoire était conditionnée par le système expérimental ou si les têtards préféraient effectivement, dans la nature, se regrouper entre individus apparentés. Ils ont ainsi récolté des pontes de grenouilles des Cascades,

---

4. Le lecteur intéressé par des informations complémentaires pourra se reporter à un article de Blaustein et O'Hara reproduit dans l'édition française du journal *Scientific American* : « La reconnaissance consanguine chez les têtards », *Pour la Science*, mars 1986, p. 26-33.

pour les faire éclore en laboratoire. Les têtards, colorés dans des bains de colorants vitaux puis élevés pendant quelques jours soit en présence de congénères apparentés, soit en présence d'un groupe mixte (têtards apparentés et têtards non apparentés), furent ensuite relâchés dans des étangs et mares de la région de récolte initiale. On put ainsi observer que les têtards de grenouilles des Cascades avaient effectivement tendance, dans la Nature, à se regrouper en fonction de leur parenté.

Blaustein et O'Hara démontrèrent également que même après la métamorphose, les jeunes grenouilles, qui possèdent pourtant une anatomie et des mœurs très différentes, reconnaissent et préfèrent la compagnie de leurs sœurs plutôt que celle de jeunes grenouilles non apparentées du même âge. Il n'est donc pas exclu que la grenouille des Cascades adulte continue à discriminer ses congénères apparentés, ce qui pourrait lui permettre, par exemple, d'éviter des accouplements consanguins.

Les résultats obtenus sur le crapaud américain ou la grenouille des Cascades ne doivent pas être généralisés à tous les crapauds ni à toutes les grenouilles. D'autres travaux ont montré que la reconnaissance de parentèle existait également de façon très stricte chez la grenouille des bois *Rana sylvatica*, mais de façon beaucoup plus labile chez le crapaud boréal ou chez les rainettes. L'explication de ces différences sera probablement à rechercher dans les formules écologiques distinctes adoptées par ces espèces dans la nature, en particulier leur tendance à se disperser (très nette chez les rainettes, arboricoles) ou à se maintenir en groupes plus ou moins compacts.

Enfin, quand elle est stricte, la reconnaissance des apparentés (spontanée ou acquise) n'a peut-être pas uniquement la fonction d'une alarme altruiste. Ainsi, Waldman et ses collaborateurs se sont aperçus, par analyses d'ADN, que dans la Nature, les croisements entre apparentés étaient excessivement rares chez le crapaud [5]. Pourtant, à la saison des amours, ces amphibiens retournent à la mare où ils sont nés : c'est dire que la probabilité de rencontrer des mâles ou des femelles apparentés n'est pas négligeable. Ainsi serait assuré l'évitement de l'inceste chez le crapaud, à l'instar d'autres espèces de vertébrés (*cf.* chap. 9).

---

5. B. Waldman, J. E. Rice & R. L. Honeycutt, « Kin recognition and incest avoidance in toads », *American zoologist*, n° 32, 1992, p. 18-30.

Le modèle du têtard d'amphibien anoure demeurera encore longtemps un modèle privilégié dans l'étude de la reconnaissance des apparentés. Il y a plusieurs raisons à cela : la variété des mécanismes d'une espèce à l'autre, le besoin de mieux connaître leur fonction adaptative, et enfin la facilité avec laquelle on peut manipuler ces animaux, aussi bien en laboratoire qu'en conditions semi-naturelles.

Le don de sang entre vampires

Dans sa propension à se faire peur à lui-même, l'Homme, fasciné par le surnaturel jusqu'à l'obscurantisme, a régulièrement prêté aux pauvres chauves-souris, qui n'en pouvaient mais, des propriétés maléfiques. L'association de l'épouvantable Dracula à ces petits mammifères volants en est la manifestation. En fait, sur les huit cents espèces de chauves-souris répertoriées dans le monde, trois seulement sont hématophages [6]. Toutes trois vivent en Amérique tropicale et subtropicale (aucune en Europe centrale !). La plus répandue est le vampire d'Azara (*Desmodus rotundus*), de couleur gris brunâtre, qui est à peu près de la taille d'une souris. Les vampires d'Azara passent leurs journées pendus par milliers à la voûte des grottes. Ils peuvent également investir les troncs d'arbres creux, par groupes plus restreints (*cf.* figures 8.2 et 8.3).

La nuit, ils sortent à une heure qui dépend des phases de la lune (ils préfèrent l'obscurité maximum). En quête de leur repas de sang, ils se dirigent à tire d'aile vers des mammifères de bonne taille ; ils affectionnent particulièrement les chevaux ou les ânes. Il est vraisemblable qu'avant l'introduction en Amérique de ces équidés par les conquistadors, les tapirs et les cerfs constituaient les proies habituelles des vampires d'Azara. La chauve-souris atterrit sur son hôte avec une délicatesse extrême : elle possède, à l'articulation du poignet et sous les pattes, des coussinets mous qui lui permettent d'amortir son arrivée et de passer inaperçue pour la victime assoupie. Elle s'accroche généralement par ses pattes arrières à la queue ou la crinière du cheval (*cf.* figure 8.4). Puis, elle se met à la recherche d'un endroit particulièrement vascularisé, que le vampire d'Azara est capable de détecter grâce à son nez pourvu de terminaisons sensibles à la chaleur.

---

6. Se nourrissent de sang.

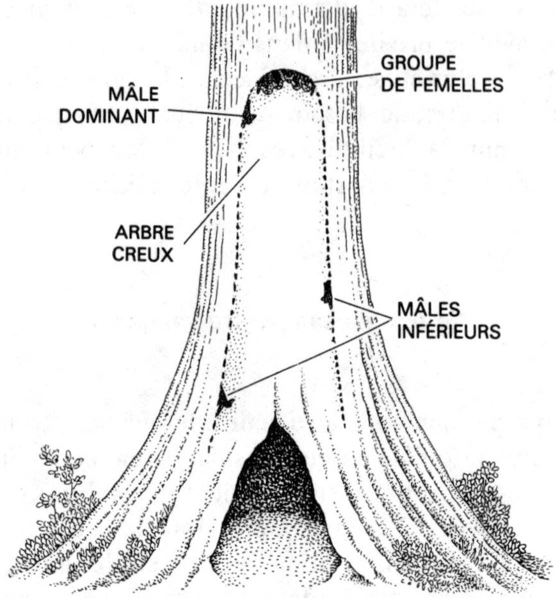

Fig. 8.2. Schéma montrant la localisation d'une colonie de vampires logeant dans un arbre creux d'une forêt tropicale costaricaine (d'après Wilkinson, 1990 *).

* G. Wilkinson, « Le partage du sang chez les vampires », *Pour la science*, n° 150, 1990, p. 58-64.

Dès qu'il a trouvé l'emplacement favorable, il découpe l'épiderme avec ses incisives. Accomplie par un vampire expérimenté, l'incision est aussi rapide qu'indolore. Il lui suffit ensuite de laper pendant une demi-heure le sang qui s'écoule sans coaguler, la salive de l'hématophage ayant des vertus anticoagulantes. Une fois rassasié, l'animal regagne sa colonie le ventre rebondi. Si, par malheur, il n'a pu se nourrir (manque de proies, maladresse de jeune vampire inexpérimenté, etc.), il regagne sa colonie avant le petit jour mais devra jeûner jusqu'à la nuit suivante, celle de la dernière chance (*cf. infra*).

Uwe Schmidt [7], de l'université de Bonn, a découvert que, de retour au gîte, la maman vampire régurgite dans la bouche de son petit une partie du sang récolté. Il n'en est pas privé pour autant du lait maternel. Cette découverte du don de sang, qui peut également intervenir entre adultes, était d'autant plus surprenante que l'on savait que le vampire d'Azara est un être très fragile : il meurt s'il n'a pu faire son repas de sang pendant deux nuits consécutives, et maintient

7. U. Schmidt : « Banding experiment on vampire bat (*Desmodus rotundus*) in Mexico », *Zeitschrift für Saengetierkunde*, n° 43, 1978, p. 70-75.

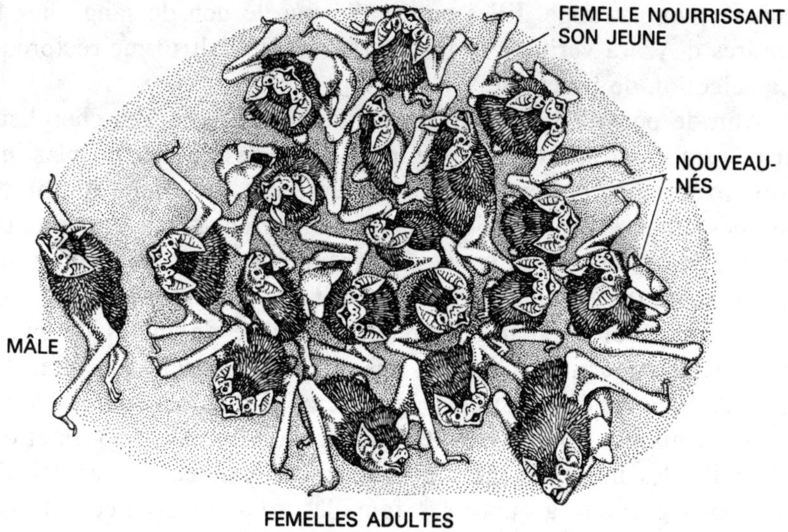

Fig. 8.3. Colonie de vampires à l'intérieur d'un arbre creux (vu par-dessous) (d'après Wilkinson, 1990).

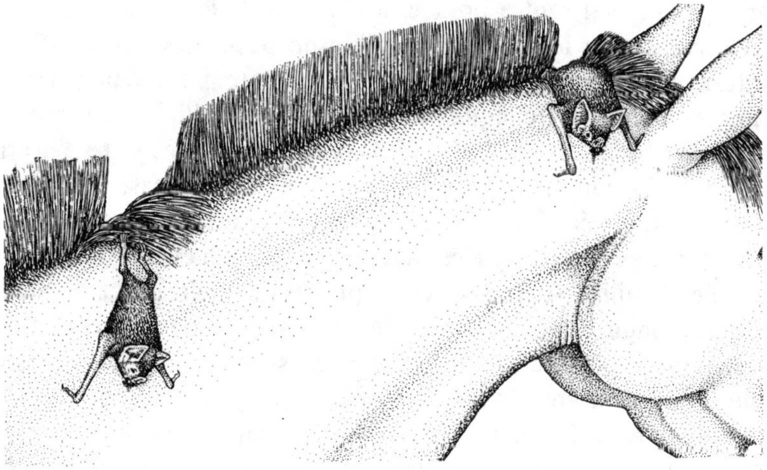

Fig. 8.4. Deux vampires effectuant leur repas de sang, accrochés par les pattes arrières à la crinière d'un cheval (d'après Wilkinson, 1990).

tout juste un fonctionnement normal si son escapade nocturne ne lui a permis d'absorber que l'équivalent de la moitié de son propre poids. Les recherches effectuées au Costa Rica dans les années 1980 par Gerald Wilkinson et ses étudiants de l'université du Maryland ont permis de comprendre les modalités et la fonction adaptative de ce comportement étrange. Elles ont révélé que le don de sang chez les vampires d'Azara vérifie à la fois la théorie de l'altruisme réciproque et la sélection de parentèle [8].

Afin de pouvoir les reconnaître individuellement, ces chercheurs marquèrent environ six cents vampires avec des bagues en plastique coloré fixées aux pattes. Puis ils observèrent, de jour, durant des centaines d'heures, les relations sociales entretenues par ces vampires regroupés dans des troncs creux. Un groupe est constitué en moyenne d'une dizaine de femelles avec leur petit, tous accrochés au sommet de la cavité. Sur les parois, un petit nombre de mâles défendent âprement leur territoire contre des mâles étrangers au gîte. Les femelles, en revanche, visitent régulièrement d'autres arbres habités par des vampires. Après avoir atteint l'âge adulte (entre douze et dix-huit mois), les filles restent avec leur mère, tandis que les fils s'en vont. Dans certains groupes les femelles sont apparentées et dans d'autres non. Le fait que les vampires d'Azara vivent souvent plus de douze ans alors que jusqu'à 30 % des jeunes et 7 % des adultes, en moyenne, rentrent bredouilles en fin de nuit, laissait présager que le don de sang correspond à un phénomène d'altruisme. En effet, un vampire meurt s'il rentre bredouille deux nuits de suite.

Pour en avoir le cœur net, Wilkinson passa des heures – la tête à l'intérieur des troncs creux – à observer systématiquement les dons de sang en identifiant chaque fois donneur et bénéficiaire. Il nota que sur cent dix échanges observés, 70 % concernaient des soins maternels (une mère donnant à son petit). Dans les autres cas, les femelles régurgitaient au bénéfice de petits étrangers ou même d'autres femelles adultes (*cf.* figure 8.5). Il s'est avéré que ces bénéficiaires extérieurs au cercle familial sont, soit des apparentés, soit des compagnons côtoyés de longue date. Dans tous les cas, il s'agit d'individus affamés, disposant de moins de vingt-quatre heures de réserves. Wilkinson a estimé qu'un vampire d'Azara rassasié dispose de deux jours et demi de réserves avant de mourir. S'il a la malchance de ne pas arriver à se nourrir les deux nuits suivantes, il mourra la troisième. Mais s'il reçoit alors un don de sang de la part d'un compagnon plus chanceux que lui, il aura des réserves suffisantes pour bénéficier d'une nouvelle

8. G. S. Wilkinson, « Reciprocal food sharing in vampire bats », *Nature*, n° 309, 1984, p. 181-184. G. S. Wilkinson, « Altruism and co-operation in bats », *Recent advances in the study of bats*, sous la direction de M. B. Fenton, P. Racey & J. M. V. Rayner, Cambridge University Press, 1987, p. 299-323. Le lecteur pourra également trouver une synthèse de G. S. Wilkinson en français : « Le partage du sang chez les vampires », *Pour la Science*, n° 150, 1990, p. 58-64.

nuit de chasse : le gain est considérable. Pour l'altruiste rassasié, au contraire, le coût est minime puisqu'il conservera une autonomie de deux nuits complètes. Une simulation informatique a montré que, sans le don de sang, le taux de mortalité annuelle chez ces chauve-souris serait de 82 %, tandis que le taux observé n'est que de 24 %. Inutile de chercher plus loin l'avantage adaptatif conféré par la pratique altruiste des vampires d'Azara. Le don de sang s'observe au terme d'une toilette assidue du donneur potentiel par le vampire affamé. Mais il n'aura lieu que si les deux femelles sont apparentées ou se côtoient de longue date (la reconnaissance semble basée sur des signaux acoustiques et olfactifs).

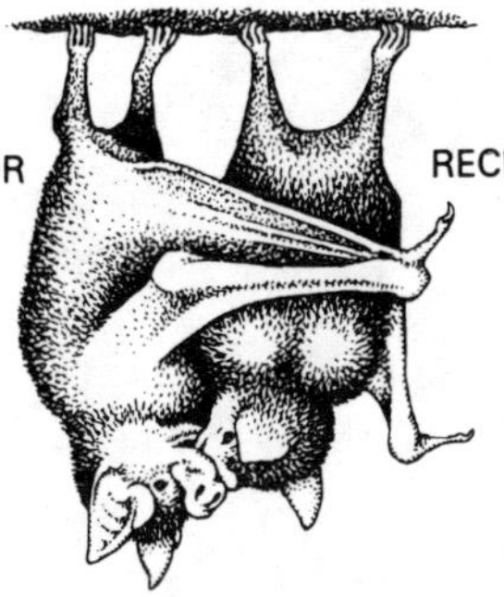

Fig. 8.5. Don de sang entre vampires (d'après Wilkinson, 1990).

Les têtards altruistes, évoqués dans la première partie de ce chapitre, n'avaient guère le temps, sous les crocs de leur prédateur, de retirer un bénéfice de leur altruisme. Le seul avantage est génétique et posthume : ils ont favorisé la survie, donc l'espérance de reproduction, de congénères apparentés. Leur altruisme, ultime, est inséparable de leur propre disparition. Le cas rappelle autant le sacrifice des globules blancs que celui des pucerons-soldats ou des termites explosifs (*Cf.* chapitres 2 & 3). Curieusement, le vampire d'Azara illustre à la fois la théorie de la sélection de parentèle et celle de l'altruisme réciproque. Il offre l'une des rares vérifications de cette dernière. De fait, *a priori*, toutes les conditions étaient réunies pour l'apparition de l'altruisme réciproque : promiscuité des individus dans des associations durables, longévité suffisante pour permettre une symétrie des situations, péril permanent dû à la nécessité d'un approvisionnement régulier en sang, faible coût pour l'altruiste par rapport à l'avantage retiré par le bénéficiaire, facultés sensorielles bien développées. Il restait à faire la preuve que ces animaux étaient dotés de capacités cérébrales suffisantes pour que la sélection naturelle ait pu favoriser ceux de leurs ancêtres qui s'orientèrent les premiers dans la voie de l'altruisme réciproque. Il semble aujourd'hui que, mis à part un seul exemple chez le singe, l'altruisme réciproque serait l'apanage de l'Homme et du vampire d'Azara. De quoi donner peut-être une dimension nouvelle à cette fascination pour les vampires en tous genres dont la littérature et le septième art se font régulièrement l'écho...

Chapitre 9

Sexe, entraide et convivialité

Les principaux comportements où peut intervenir la reconnaissance des apparentés ont été énumérés au chapitre 6. À présent, nous allons nous intéresser à la façon dont différents groupes zoologiques (insectes, oiseaux et mammifères) font une utilisation voisine de la discrimination de parentèle dans des comportements directement liés à la reproduction : le choix sexuel et l'entraide pour élever les jeunes. Les analogies entre des animaux aussi différents qu'une guêpe et une souris sont parfois troublantes ; elles confirment en tout cas la valeur adaptative de l'aptitude à discriminer des indices de reconnaissance individuels. Le plus souvent, le mécanisme de la discrimination est fondé sur la constitution d'images mentales de référence, à partir de l'expérience vécue précocement au contact de congénères apparentés.

Fuir la famille et éviter l'inceste : la sexualité des souris et des guêpes

Des recherches menées en laboratoire depuis une quinzaine d'années sur des souris domestiques, essentiellement par des chercheurs américains [1], ont établi que ces rongeurs sont capables d'orienter leurs

1. Edward Boyse, du *Sloan-Kettering Cancer Center* de New York, ainsi que Kunio Yamazaki et Gary Beauchamp, du *Monell Chemical Senses Center* de Philadelphie.

relations sexuelles en discriminant l'odeur de leurs partenaires potentiels. L'odeur type portée par chaque souris et discriminée par ses congénères est déterminée – au moins en partie – par les gènes du *complexe majeur d'histocompatibilité* (CMH), appelé chez la souris *système H-2* (analogue du système HLA découvert chez l'Homme). Le CMH est impliqué dans le système immunitaire : ses gènes codent la fabrication d'antigènes [2] déposés à la surface des cellules. Ces antigènes sont déterminants dans le rejet de cellules ou de tissus greffés entre individus non apparentés. Des dysfonctionnements du mécanisme sont impliqués dans des maladies graves (cancers et syndromes immuno-dépressifs, notamment). Les nouvelles découvertes montrent que le CMH intervient de façon décisive au niveau du comportement sexuel et de la reproduction de la souris. Les molécules antigéniques de la souris sont codées essentiellement par trois gènes sur les quelques dizaines que compte le CMH porté par le chromosome 17 [3]. La forme sous laquelle ces trois gènes peuvent exister est d'une variabilité sans égale dans tout le reste du génome [4]. Ainsi, on a évalué qu'il existait théoriquement 3,6 milliards de combinaisons génétiques différentes pour le CMH de toute population naturelle de souris. Nous reviendrons sur la question de l'intérêt adaptatif d'une telle variabilité du CMH au niveau des populations naturelles. On a découvert qu'une variation minime, concernant un seul gène (comme dans le cas de deux lignées congéniques, *cf. infra*), aboutit à deux odeurs parfaitement discriminées par les partenaires, que ce soit chez les souris [5] ou chez les rats [6]. Ces odeurs sont peut-être déterminées par les antigènes différents excrétés dans les urines. Plus étonnant, on a montré que des sujets humains étaient capables de distinguer l'odeur de deux souris ne différant en tout et pour tout que pour un gène du CMH [7].

Les recherches démontrant l'importance du CMH dans le choix sexuel ont été réalisées d'abord sur des lignées consanguines et

---

2. Ces molécules sont des glycoprotéines.
3. Chez l'Homme, il s'agit du chromosome 6.
4. Chacune de ces formes est appelée *allèle*. On parle dans ce cas d'un *polymorphisme génétique* élevé. Pour plus de précisions, voir l'ouvrage de J. Klein, *Natural history of the major histocompability complex*, New York, John Wiley & Sons, 1986.
5. M. Yamaguchi, K. Yamazaki, G. K. Beauchamp, J. Bard, L. Thomas & E. A. Boyse, « Distinctive urinary odors governed by the major histocompatibility locus of the mouse », *Proceedings of the National Academy of Sciences of the USA*, n° 78, 1981, p. 5817-5820.
6. P. B. Singh, R. E. Brown & B. Roser, « MHC antigens in urine as olfactory recognition cues », *Nature*, n° 327, 1987, p. 161-164.
7. A. N. Gilbert, K. Yamazaki, G. K. Beauchamp & L. Thomas, « Olfactory discrimination of mouse strains (*Mus musculus*) and major histocompatibility types by humans », *Journal of Comparative Psychology*, n° 100, 1986, p. 262-265.

congéniques de souris domestiques (*Mus mu*
les animaux d'une même lignée consanguin
identiques et possèdent systématiquement en doub
(on dit qu'ils sont homozygotes), à l'exception d'une
ceux portés par les chromosomes sexuels X et Y des
lignées congéniques sont également consanguines et ne var
par rapport à l'autre que pour un seul gène. Elles sont obten
laboratoire par hybridation de deux souches pures, les hybrides obte
étant ensuite croisés avec une seule des deux lignées parentes : cette opération est répétée sur un nombre suffisant de générations, et l'on sélectionne à chaque fois une différence ne portant que sur un seul gène en particulier. La souche de souris consanguines C57BL6, au pelage et aux yeux noirs, a servi de base à la constitution de deux lignées congéniques ne variant que pour un seul gène du CMH, existant sous deux formes dites H-2b et H-2k. Un jeune mâle H-2b ou H-2k préalablement isolé au sevrage, puis mis dans une cage en présence de deux femelles en chaleur (état d'œstrus) de l'une et l'autre souches congéniques, s'accouplera de préférence avec celle qui possède un CMH différent du sien [8]. On a d'abord cru que le mâle exprimait ainsi une aversion pour le « soi », c'est-à-dire pour une odeur correspondant à un génome identique au sien propre. En fait il n'en est rien car un mâle H-2b ou H-2k, adopté à la naissance par une mère congénique possédant l'allèle opposé et présenté simultanément, une fois adulte, à deux femelles congéniques en chaleur de type H-2b et H-2k préférera cette fois s'accoupler avec celle qui possède le même CMH que lui [9]. L'explication réside en fait dans l'existence d'un phénomène d'empreinte filiale que le souriceau mâle subit au contact de sa mère pendant les trois semaines qui précèdent le sevrage ; le type de CMH côtoyé pendant cette période sera le moins favorisé par le mâle adulte dans le cadre de son comportement sexuel (voir fig. 9.1).

Si le rôle du mâle semble déterminant dans les expériences présentées ici, d'autres travaux montrent que la souris femelle peut également agir sur sa reproduction en fonction de son expérience olfactive liée au CMH. On savait depuis longtemps qu'en retirant de la cage « nuptiale » le mâle ayant récemment copulé pour le remplacer

---

8. K. Yamazaki, E. A. Boyse, V. Mike, H. T. Thaller, B. J. Mathieson, J. Abbot, J. Boyse, Z. A. Zayas & L. Thomas, « Control of mating preferences in mice by genes in the major histocompatibility complex », *Journal of Experimental Medecine*, n° 144, 1976, p. 1324-1335.
9. K. Yamazaki, G. K. Beauchamp, D. Kupniewski, J. Bard, L. Thomas & E. A. Boyse, « Familial imprinting determines H-2 selective mating preferences », *Science*, n° 240, 1988, p. 1331-1332.

Type de mâle	Type de femelle sélectionné		
	2 choix pour le même *H-2*	2 choix pour le *H-2* différent	1 choix même *H-2* 1 choix *H-2* différent
H-2^{b} ou *H-2*^{k} non adopté	4	20	17
H-2^{b} ou *H-2*^{k} issu d'une adoption par une mère de même CMH	8	15	12
H-2^{b} ou *H-2*^{k} issu d'une adoption par une mère de CMH opposé	18	4	15

Fig. 9.1. Bilan global des choix sexuels manifestés par chaque mâle mis à deux reprises en présence simultanée de deux femelles congéniques en chaleur dont l'une possède le même CMH (H-2) que lui. Les données des deux premiers types de mâles (élevés par leur propre mère ou par une mère de même souche congénique) montrent une préférence significative pour les femelles possédant le H-2 différent. Inversement, les données fournies par le troisième groupe de mâles (adoptés par une mère d'une souche congénique distincte pour un gène du système H-2) montrent une préférence significative envers les femelles ayant le même H-2 qu'eux. D'après Yamazaki et coll., 1988.

par un autre mâle, on provoquait dans un nombre de cas important le blocage de la grossesse de la femelle : des avortements précoces peuvent se produire ou, plus fréquemment, une évacuation des ovules fécondés avant même leur nidation dans la paroi de l'utérus [10]. Le même effet peut être obtenu, après retrait du mâle d'origine, en plaçant dans la cage un coton imbibé d'urine de mâle étranger. Parmi les interprétations les plus courantes, on considère qu'il s'agit là d'un comportement répondant au risque de comportement cannibale du mâle envers la progéniture dont il ne serait pas le père : la femelle éviterait ainsi d'investir à perte [11]. Les mêmes expériences ont été

10. On a décrit différents effets psychosomatiques de ce type chez la souris. Des recherches ont été entreprises sur leurs mécanismes, en particulier à l'université Strasbourg I : *cf.* Philippe Ropartz, « Olfaction et comportement social chez les rongeurs », *Mammalia*, n° 32, 1968, p. 550-569.

11. En effet, Glenn Perrigo et ses collègues de l'université du Missouri ont démontré qu'un mâle souris dévore tous les nouveau-nés qu'il rencontre, sauf entre dix-huit et vingt-deux jours après avoir copulé. Cette période de tolérance, qui est à rapprocher de la durée de la gestation (vingt et un jours environ), permet au mâle d'éviter de dévorer ses propres

répétées en utilisant des lignées congéniques pour le *complexe majeur d'histocompatibilité* (CMH) [12]. Ainsi, chez une souris femelle récemment couverte par un mâle qui lui est retiré pour être remplacé par un second ayant avec le précédent une variation monogénique portant sur *un* gène du CMH, il y a blocage de la grossesse dans 56 % des cas. En revanche, si le second mâle congénique est du même H-2 que le premier, le pourcentage de grossesses bloquées tombe à 16 % seulement. La souris femelle est donc parfaitement capable de discriminer la différence d'odeur engendrée par la variation d'un seul gène du CMH chez son partenaire sexuel et elle modifie sa réponse quant à la poursuite de sa grossesse en fonction de cette perception.

Dans ces différentes expériences, les variables d'environnement qui pourraient agir sur les odeurs individuelles sont contrôlées. Il est donc très probable que ce soient bien les variations chimiques uniquement dues aux différences génétiques entre lignées congéniques qui déterminent les modifications de l'image olfactive perçue par les souris chez leurs partenaires. Il ne fait guère de doute que les caractéristiques génétiques du CMH agissent directement sur l'odeur d'un individu. On peut le vérifier. Il suffit, en effet, d'irradier des souris pour détruire leur système immunitaire, dont le siège principal est le tissu hématopoïétique de la moelle des os, responsable de la production des globules blancs. Si on leur greffe ensuite la moelle d'un donneur congénique porteur d'un gène H-2 différent, on peut observer que ces souris développent progressivement l'odeur caractéristique du donneur de greffe [13].

Les mécanismes intimes par lesquels le CMH module l'odeur des individus demeurent toutefois peu connus. Il pourrait s'agir des antigènes eux-mêmes, une fois passés dans les urines, mais on peut également supposer que le type de CMH porté par une souris influe sur la composition de la flore bactérienne qu'elle héberge, laquelle peut à son tour dégrader de façon différentielle les substances produites par l'organisme. Les produits de cette dégradation constituent tout ou partie de l'odeur individuelle.

La rigueur expérimentale et la clarté des résultats obtenus ne

---

petits (G. Perrigo, W. C. Bryant & F. vom Saal, « A unique neural timing system prevents male mice from harming their own offspring », *Animal Behaviour*, n° 39, p. 535-539).

12. K. Yamazaki, G. K. Beauchamp, C. J. Wysocki, J. Bard, L. Thomas & E. A. Boyse, « Recognition of the H2 types in relation to the blocking of pregnancy in mice », *Science*, n° 221, 1983, p. 186-188.

13. K. Yamazaki, G. K. Beauchamp, L. Thomas & E. A. Boyse, « The hematopoietic system is a source of odorants that distinguish major histocompatibility types », *Journal of Experimental Medecine*, n° 162, 1985, p. 1377-1380.

doivent pas masquer la possibilité que d'autres influences génétiques puissent s'exercer, en plus de celle du CMH, sur le déterminisme des odeurs corporelles de la souris. Ainsi, le même groupe de chercheurs a démontré que des différences génétiques portant sur les chromosomes sexuels (en particulier sur le chromosome X, porteur d'un plus grand nombre de gènes que le chromosome Y) pouvaient changer les odeurs corporelles, comme l'atteste la discrimination manifestée dans ce cas par les congénères [14].

Toutefois, depuis l'étude menée récemment par Wayne Potts et ses collaborateurs de l'université de Floride sur des populations semi-naturelles maintenues en enclos [15], il ne semble plus possible de douter de l'importance du rôle joué par le CMH sur les comportements reproducteurs des souris de souches non consanguines ou sauvages. Sur neuf populations semi-naturelles de souris laissées libres de leurs croisements, ils constatèrent une variabilité génétique au niveau du CMH de la descendance supérieure de 27 % à ce que permettait de prévoir des choix sexuels qui se seraient exercés indépendamment des caractéristiques génétiques du système immunitaire [16]. Les observations de ces chercheurs semblent plutôt favoriser l'hypothèse que les femelles seraient à l'origine de cette recherche d'un brassage génétique maximal au niveau des gènes du CMH, en se montrant particulièrement actives pour choisir des mâles possédant un CMH éloigné du leur.

Enfin, on ne peut évoquer ces travaux étonnants sans s'interroger sur l'avantage adaptatif que peut constituer une préférence sexuelle fondée sur le complexe majeur d'histocompatibilité. Cette préférence, qui s'exprime en faveur des CMH non familiers, a pour conséquence d'entretenir une diversité génétique élevée au niveau du CMH des populations de souris et de l'espèce dans son ensemble. *A priori*, on peut y voir un double avantage adaptatif : le premier est d'augmenter la résistance globale des familles et des populations aux maladies infectieuses – en particulier virales – dont la propagation peut être favorisée par les mœurs sociales de l'espèce ; le second est de servir de marqueur olfactif du polymorphisme génétique, ce qui permettrait aux souris de minimiser les risques de consanguinité au niveau de

---

14. K. Yamazaki, G. K. Beauchamp, O. Matsuraki, J. Bard, L. Thomas & E. A. Boyse, « Participation of the murine X and Y chromosomes in genetically determined chemosensory identity », *Proceedings of the National Academy of Sciences of the USA*, n° 83, 1986, p. 4438-4440.

15. W. K. Potts, C. J. Manning & E. K. Wakeland, « Mating patterns in seminatural populations of mice influenced by MHC genotype », *Nature*, n° 352, 1991, p. 619-621.

16. Dans le cas d'un choix sexuel effectué au hasard, les homozygotes pour le CMH auraient dû être plus nombreux de 27 %.

leur descendance, consanguinité que favoriseraient des relations incestueuses.

Le rôle du CMH dans ce type de phénomène n'est apparu ni avec les souris, ni avec les rongeurs, ni même avec les vertébrés. Il y a quelques années, une équipe de chercheurs menée par V. Scofield, à l'université Stanford, a démontré que les cellules sexuelles de prochordés du genre *Botryllus* [17] évitaient de s'associer lorsqu'elles possédaient des gènes identiques au niveau du CMH ancestral dont ces animaux – archaïques du point de vue de l'Évolution – sont déjà pourvus [18].

Faisant écho aux découvertes sur la sexualité des souris, l'équipe de George Gamboa, de l'université d'Oakland, a démontré que, chez les guêpes sociales *Polistes fuscatus* d'Amérique du Nord, les mâles préfèrent s'accoupler avec des femelles non apparentées plutôt qu'avec leurs sœurs [19]. Ici, on ignore encore l'origine des indices de reconnaissance utilisés. Par analogie avec les souris, on pourrait toutefois émettre l'hypothèse que ces insectes sociaux pourraient posséder un système génétique analogue au CMH, c'est-à-dire suffisamment polymorphe pour que l'individu soit porteur d'une odeur type qui le distingue de toute guêpe étrangère, sauf de celles qui lui sont étroitement apparentées.

Du bon degré d'apparentement : la théorie de l'hybridation optimale

En démontrant l'avantage génétique et adaptatif qu'un individu retirait de l'aide fournie à la reproduction de collatéraux, la théorie de la parentèle explique l'apparition de la socialité de façon cohérente du point de vue de la théorie de l'Évolution. Dans cette perspective, un individu renonçant à tout ou partie de sa reproduction propre (cas des insectes éosociaux) peut promouvoir ses propres gènes tout en réduisant le risque de consanguinité. Chez les espèces dont tous les membres sont potentiellement en mesure de se reproduire, on peut

17. Invertébrés marins, ancêtres des vertébrés.

18. V. L. Scofield, J. M. Schlumpberger, L. A. West & I. L. Weissman, « Protochordate allorecognition is controlled by a MHC-like gene system », *Nature*, n° 295, 1982, p. 499-502.

19. R. E. Ryan & G. J. Gamboa, « Nestmate recognition between males and gynes of the social wasp *Polistes fuscatus* (Hymenoptera : Vespidae) », *Annals of the Entomological Society of America*, n° 79, 1986, p. 572-575.

prédire qu'une pression sélective antagoniste de la sélection de parentèle s'exerce, cette fois, en éloignant les uns des autres les individus apparentés. En effet, la viabilité d'une descendance consanguine (en anglais : *inbreeding*) est réduite. Inversement, trop de variabilité dans le génome d'un même individu peut également aboutir à un handicap adaptatif, par exemple en éliminant des combinaisons génétiques favorisant l'adaptation à des conditions écologiques locales [20]. De l'existence supposée de deux forces sélectives antagonistes, on peut déduire qu'une stratégie de compromis aura pu se trouver favorisée au cours de l'Évolution. Une telle stratégie, permettant de concilier des intérêts génétiques divergents entre sélection de parentèle et consanguinité relative, semble basée sur deux règles simples : premièrement, l'attraction entre apparentés pour les comportements sociaux (par exemple l'attraction entre femelles apparentées pour l'élevage des jeunes, *cf. infra*) ; et deuxièmement l'évitement, voire la répulsion, entre apparentés de sexe opposé dans le cadre du comportement sexuel (*cf. supra*). L'éthologiste britannique Patrick Bateson, de l'université de Cambridge, a proposé une autre solution à cet antagonisme d'intérêts : le choix sexuel serait modulé en fonction du degré d'apparentement entre partenaires. Sa théorie, connue sous le nom d'hybridation optimale (de l'anglais *optimal outbreeding* [21]), postule qu'il a pu s'établir un équilibre entre l'avantage de promouvoir la reproduction d'un apparenté et le désavantage d'une reproduction consanguine entre parents proches. Cet équilibre se réaliserait au travers de la constitution de couples *modérément* apparentés. Une telle orientation du choix sexuel constituerait une stratégie de compromis entre l'excès et l'insuffisance d'apparentement, d'où le terme d'*hybridation optimale*. Bateson ne s'est pas contenté de lancer l'idée : son étude du comportement sexuel de la caille japonaise (*Coturnix cortunix japonica*) [22] a fourni le premier exemple vérifiant sa théorie.

Le cas de la caille japonaise était spécialement intéressant pour cette étude dans le mesure où, chez cet oiseau, les croisements entre frères et sœurs au-delà de quatre générations entraînent l'extinction de toute descendance. Bateson élève ensemble dès l'éclosion des frères et sœurs de caille japonaise : il y a donc entre ces animaux à la fois

20. Sur les inconvénients d'une hybridation trop poussée, on pourra consulter A. R. Templeton, « Coadaptation and outbreeding depression », *Conservation Biology* (sous la direction de M. E. Soule), Sunderland, Sinauer, 1986, p. 105-116.

21. P. P. G. Bateson, « Optimal outbreeding », *Mate Choice* (sous la direction de P. P. G. Bateson), Cambridge University Press, 1983, p. 257-277.

22. P. P. G. Bateson, « Preferences for cousins in Japanese quail », *Nature*, n° 295, 1982, p. 236-237.

un lien d'apparentement et un lien de familiarité dû au côtoiement. À l'âge de trente jours chaque oiseau du groupe est isolé jusqu'à maturité sexuelle. Alors, à l'âge de soixante jours, chacune des jeunes cailles adultes est testée dans une cage dont les parois comportent cinq fenêtres fermées par des vitres sans tain donnant chacune sur un compartiment où l'on a placé une « caille objet » de sexe opposé à la caille testée. Selon le compartiment, soit la caille objet est connue de la caille testée (il s'agit donc d'un frère ou d'une sœur familière), soit elle est inconnue d'elle tout en étant apparentée (frère ou sœur, cousin ou cousine germaine, cousin ou cousine au troisième degré), soit enfin elle n'est ni connue, ni apparentée. Le dispositif permet à la caille testée de voir les cailles objets, mais l'inverse est impossible : le comportement de ces dernières n'est donc pas modifié par celui de la caille testée. Le test consiste à mesurer le temps passé par la caille testée contre chacune des cinq fenêtres, en considérant que le temps passé devant une fenêtre donne une mesure de l'attraction sexuelle de la caille testée pour la caille objet correspondante. Les résultats obtenus, résumés dans la figure 9.2, montrent qu'en moyenne, les treize cailles femelles comme les vingt-deux cailles mâles testées sont

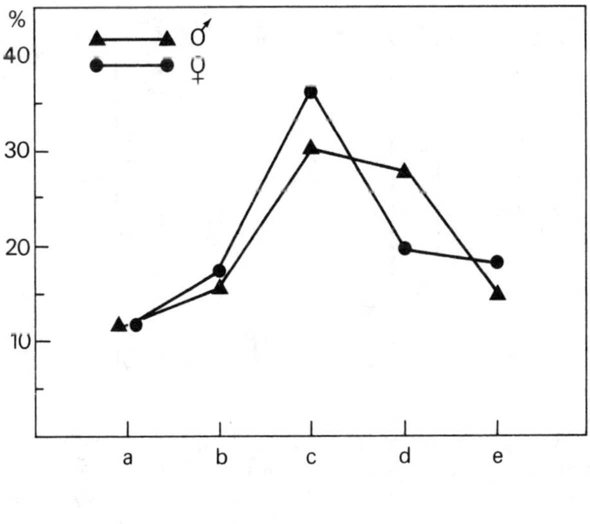

Fig. 9.2. Pourcentage de temps passé par des cailles japonaises adultes de sexe mâle (n = 22) ou femelle (n = 13) auprès de partenaires de cinq catégories possibles : *a,* frère (ou sœur) familier, *b,* frère (ou sœur) non familier, *c,* cousin (ou cousine) au premier degré, *d,* cousin (ou cousine) au troisième degré, *d,* non apparenté(e).

plus attirées, respectivement, par un cousin ou une cousine germaine non familiers.

Le choix manifesté pour des cousins germains semble bien lié à une motivation sexuelle, car il disparaît par exemple lorsqu'une caille mâle est testée en présence de cailles objets de même sexe qu'elle. Mais une autre expérience de Bateson a permis de le confirmer [23] : des cailles élevées dans leur fratrie jusqu'à l'âge de trente-cinq jours, puis isolées du sexe opposé pendant cinq jours, sont enfin, à l'âge de quarante jours, placées séparément dans une cage en compagnie d'un individu de l'autre sexe. Ce partenaire est soit une sœur ou un frère connu, soit une cousine ou un cousin germain inconnu, soit un non-apparenté inconnu. On note la date à laquelle ces différents couples produisent une descendance viable, puis on compare ces dates entre les trois situations. La figure 9.3 montre clairement que les associations produisant le plus rapidement des œufs fertiles sont les couples réunissant cousine et cousin germains non familiers, confirmant ainsi que la motivation de l'individu à préférer un partenaire partiellement apparenté plutôt qu'un très apparenté ou qu'un non-apparenté est bien une motivation sexuelle.

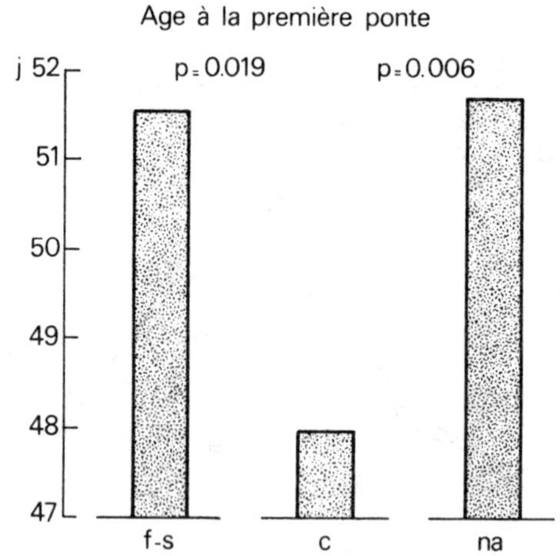

Fig. 9.3. Âge moyen (en jours) où la jeune caille femelle pond son premier œuf, en fonction qu'elle est mise en présence d'un frère familier (*f-s*), d'un cousin au premier degré inconnu (*c*), ou d'un non-apparenté inconnu (*na*), d'après Bateson, 1988.

23. P. P. G. Bateson, « Preferences for close relations in Japanese quail », *Acta Congressus Internationalis Ornithologici* (sous la direction de H. Ouellet), University of Ottawa Press, 1988, vol. I, p. 961-972.

Par la suite, utilisant une souche particulièrement hétérogène du point de vue génétique (hybride entre deux colonies), Patrick Bateson s'aperçut qu'en fait les cailles adaptaient leurs préférences sexuelles à la situation : lorsque l'hétérogénéité génétique est grande, la reproduction est plus active entre frère et sœur qu'entre cousins germains. L'hybridation optimale est donc atteinte de façon différente selon le degré de similarité génétique existant déjà au sein de la population. Les cailles paraissent parfaitement capables de percevoir cette similarité relative, vraisemblablement à travers celle du plumage de leurs frères et sœurs, utilisé comme indice.

Depuis cette première illustration de l'hybridation optimale chez la caille japonaise, quelques autres exemples sont venus accréditer cette théorie. Ainsi, des travaux plus récents sur des souris domestiques, menés à l'université de Nottingham par Barnard et Fitzsimons, ont montré que les mâles préféraient des cousines au premier ou second degré plutôt que des sœurs, des demi-sœurs ou des femelles non apparentées [24]. Le même type de résultat a été obtenu depuis par Brian Keane de l'université Purdue sur des souris à pattes blanches américaines *Peromyscus leucopus*, capturées dans la nature [25] : des femelles *leucopus* en chaleur choisissent un cousin germain plutôt qu'un frère inconnu ou un mâle non apparenté. En revanche, les femelles qui ne sont pas en état de réceptivité sexuelle ne manifestent pas de préférence significative entre ces trois catégories de mâles, ce qui confirme que le choix précédent correspond bien à une motivation sexuelle.

L'illustration de la théorie de l'hybridation optimale n'est pas exclue chez certains insectes, chez lesquels la sélection naturelle a pu favoriser des phénomènes analogues. Ainsi, à l'université de Liverpool, Simmons a montré que la femelle du grillon des champs *Gryllus bimaculatus*, qui joue un rôle primordial dans la constitution du couple, a tendance, lorsqu'elle recherche un mâle, à s'attarder davantage à l'entrée d'un terrier occupé par un cousin que d'un terrier occupé par un frère, un demi-frère ou un mâle non apparenté [26].

D'autres recherches seront nécessaires pour savoir si l'hybridation optimale est un phénomène de choix sexuel répandu chez les animaux,

---

24. C. J. Barnard & J. Fitzsimons, « Kin recognition and mate choice in mice : effects of kinship, familiarity and social status », *Animal Behaviour*, nº 36, 1988, p. 1078-1090.

25. B. Keane, « The effects of relatedness on reproductive success and mate choice in the white-footed mouse, *Peromyscus leucopus* », *Animal Behaviour*, nº 39, 1990, p. 264-273.

26. L. W. Simmons, « Female choice and the relatedness of mates in the field cricket, *Gryllus bimaculatus* », *Animal Behaviour*, nº 41, 1991, p. 493-501.

du moins chez les espèces – nombreuses, au demeurant – où la consanguinité entraîne une dépression génétique néfaste à la viabilité d'une descendance.

L'entraide familiale chez les souris et les guêpes

L'étude des phénomènes d'entraide dans l'élevage des jeunes chez les rongeurs n'a pas suscité autant de travaux que les préférences sexuelles et l'évitement de l'inceste. Cependant, une recherche menée avec beaucoup de minutie par Gerald Wilkinson et Ann Miller Baker sur une population naturelle de souris domestiques occupant un hangar dans un ranch du Colorado [27] nous apporte de précieuses informations. Ces éthologistes ont d'abord capturé systématiquement une partie de cette population en marquant chaque souris et en l'équipant, avant de la relâcher, d'un petit émetteur radio permettant d'en suivre les déplacements pendant plusieurs jours et, pour les femelles, de connaître leur site de nidification. Ainsi, ils ont pu observer que sur soixante-douze femelles allaitantes capturées et équipées de radio-émetteurs, dix étaient en fait associées par deux dans un même nid et élevaient leurs petits en commun. Des analyses génétiques révélèrent qu'il existait un degré d'apparentement très significatif entre ces femelles reproductrices associées, leur niveau de proximité génétique équivalant, en moyenne, à celui rencontré entre deux cousines germaines [28]. Une analyse statistique a démontré que ce résultat ne pouvait s'expliquer par le hasard des rencontres entre femelles. Autrement dit, ces dernières semblent constituer des nurseries lorsqu'elles ont la possibilité de s'associer avec d'autres femelles en gestation qui leur sont apparentées. On a appris depuis, grâce aux travaux de Barbara König, de l'université de Constance, qu'une souris lactante *Mus domesticus* ne fait pas de discrimination dans l'élevage de ses petits lorsqu'une partie d'entre eux ne sont pas les siens propres (situation créée par adoption expérimentale), même en cas d'une alimentation

27. G. S. Wilkinson & A. E. Miller Baker, « Communal nesting among genetically similar house mice », *Ethology*, n° 77, 1988, p. 103-114.

28. Le coefficient d'apparentement trouvé, qui représente une certaine sous-évaluation du coefficient réel, est de 0,13.

insuffisante [29]. Ce phénomène pourrait permettre d'interpréter l'association entre reproductrices apparentées : l'adéquation adaptative globale d'un tel comportement d'entraide apparaît beaucoup plus nettement si chaque femelle est assurée d'investir ses soins dans une progéniture avec laquelle elle aura un lien de parenté en tout état de cause, même s'il ne s'agit pas de ses propres enfants. Compte tenu de ce que l'on sait des mécanismes de reconnaissance impliqués dans le comportement sexuel des souris (voir le début de ce chapitre), on peut supposer que le complexe majeur d'histocompatibilité (CMH) fournit ici encore les indices de reconnaissance, à partir de l'expérience vécue par l'individu. Mais cela reste à démontrer.

C'est toujours à George Gamboa et à son équipe de l'université d'Oakland que l'on doit une observation analogue sur les guêpes sociales [30]. Ces travaux démontrent que pour fonder une nouvelle colonie au printemps, les jeunes reines de guêpes *Polistes*, seules à survivre à la période hivernale, préfèrent se regrouper entre sœurs. À l'automne les chercheurs ont marqué dans la nature deux cent soixante neuf jeunes reines potentielles restées sur le rayon de carton de différents nids en déclin (neuf visités au total). Le marquage consiste en l'application d'une goutte de peinture dont on varie la couleur en fonction de la colonie d'origine. Au mois de mai de l'année suivante, ils ont retrouvé dans le même secteur treize colonies nouvellement fondées par de jeunes reines marquées. Sur ces treize colonies, sept ont été cofondées par deux jeunes reines coopérant ensemble, et dans chacun de ces cas les deux cofondatrices portaient une marque de même couleur attestant qu'elles étaient sœurs. Chacune de ces cofondatrices se trouvait donc dans la situation de promouvoir sa descendance directe ou, au pire, une descendance de nièces et de neveux.

Évidemment, l'exemple de la guêpe *Polistes* n'autorise pas à généraliser à toutes les autres guêpes sociales. Ainsi, Malcolm Keeping, de l'université de Johannesburg, a démontré que chez la guêpe sud-africaine *Belonogaster petiolata*, les fondatrices s'associent indépendamment de leur degré de parenté [31]. On peut trouver jusqu'à seize

29. B. König, « Kin recognition and maternal care under restricted feeding in house mice (*Mus domesticus*) », *Ethology*, n° 82, 1989, p. 328-343.

30. G. J. Gamboa, J. E. Klahn, A. O. Parman & R. E. Ryan, « Discrimination between nestmate and non-nestmate kin by social wasps (*Polistes fuscatus*, Hymenoptera : Vespidae) », *Behavioral Ecology and Sociobiology*, n° 21, 1987, p. 125-128. G. J. Gamboa, « Sister, aunt-niece, and cousin recognition by social wasps », *Behavior Genetics*, n° 18, 1988, p. 409-423.

31. M. G. Keeping, « Colony foundation and nestmate recognition in the social wasp, *Belonogaster petiolata* », *Ethology*, n° 85, 1990, p. 1-12, 36.

jeunes reines associées à la fondation d'une nouvelle colonie tandis qu'il n'y a guère d'exemple de fondation par une reine unique, contrairement aux guêpes *Polistes*. La stratégie différente de *Belonogaster* est vraisemblablement due aux faibles chances de réussite d'une fondation solitaire, compte tenu de la compétition entre jeunes nids. Dans ce cas, contrairement aux *Polistes*, la fondatrice *Belonogaster* n'a qu'une seule chance de produire une descendance, et cette chance dépend simplement de sa capacité à s'associer avec plusieurs autres jeunes reines, indépendamment de toute relation d'apparentement. Cet exemple rappelle celui des fondatrices de la fourmi champignonniste *Acromyrmex versicolor*, qui se trouvent également dans une situation de compétition intense, et où les jeunes reines ne s'associent pas en fonction d'un apparentement (*cf.* chap. 3).

Parentèle et convivialité

Bien des modèles classiques de l'écologie ou de la génétique des populations apparaissent un peu dépassés quand on voit l'importance que revêtent les phénomènes de sélection de parentèle au niveau de la constitution du couple, de l'efficacité de la copulation et des soins prodigués à une descendance. Il n'est plus possible, aujourd'hui, de soutenir que la rencontre des sexes ne dépend que du hasard (*panmixie*). Les animaux en quête de reproduction, y compris à des stades évolutifs considérés comme primitifs, ne peuvent plus être traités à l'instar des produits sexuels que beaucoup de végétaux abandonnent au hasard des événements climatiques et topographiques. La connaissance des mécanismes éthologiques de la rencontre des sexes est devenue l'un des préalables à toute tentative de modélisation en génétique des populations animales.

En forgeant de nouveaux modèles et de nouveaux concepts, il ne faut pas oublier que la finalité évolutive, *cause ultime* de l'existence d'un comportement de choix sexuel ou social, c'est-à-dire l'avantage adaptatif de ce choix, ne transparaît pas dans son déterminisme direct (ou *cause proche*). Ainsi, lorsque la cause ultime d'un choix est l'avantage adaptatif d'éviter ou au contraire de rechercher un partenaire apparenté, la cause proche qui détermine la décision de l'animal est le plus souvent l'évitement ou la recherche d'un partenaire *familier* (ou qui ressemble à un partenaire familier). Il existe avec ce partenaire un lien de *convivialité* construit à travers une expérience antérieure. En d'autres termes, *l'animal ne prend pas sa décision en fonction de la proximité génétique qu'il reconnaîtrait chez un autre, mais en fonction du degré de convivialité qu'il entretient avec lui ou avec un tiers qui lui ressemble*[32]. Le plus souvent, c'est au contact des congénères qui sont à proximité de lui que l'individu apprend précocement, à travers des mécanismes de familiarisation, à constituer les modèles de référence auxquels il comparera ses futurs partenaires (*cf.* chap. 6). Mais finalement, compte tenu des contraintes du mode de vie, ces apprentissages précoces sont normalement développés à partir de congénères qui se trouvent, de fait, apparentés. Plus tard, lorsque l'individu ainsi entraîné orientera ses choix sociaux ou sexuels, il répondra donc, indirectement, à des indices d'apparentement. La *reconnaissance de convivialité* est donc un mécanisme éthologique des plus répandu, un moyen par lequel la discrimination de parentèle peut exercer son avantage sélectif (cause ultime).

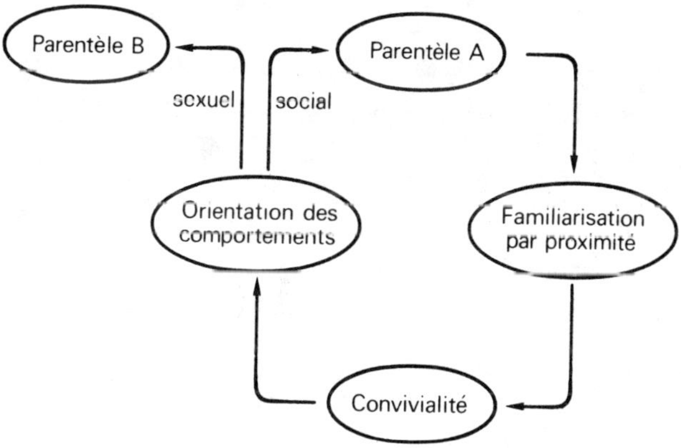

Fig. 9.4. Chez nombre d'espèces, l'appartenance à une même parentèle entraîne une proximité spatiale entre les individus. Cette dernière favorise à son tour les familiarisations mutuelles, qui aboutissent à un statut de *convivialité* entre familiers. C'est la *reconnaissance de convivialité* qui orientera certains comportements des individus. *In fine,* ces comportements pourront s'orienter vers des partenaires apparentés (registre social) ou bien vers des partenaires de parentèle différente (registre sexuel).

---

32. J'ai défini ce concept de convivialité (en anglais *fellowship*), par contraste avec la parentèle (*kinship*). *Cf.* P. Jaisson, « Social Behaviour », *Comprehensive Insect Physiology, Biochemistry and Pharmacology* (sous la direction de G.A. Kerkut & L.I. Gilbert), Pergamon Press, Oxford, 1985, vol. 9, p. 673-694.

Au début, trop de sociobiologistes ne se sont intéressés qu'aux causes ultimes, les mécanismes intermédiaires n'ayant à leurs yeux qu'une importance secondaire. Cette tendance a pu donner l'impression que pour la sociologie dans son ensemble, le finalisme était le but « final » et non pas un outil de la pensée scientifique (qu'il a été en fait). Ce point de vue est évidemment contestable, parce que la connaissance des mécanismes intermédiaires permet, d'une part, de valider les hypothèses évolutives existantes, et d'autre part, d'aider à en élaborer de nouvelles. Il est vrai que la sociobiologie s'est codifiée à un moment où il devenait nécessaire de réagir à la tendance excessive de nombreux comportementalistes à ne s'intéresser, au contraire, qu'aux mécanismes les plus élémentaires, en perdant de vue leur signification évolutive et adaptative. Aujourd'hui, de plus en plus, on associe l'intérêt pour les mécanismes à l'intérêt pour l'Évolution et les fonctions. Autrement dit, la question du « comment ? » et celle du « pourquoi ? » tendent à se rejoindre. Pour la biologie du comportement, il s'agit d'un progrès historique.

Chapitre 10

L'Homme et le sociobiologiste

Que la sociobiologie ait pu agacer par sa prétention à inoculer du biologique dans le domaine, jusque-là réservé, du social est un fait. Que les propos candides émanant de certains de ses premiers vulgarisateurs aient pu choquer en est un autre. Après coup, cependant, compte tenu du bilan scientifique de cette discipline, il est bien difficile de ne pas se rallier à ce que Wilson prédisait dans son ouvrage de 1971 sur les sociétés d'insectes, sous le titre *The Prospect for a Unified Sociobiology* [1] : « Vertébrés et insectes [...] ont développé, au cours de l'Évolution, des comportements sociaux qui sont similaires dans le degré de complexité et convergents dans de nombreux détails importants. Ce fait porte en lui-même la promesse particulière que la sociobiologie peut être finalement dérivée des principes premiers de la biologie des populations et du comportement et développée en une science mûre et individualisée. »

Si Wilson n'avait pas intégré l'espèce humaine aux « vertébrés » dont il parle, il n'y aurait jamais eu de polémique sur la sociobiologie. En effet, ce sont uniquement les trente pages consacrées à l'Homme parmi les six cents que comptait son livre *Sociobiology* qui ont motivé la controverse.

1. *Op. cit.*, p. 460 (La perspective d'une sociobiologie unifiée).

Autopsie d'une polémique

Bien des polémistes qui participèrent naguère à la cabale contre la sociobiologie voulaient, en fait, exorciser la sociobiologie *humaine*, suspectée d'innéisme radical. Aussi, pour étendre un large cordon sanitaire autour de notre espèce, ils entreprirent une critique *globale* de la sociobiologie, jusque dans ses moindres applications aux sociétés d'insectes. Comme si, en ébranlant sur sa base la discipline, on l'invalidait plus sûrement au sommet. Cette position était pourtant dangereuse : si, d'aventure, la sociobiologie s'avérait pertinente dans la connaissance des insectes sociaux, aucune raison ne pourrait plus s'opposer à son application directe à l'Homme. Malgré le bilan qui s'impose, je me garderai d'avancer un tel argument.

Aujourd'hui, la polémique sur la sociobiologie n'a qu'un caractère relativement anecdotique dans l'histoire des idées au XXe siècle. Selon le pays, il y a eu réellement une polémique (États-Unis, France) ou un simple débat limité à quelques cercles d'intellectuels initiés. En Grande-Bretagne, le débat est resté d'un haut niveau intellectuel et s'est cantonné, à peu d'exceptions près, à des institutions universitaires, notamment Oxford et Cambridge. Devant la variété des réactions suscitées par la sortie du livre de Wilson (*Sociobiology*), la revue anglaise *Animal Behaviour* demanda à quatorze experts de renom international et de différentes nationalités de rédiger chacun une évaluation du livre [2]. Le fait était unique dans les annales. Cinq de ces analyses (de quatre nationalités différentes) étaient positives sans la moindre réserve, six (dont quatre britanniques) étaient positives avec des réserves sur des points particuliers, et trois (uniquement américaines) étaient négatives. Malgré tout, les biologistes britanniques ont été assez agacés de l'incursion de Wilson dans un domaine qu'ils estimaient être le leur depuis longtemps. En Allemagne, des discussions ont eu lieu seulement entre philosophes (les biologistes allemands portent traditionnellement leurs efforts sur les données factuelles plutôt que sur les théories). En outre, la première revue internationale de sociobiologie (*Behavioral Ecology and Sociobiology*,

2. « Multiple review of Wilson's sociobiology », *Animal Behaviour*, n° 24, 1976, p. 698-718.

Springer-Verlag) a été créée en Allemagne en 1976. Enfin, au Japon, il n'y a pas eu vraiment de débat ; dans les universités, la sociobiologie a été plutôt reçue favorablement dans les milieux de gauche et avec réserve dans les milieux conservateurs...

Aux États-Unis, la polémique a surtout sévi entre 1975 et 1979. Elle est restée essentiellement limitée à la côte Est, sur les campus et dans les colonnes de journaux lus par l'élite intellectuelle (par exemple, le *New York Review of Books*). C'est une époque dont Wilson parle volontiers avec amertume. Il est vrai que nombre d'attaques qu'il a eu à subir ont été formulées de façon personnelle. Depuis, des thèses ont été réalisées sur la question, comme on le ferait de n'importe quel épisode du passé [3]. Ce qui a surtout excité ces oppositions, c'est le vingt-septième et dernier chapitre du livre écrit en 1975 (*Sociobiology*). Il était consacré à l'Homme. Comme en France, les apports novateurs nettement moins sujets à débats, présentés par Wilson dans ses vingt-six autres chapitres ont été éclipsés par la polémique liée au vingt-septième. On a reproché à Wilson son incursion intempestive et candide dans le domaine des sciences humaines et sociales et sa tentative pour poser le problème du lien entre le comportement de l'Homme et son histoire évolutive. Le succès remporté par son ouvrage (de nombreuses critiques favorables et un article en première page du *New York Times*) n'a fait qu'aiguiser les hostilités. La polémique a été favorisée par le fait qu'un débat particulièrement âpre venait de se dérouler sur l'héritabilité du quotient intellectuel. On fit à Wilson un procès digne des plus belles heures de l'Inquisition, déformant délibérément ses propos afin de mieux diaboliser les nouveaux concepts et la discipline [4]. Il était également accusé de faire de la « mauvaise science » ou de la « pseudo-science », et de vouloir justifier les discriminations et inégalités sociales par la biologie.

Contrairement à ce qui s'est passé en France, des sociobiologistes américains ont participé à la polémique. La victoire indiscutable de la discipline est due d'abord à l'importance des premiers résultats des recherches fondées sur le nouveau paradigme. En outre, les détracteurs sont rapidement apparus inféodés à des groupes politiques extrémistes.

---

3. Pour des détails, on peut se reporter au travail de U. Segerstrâle : « Colleagues in conflict : An " In vivo " analysis of the sociobiology controversy », *Biology and Philosophy*, nº 1, 1986, p. 53-87.

4. Comme le démontre une enquête menée par la revue *Science* en mars 1976 : N. Wade : « Sociobiology : troubled birth for new discipline », nº 191, p. 1151-1155.

Quant à Wilson, il s'est montré particulièrement pugnace, tandis qu'il recevait le soutien de nombreux scientifiques.

D'où venaient ces opposants virulents ? De l'endroit où Wilson les attendait probablement le moins, c'est-à-dire de sa propre université. Leurs chefs de file étaient également professeurs à Harvard : Richard Lewontin (généticien) et Steven Jay Gould (paléontologiste). Ils appartenaient à un groupuscule marxiste, *Science for the People*. Cette structure avait été créée à l'époque de la guerre du Vietnam, dans le but de développer un vaste mouvement pacifiste sur les campus universitaires.

Le paroxysme de la campagne d'hostilité à Wilson fut atteint en février 1978, à Washington, lors d'un symposium sur la sociobiologie organisé par l'Association américaine pour l'avancement de la science. Alors qu'il s'apprêtait à prononcer une conférence à la tribune, un groupe de quelques extrémistes a manifesté bruyamment dans la salle tandis qu'un comparse arrivait par derrière pour lui déverser un récipient d'eau sur la tête. Wilson ne fit rien d'autre que sortir son mouchoir et s'éponger. La foule, scandalisée, a hué les manifestants et refusé de les laisser s'exprimer. Ils ont rebroussé chemin. À la fin de sa conférence, Wilson était ovationné. Ensuite, Gould, avant de communiquer, déclara désapprouver les méthodes mais partager le point de vue des manifestants. Les spectateurs l'ont hué. C'était le signal du déclin pour la polémique, qui s'est essoufflée d'autant plus vite que les tentatives pour y entraîner des scientifiques de renom parmi ceux d'extrême gauche ont échoué. En particulier, le célèbre linguiste Noam Chomsky s'est refusé à rejoindre le clan des critiques, déclarant qu'il ne voyait rien d'erroné dans la démarche de Wilson. De nos jours, la sociobiologie est enseignée dans quasiment toutes les universités américaines et canadiennes.

En France, la polémique s'est établie sur une double manipulation : d'abord, le public a entendu parler de Wilson en découvrant les écrits de la « Nouvelle droite [5] », dont certains membres ont cru voir dans la sociobiologie le terreau intellectuel qu'ils recherchaient. Ainsi, l'idée a été accréditée que la sociobiologie pouvait fournir une caution scientifique à une certaine conception de la société. Par cette

5. Ce terme est dû, semble-t-il, à Louis Pauwels, directeur du *Figaro Magazine* et des services culturels du *Figaro*, qui désigne ainsi en 1979 un mouvement politique animé par de jeunes intellectuels issus de l'extrême droite athée et réunis pour l'essentiel au sein du Groupement de recherche et d'étude pour la civilisation européenne (GRECE). La plupart des membres de ce mouvement, dont la liste est connue, sont hostiles à l'égalitarisme et l'universalisme. Ils prônent le retour à des valeurs antérieures au christianisme et l'élaboration d'une morale sociale élitiste fondée, en partie, sur la biologie.

manœuvre d'appropriation illégitime, des membres de la nouvelle droite transformaient la sociobiologie en *sociobiologisme*. Malheureusement, la manipulation a constitué une aubaine pour ceux qui se sentaient vigoureusement opposés à la jeune discipline et au darwinisme en général. Ils ont donc réalisé une seconde manœuvre, en se gardant bien de dénoncer la première. Ces opposants divers ont reçu le soutien de nombreux organes de presse. On a ainsi obtenu la condamnation d'une science sans avoir besoin d'en instruire le procès. La sociobiologie a, de fait, été interdite.

Dans ces conditions, le terrain scientifique a été abandonné à des personnes incompétentes sur ce plan mais poursuivant des buts idéologiques. La seconde manipulation a donc abouti au contraire du but qu'elle prétendait atteindre. Rappelons incidemment que l'extrême droite est plus prospère en France que dans les pays où la sociobiologie est une discipline reconnue.

Les éthologistes et les spécialistes de sociétés animales n'ont pas participé à la controverse. Ils ont même rarement indiqué que l'étude de l'Évolution des sociétés pouvait devenir un domaine important [6]. Ils sont restés étonnamment silencieux, pendant que journalistes et scientifiques non spécialistes du domaine se chamaillaient. Aujourd'hui, que peut-on faire devant le retard scientifique accumulé ? Faut-il débaptiser la sociobiologie parce que son nom a été diabolisé et confondu avec autre chose ? À la première question une réponse urgente s'impose, sous peine de voir sombrer plus encore la biologie des organismes et des populations, en France. Comparativement, la seconde question apparaît subalterne, et les préjugés sont faits pour être perdus. A-t-on le droit de reprocher à une discipline scientifique d'avoir été illicitement récupérée à un certain moment de son existence ? Certains proposeront sans doute le terme britannique d'écologie comportementale ; cependant, il y a de quoi s'interroger quand on observe l'agacement fréquent des écologistes (scientifiques) à l'égard de leurs analogues politiques...

On peut enfin se demander si les sociobiologistes sont des irresponsables. La sociobiologie est une science sensible sur le plan éthique. Les spécialistes ne s'inventent pas, ils se forment. Mais justement, le caractère sensible de la sociobiologie sur le plan de l'éthique rend les sociobiologistes particulièrement vigilants, plus que dans beaucoup d'autres branches de la biologie. Ainsi, la Société européenne de

---

6. À quelques rares exceptions, en particulier celle de Raymond Campan, *L'Animal et son univers*, Privat, Toulouse, 1980 (p. 193-194).

sociobiologie, qui a tenu son congrès de 1991 sur le thème *sociobiologie et éthique,* a des statuts dénués de toute ambiguïté : « En accord avec ses statuts, la société s'abstiendra de tout us ou abus de ces études à des fins politiques. » Des soucis identiques existent au sein de l'équivalent américain (*Human Behavior and Evolution Society*). La vigilance des sociobiologistes à l'égard des problèmes d'éthique, et notamment des dérapages médiatiques, est particulièrement stricte.

Six milliards d'Hommes bien seuls

Contrairement à la famille des formicides, riche de ses trois cents genres et neuf mille espèces, l'Homme est bien seul dans sa propre famille. Les maillons de la chaîne qui le rattachaient aux autres primates n'existent qu'à l'état de fossiles. Et notre cousin le plus proche, le chimpanzé, est sur le point de s'éteindre par notre faute [7]. En outre, le gouffre qui sépare l'Homme du chimpanzé du point de vue des capacités cognitives rend malheureusement très aléatoire une étude comparée de l'impact du coopéron culturel sur le coopéron social : le premier est inexistant, ou presque, chez le chimpanzé [8].

Le paradigme sociobiologique est-il pour autant disqualifié chez l'Homme ? Les récentes découvertes de la sociobiologie humaine, bien que de portée encore limitée, semblent montrer le contraire. Cependant, à l'inverse de ce qu'ont paru escompter jadis certains sociobiologistes, elles ne semblent invalider ni l'acquis ni la démarche des sciences sociales : comme pour l'éthologie, elles paraissent plutôt pouvoir les enrichir, voire les revitaliser. Encore faudra-t-il beaucoup de patience et de tolérance, notamment en France, pour vaincre les habitudes, les appréhensions et les émotions de maints représentants de ces disciplines, afin que s'établissent des échanges constructifs avec les sociobiologistes.

---

7. Plus proche de nous évolutivement, le chimpanzé nain (dit Bonobo), *Pan Paniscus*, est déjà pratiquement éteint.

8. Les capacités d'apprentissage individuel sont très développées chez le chimpanzé mais les recherches sur la transmission pédagogique de cette culture individuelle à d'autres partenaires sociaux, même apparentés, n'ont donné que des résultats décevants. Pour des informations documentées sur ces questions, on peut se reporter à l'ouvrage de Jacques Vauclair, *L'Intelligence de l'animal*, Seuil, Paris, 1992.

L'explosion de la sociobiologie humaine

Lorsqu'elle apparut, en 1975, propulsée par Wilson, la sociobiologie humaine reposait, en fait, sur peu de chose. Ensuite, malgré le succès du livre plaidoyer de 1978 [9], une majorité d'anthropologues américains se dressa contre la nouvelle discipline [10]. Aujourd'hui, après une période d'incertitude, cette même communauté scientifique est divisée, ses membres se ralliant de plus en plus nombreux aux concepts de la sociobiologie [11]. Le revirement est lié aux succès de la sociobiologie animale, mais aussi à l'idée, finalement admise, que la discipline dans son ensemble n'entendait nullement présenter comme « bon » ce qui est, simplement, naturel ; ni comme « mauvais » ce qui ne l'est pas. Suffisamment nombreux et poursuivant des buts scientifiques, les sociobiologistes américains restèrent vigilants : leur souci éthique a permis d'éviter les dérapages qui ont eu lieu en France (*cf. supra*) où s'est développé ce qu'il faut bien appeler un *sociobiologisme*.

On peut prendre conscience de l'intérêt accru pour la sociobiologie humaine aux États-Unis et ailleurs en se référant à la synthèse publiée en 1991 par Lee Cronk [12], de l'université du Texas. Cet anthropologue a réalisé un catalogue des recherches fondées sur une approche sociobiologique des problèmes de régulation des populations, d'approvisionnement, d'altruisme réciproque et redistribution sociale, d'apparentement, de mariage, de soins aux jeunes, et de changements socio-culturels. Sur les cent quatre vingt neuf références qu'il cite, vingt et un concernent les théories sociobiologiques et cent soixante-huit des travaux de sociobiologie humaine. La chronologie de ces derniers [13] est représentée dans la figure 10.1. On note que l'activité était au plus bas niveau avant 1977, puis s'est développée de 1977 à

9. Il s'agit de : *Human Nature,* Harvard University Press, 1978. Pour cet ouvrage, Wilson reçut le prix Pulitzer.

10. Ce n'était pas sans importance, quand on sait que la science américaine représente à elle seule plus de la moitié de la science mondiale.

11. Témoin de cette évolution radicale, l'article de L. Lieberman : « A discipline divided : acceptance of human sociobiological concepts in anthropology », *Current Anthropology,* n° 30, 1989, p. 676-682.

12. L. Cronk : « Human behavioral ecology », *Annual Review of Anthropology,* n° 20, 1991, p. 25-53.

13. Américains, Britanniques, Canadiens et Scandinaves pour l'essentiel (aucun Français, malheureusement).

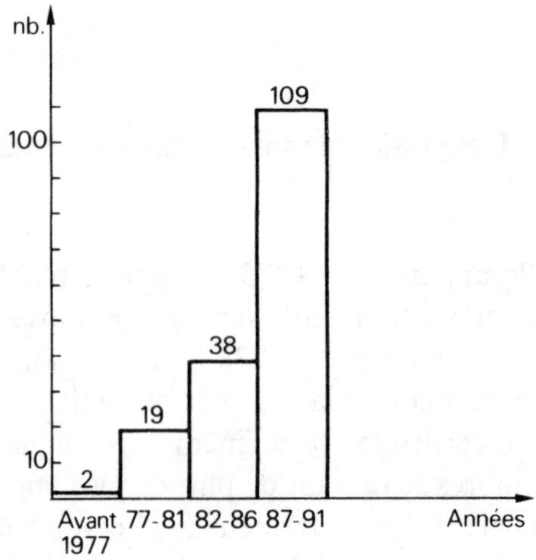

Fig. 10.1. La progression des recherches de sociobiologie humaine jusqu'en 1991.

1986, pour exploser depuis 1987 : environ deux fois plus de travaux ont été publiés depuis cette date que sur les dix années précédentes.

Les retombées de cette intense activité sont encore trop éparses pour qu'un bilan puisse être dressé en quelques pages [14]. Dans leur ensemble, elles confirment la valeur heuristique des interprétations évolutives appliquées à des comportements humains, dans des situations déterminées. Mais, comme l'a fait remarquer Cronk, toute la difficulté pour l'*écologie évolutive du comportement humain* (synonyme de sociobiologie humaine) consiste à découvrir dans quelle mesure le comportement de l'Homme actuel reflète l'histoire de la sélection naturelle de notre espèce.

Plus de deux mille ans de querelle inné/acquis

La philosophie ne mérite pas toujours son nom d'« amour de la sagesse ». Les philosophes n'ont cessé de se chamailler, depuis Platon

14. Toutefois, le lecteur impatient pourra se reporter aux ouvrages spécialisés suivants : *The Adapted Mind* (dirigé par J. H. Barkow, L. Cosmides et J. Tooby), Oxford University Press, Oxford, 1991 ; *Ecology, Evolution and Human Behavior* (dirigé par E. A. Smith & B. Winterhalder), Aldine, Hawthorne, USA, 1992 ; ou au chapitre *Human behavioural ecology : studies in foraging and reproduction*, écrit par M. Borgerhoff Mulder pour la 3e édition de l'excellent ouvrage dirigé par J. R. Krebs & N. B. Davies : *Behavioural Ecology*, Blackwell Scientific, Oxford, 1992.

et Aristote, autour de la question de l'*inné* et de l'*acquis* [15]. De nos jours, l'*Homo intellectualis occidentalis* a toujours les plus grandes peines du monde à concevoir que la solution du dilemme (appelé désormais *génétique/environnement*) ne réside ni d'un côté ni de l'autre, mais dans la compréhension de la synthèse complexe, du concours indissoluble de ces deux facteurs. C'est ce que nombre d'exemples des précédents chapitres ont montré, et cela semble tellement évident qu'on peut se demander pourquoi une telle querelle s'est poursuivie pendant aussi longtemps, et se poursuit encore, alors qu'aucun gagnant ne peut apparaître. En se gardant d'une explication simpliste, il est toutefois tentant d'y voir la conséquence d'une évidence : tout Homme qui se développe, comme tout être vivant, ne peut puiser qu'à deux sources d'information. L'une est l'information génétique reçue de ses parents et, à travers eux, de ses ancêtres évolutifs ; l'autre est celle qu'il tire de son histoire personnelle au contact de son environnement, dès la fécondation. Comme une position dogmatique est toujours plus confortable, peu nombreuses ont été les philosophies [14] qui n'ont pas opté résolument ou pour le déterminisme naturel absolu ou pour la thèse de la table rase [17]. Les tenants de cette dernière position s'accordent davantage, d'ailleurs, avec le sens de la métaphysique occidentale, qui s'évertue à évacuer toute idée de Nature dans la nature de l'Homme (*cf. infra*). Fréquemment, pour paraître plus crédibles, les apôtres des deux extrêmes concèdent une influence marginale au facteur perçu comme opposé. Or toutes les données de la biologie moderne démontrent que chaque être résulte d'une interaction entre les deux influences. Comme l'a écrit François Jacob, « la table rase, comme le fatalisme génétique, sont également opposés aux leçons de la biologie [18] ».

Parce qu'elle venait rappeler que l'espèce humaine était un produit de l'Évolution, la sociobiologie a d'abord paru se ranger du côté des partisans du « fatalisme génétique ». Cela peut expliquer autant les tentatives d'accaparement de la part d'idéologues de l'innéisme généralement minoritaires chez les intellectuels, que les foudres de l'idéologie environnementaliste dominante. Pourtant, même si certains sociobiologistes ont pu se sentir plus proches des innéistes, réduire

15. Ou encore de la *nature* et de la *culture*.
16. La philosophie de Montaigne est une exception.
17. Philosophie développée au XVIIIe siècle par Étienne de Condillac, selon laquelle l'être humain est entièrement pétrissable par son environnement, à la manière d'une statue d'argile molle.
18. F. Jacob : « Biologie – racisme – hiérarchie », *Sciences et tensions sociales / Bulletin du groupe de recherches sur l'histoire du racisme* (CNRS), n° 1, 1979, p. 4-6.

cette science à ce mode de pensée serait appauvrir considérablement sa portée et se priver des progrès qu'elle permet. La sociobiologie plaide au contraire en faveur d'une position synthétique : elle montre l'existence de prédispositions, issues de l'histoire évolutive des animaux comme de l'espèce humaine, qui, au cours de l'épigénèse [19], orientent plus ou moins probablement le devenir comportemental dans telle ou telle direction. Cela ne signifie nullement que les comportements eux-mêmes soient génétiquement prédéterminés !

Stratégie « millefeuille » ou stratégie « kouglof » ?

Des comportements très importants pour la survie doivent impérativement se mettre en place au cours du développement. Dans ce cas, le milieu joue souvent un rôle primordial, bien que l'absence de variation entre individus puisse laisser croire à l'observateur que les gènes règlent l'éthogenèse [20] à eux seuls et directement. C'est le cas de comportements impliqués dans la reproduction. Les éthologistes classiques, Konrad Lorenz en tête, avaient une vision de l'éthogenèse que nous qualifierons, dans une métaphore pâtissière, de *stratégie millefeuille* : une couche d'inné, une couche d'acquis, et ainsi de suite. L'idée était que l'hérédité et l'histoire vécue assumaient chacune une part distincte et complémentaire du développement de l'individu. Certains exemples semblent s'en accommoder. Ainsi, chez des passereaux où les mâles attirent les femelles par un chant érotique, ceux qui sont élevés en isolement total dès leur prime jeunesse émettent plus tard un chant rudimentaire qui, dans certaines espèces, possède encore une valeur érotique, et dans d'autres n'en présente aucune. Dans ce cas, le chant efficace ne peut apparaître que si le poussin mâle a pu compléter son chant rudimentaire non appris par l'écoute de chants enregistrés sur des mâles adultes de son espèce.

En remontant vers l'Homme, il semble que les espèces aux capacités cognitives avancées manifestent une interaction inné/acquis d'une texture plus intégrée. Adaptant une autre image pâtissière, due au Britannique Patrick Bateson, je l'appellerai *stratégie kouglof* [21].

19. Développement de l'organisme dans son milieu, depuis la fécondation.
20. Développement comportemental.
21. Bateson, lui, préfère évidemment le cake : « Specificity and the origins of behaviour », *Advances in the study of behaviour*, n° 6, 1976, p. 1-20.

Dans la structure du gâteau, on ne peut retrouver les ingrédients de départ, à l'exception des raisins secs ! Les comportements sociaux des primates correspondent bien à une telle complexité. Quant au comportement et à la culture humaine, ils relèvent bien de la stratégie *kouglof*. Par exemple, dans l'humanité entière est distribuée la prédisposition cognitive, issue de l'histoire évolutive de l'espèce, permettant de discriminer par un nom différent chaque objet au sein d'une catégorie importante dans la relation avec l'environnement. Ces noms sont transmis pédagogiquement de génération en génération tant que la catégorie d'objets est pertinente. Ainsi, les Indiens de la tribu des Lacandons, rescapés directs de la caste des cultivateurs Mayas, qui vivaient encore récemment dans certaines forêts primaires d'Amérique centrale, possédaient un vocabulaire très diversifié pour distinguer les différentes espèces ou groupes d'espèces de fourmis qui peuplaient leur milieu [22]. À l'inverse, les Occidentaux, qui ne possèdent que le terme « fourmi » pour nommer les insectes précédents reconnaissent les différents types de véhicules automobiles [23]. Aujourd'hui, les Lacandons qui ont troqué leur longue tunique écrue pour des *jeans* délavés et troués, ont généralement rejoint des bidonvilles, où ils ont perdu leurs dieux, leur culture, et la connaissance des noms mayas de chaque espèce de fourmi... les plus jeunes d'entre eux sauront bientôt reconnaître et nommer les différents modèles d'automobiles.

N'oublions pas les raisins du *kouglof*, aisément identifiables dans le produit fini. Ils illustrent le cas de comportements particuliers qui doivent très tôt apparaître dans le répertoire de tout individu : toute stratégie mutante serait désastreuse. L'agrippement par les pattes chez les primates nouveau-nés [24], et le comportement de succion du bébé mammifère en sont des exemples. Un autre cas de figure est celui des comportements où la stratégie de l'expérience vécue serait tellement risquée qu'on ne voit pas comment elle pourrait s'imposer par sélection au cours de l'Évolution. Un exemple éloquent est celui de la frayeur manifestée par le rat, le mouton et d'autres mammifères en percevant l'excrément de leur prédateur potentiel (*cf.* chapitre 2). Dans ces espèces, tout individu développe une réaction de frayeur

---

22. Selon des constatations que j'ai pu faire aux confins du Mexique et du Guatemala, en 1976 et 1977, peu avant la destruction de leur culture.
23. La nomenclature myrmécologique des Lacandons était bi-nominale, comme celle de la taxonomie scientifique (genre + espèce), et comme celle des automobiles, où l'on distingue marque et modèle.
24. Chez l'Homme, l'agrippement ne se fait que par les membres antérieurs, à l'exception des prématurés à sept mois, où les quatre membres s'agrippent solidement, à l'instar des autres primates.

indépendamment de toute expérience vécue (ô combien risquée). Chez l'Homme occidental, renifler un excrément de jaguar produit beaucoup plus de dégoût que de frayeur. C'est le cas partout où ce grand carnivore, capable de dévorer des enfants, n'existe pas. Chez l'indigène des forêts d'Amérique tropicale, c'est plutôt une crainte d'origine culturelle qui émerge. En revanche, la frayeur des serpents apparaît dans toutes les cultures, et presque chez tous les individus, à partir de l'âge de cinq ans. Tant qu'il n'a pas été confronté à un serpent, le citadin ne soupçonne pas sa propension à manifester une telle émotion (tachycardie, sueurs froides, érection des poils, tremblements, etc.). Mais le phénomène existe chez des mammifères d'origine bien plus ancienne que nous, comme le chat ou des rongeurs [25] élevés hors de leur milieu depuis des générations. Lorsqu'il a lancé la sociobiologie humaine, Wilson a proposé l'idée que cette réaction de stress n'était pas apprise mais pouvait être renforcée par l'expérience. Elle aurait été sélectionnée chez nos ancêtres pour sa valeur protectrice [26]. Devoir établir sa peur des serpents venimeux sur une expérience vécue serait vraiment coûteux, la première épreuve risquant d'être fatale. Ceux de nos lointains ancêtres qui furent les premiers à manifester cette prédisposition ont pu se trouver avantagés et produire une descendance plus nombreuse, elle-même héritière de cette capacité. Elle aurait pu se maintenir nonobstant les migrations humaines, car les serpents venimeux exercent leur pression sur les cinq continents. La frayeur des serpents existe également chez les singes de l'ancien monde comme chez ceux du nouveau. Peut-être son apparition date-t-elle d'un ancêtre qui nous est commun avec eux, la forte adéquation adaptative du caractère ayant permis son maintien après diversification des espèces ?

L'ophidiophobie et le mythe du serpent

La psychanalyse s'est attaquée à la place occupée par le serpent dans le psychisme humain et ses fantasmes. Elle a apporté des réponses évidemment liées à son intérêt pour la sexualité. Il est vrai que le

25. Pour les rongeurs, on peut se rapporter par exemple au cas du spermophile (écureuil terrestre) : D. H. Owings & R. G. Coss : « Snake mobbing by California ground squirrels : adaptive variation and ontogeny », *Behaviour,* n° 62, 1977, p. 50-69. – Concernant le chat, il s'agit d'observations personnelles.

26. E. O. Wilson, 1978, *op. cit.* et *Biophilia,* Harvard University Press, 1984.

choc émotionnel provoqué par les serpents est tel que même des personnes qui n'ont jamais côtoyé ces reptiles de leur vie peuvent manifester une sensibilité exacerbée et réagir très vigoureusement simplement à une photographie, à une gravure, à un film, parfois à la simple évocation verbale du serpent. Cette *ophidiophobie* est beaucoup plus fréquente, apparemment, que la phobie des automobiles ou des appareils électriques. Pourtant, la rencontre d'un serpent en liberté sur le macadam parisien ou new-yorkais est chose rare, beaucoup plus que celle des dangers du monde moderne ! Quant aux très rares personnes qui fondent de tendresse devant ces charmantes créatures, elles sont marginales au même titre que les souris qui apprennent à se blottir contre un chat. Jusqu'à présent, aucun sociobiologiste ne s'est enhardi à étudier la reconnaissance de parentèle chez les serpents. Simple coïncidence ?

Pour Wilson, l'état émotionnel exacerbé attaché à l'image du serpent aurait pu constituer un niveau privilégié d'insertion culturelle pour tout ce qui a trait aux mythologies, étant donné le besoin de crainte et de fascination qu'elles impliquent. De cette façon, de nombreux peuples de notre humanité auraient hissé l'image symbolique du reptile à un niveau élevé de leur expression culturelle. Il n'est pas dit, pour autant, que les ophidiophobes soient aussi de grands mystiques...

La lecture du livre de Balaji Mankur sur le culte du serpent et son impact dans la culture humaine aide à prendre conscience de l'incroyable omniprésence de ce reptile [27]. Le *Livre de la Genèse* raconte par quel avatar, dans le jardin d'Éden, le serpent fit entrer Adam et Ève dans l'humanité terrestre... pour le meilleur et pour le pire [28]. Le mythe biblique provient, pense-t-on, de lointaines légendes sumériennes [29]. Bien que le coopéron culturel procède d'une hérédité lamarckienne, il est frappant que le serpent se soit installé dans les mythes de multiples cultures non connectées entre elles : il est dans la tombe de Toutânkhamon, il peuple les panthéons de différentes

---

27. B. Mundkur : *The Cult of the Serpent : An Interdisciplinary Survey of its Manifestations and Origins*, SUNY Press, Albany, 1983.

28. Surtout pour le serpent, qui en est réduit à ramper sans pattes, se faire haïr et marcher dessus : « Alors Yahvé Dieu dit au serpent : « Parce que tu as fait cela, Maudit sois-tu entre tous les bestiaux et toutes les bêtes sauvages. Tu marcheras sur ton ventre et tu mangeras de la terre tous les jours de ta vie. Je mettrai une hostilité entre toi et la femme, entre ton lignage et le sien. Il t'écrasera la tête et tu l'atteindras au talon », *La Bible de Jérusalem*, Gen. 3, 13-15, Éditions du Cerf, Paris, 1955.

29. Il s'agirait en effet du mythe de Gilgamesh, dont l'origine pourrait remonter à plus de 3000 ans avant notre ère. *Cf.* J. Bottéro : *L'Épopée de Gilgamesh : le grand homme qui ne voulait pas mourir*, Gallimard, coll. L'aube des peuples, Paris, 1992.

civilisations précolombiennes [30], et celui des aborigènes d'Australie, il devient démon en Chine, et on le retrouve parmi les premières formes prises par Zeus, le roi des dieux de l'Olympe chez les Grecs : le serpent Meilikhios, dieu de l'amour... mais aussi de la vengeance. Le reptile hante également les légendes populaires. Ainsi, pour certains indigènes de l'Altiplano mexicain, c'est le serpent corail qui fonde les sociétés des fourmis champignonnistes *Atta*. Ils le considèrent comme la reine de ces fourmis [31], ce qui me valut une méprise le jour où je découvris la ponte d'un serpent corail au cœur d'une gigantesque colonie d'*Atta mexicana*. Effectivement, le serpent entre impunément dans la métropole pour pondre au milieu des jardins à champignons, véritables couveuses. En observant son manège, les ancêtres des indigènes de l'Altiplano ont établi la légende que le serpent était le fondateur de la fourmilière. Le même type de légende m'a été rapporté en provenance de Madagascar, à propos d'autres fourmis et d'autres serpents.

L'hypothèse sociobiologique concernant la peur du serpent chez l'Homme n'est pas encore parfaitement validée. Mais un faisceau de présomptions assez troublant la rend plausible. On voit quel impact pourrait avoir sur la culture humaine une propriété hautement adaptative sélectionnée au cours de l'Évolution, et qui émerge au niveau de l'émotion. Notons enfin que cette interprétation évolutive resterait compatible avec d'autres niveaux explicatifs, en particulier celui de la psychanalyse, qui toucheraient aux mécanismes.

L'approche sociobiologique du comportement social humain

Nous venons d'aborder la prétention la plus incertaine de la sociobiologie humaine : tenter de caractériser les bases évolutives de manifestations culturelles. La difficulté de l'exercice est liée pour une bonne part au fait qu'il est presque impossible d'expérimenter. À l'instar de nombreux spécialistes des sciences humaines, le sociobio-

30. Quetzalcóatl, le fameux « Serpent à plumes » en est le plus célèbre. Mais on peut citer également : *Olin Nahui*, *Cipactli*, *Coatlicue*, *Cihuacoatl*, *Xiuhcoatl* et *Tlaloc* chez les Aztèques ; *Palulukon* chez les Hopis ; *Sisiutl* chez les Kwakiutls, *Onkoy* chez les Incas, etc.

31. Ce qui ne pose pas de problème de genre, le serpent étant féminin, en espagnol.

logiste se trouve limité à des spéculations fondées sur l'observation. Son originalité est de tenter de les intégrer à un paradigme nouveau : celui de la théorie de l'Évolution. Bien que largement empreintes de culture, les relations sociales et socio-sexuelles sont, pour le sociobiologiste, d'un abord moins incertain car il dispose, là, de concepts validés sur des modèles animaux.

L'altruisme de parentèle chez les jumeaux

La théorie de la parentèle autorise à prédire que la coopération est supérieure entre individus génétiquement proches, pourvu qu'ils soient capables de se reconnaître. Les recherches réalisées dans cette optique sur l'Homme ne sont pas toutes de qualité égale. Je n'évoquerai que certaines de celles qui paraissent les plus rigoureuses, et en premier lieu les travaux de Nancy Segal, de l'université du Minnesota [32], sur les jumeaux.

Rappelons d'abord que les jumeaux représentent moins de 1,5 % des naissances et qu'il en existe de deux types : les jumeaux monozygotes [33] (MZ) et les jumeaux dizygotes [34] (DZ). Les monozygotes proviennent d'un œuf donnant un embryon qui se fissure précocement et dont les deux moitiés sont chacune encore capables de former un fœtus complet. Les deux fœtus baignent chacun dans une cavité amniotique propre, mais ils demeurent reliés à un placenta unique (*cf.* fig. 10.2). Provenant d'un même œuf, ils possèdent exactement le même patrimoine génétique (ils sont donc de même sexe) et constituent un clone [35], à l'instar des pucerons frères naissant d'une mère parthénogénétique (*cf.* chap. 3). Les jumeaux MZ se ressemblent davantage et possèdent d'ailleurs les mêmes empreintes digitales. Inversement, les jumeaux dizygotes, qui peuvent être frère et sœur, sont aussi différents au plan génétique que le sont des frères et sœurs naissant successivement : leur proximité génétique *moyenne* est de 50 %. Dans les faits, elle peut varier de 0 à 100 %. Pendant la gestation, les

---

32. N. L. Segal : « Cooperation, competition, and altruism within twin sets : a reappraisal », *Ethology & Sociobiology*, n° 5, 1984a, p. 163-177.
33. On les nomme également jumeaux vrais, jumeaux uniovulaires ou univitellins.
34. Encore appelés faux jumeaux, jumeaux fraternels, biovulaires ou bivitellins. Ils sont environ deux fois plus fréquents que les jumeaux MZ.
35. De façon surprenante, le psychologue français René Zazzo a montré que les jumeaux MZ utilisaient fréquemment le pronom *nous* au lieu du *je* : « Genesis and pecularities of the personality of twins », *Twin research : psychology and method*, publié sous la direction de W. E. Nance, A. R. Liss, New York, 1978, p. 1-11.

jumeaux DZ sont nettement séparés, chacun communiquant avec l'organisme maternel par un placenta distinct (*cf.* fig. 10.2).

Nancy Segal a considéré que la théorie de Hamilton conduisait à penser que l'altruisme devait être supérieur entre jumeaux MZ, qui représentent le maximum d'apparentement possible. Nombre d'exemples évoqués précédemment ont vérifié ce phénomène, à commencer par les amibes acrasiales, plus altruistes lorsqu'elles sont en culture monoclonale (*cf.* chap. 2). L'expérience de Segal a consisté à comparer l'aptitude à coopérer au sein d'une paire de jumeaux MZ ou DZ confrontés ensemble à la tâche de construire un puzzle. Par référence à la théorie, des jumeaux DZ devraient poursuivre des objectifs plus individualistes que les MZ. À partir de cent onze paires de jumeaux volontaires, elle en sélectionna quarante-sept (quatre-vingt quatorze enfants) d'âges compris entre six et dix ans, de même sexe (vingt-trois paires de garçons et vingt-quatre de filles) et de niveau intellectuel équivalent. Toutes les précautions ont été prises pour que les deux lots de jumeaux (34 MZ et 13 DZ) soient comparables au plan méthodologique. La nature monozygote ou dizygote des paires de jumeaux a été établie par un ensemble de tests incluant des

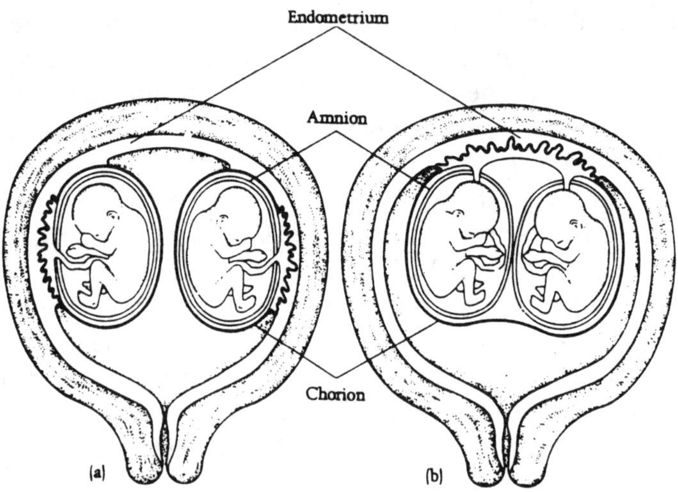

Fig. 10.2. *Les jumeaux dans l'utérus* (*endometrium* = paroi utérine). (a) jumeaux dizygotes, possédant en propre un placenta (latéral, où aboutit le cordon ombilical), une cavité amniotique (*amnion*) et un sac chorionique (*chorion*) ; (b) jumeaux monozygotes, rattachés à un même placenta (en haut), possédant deux cavités amniotiques indépendantes, et entourés d'un chorion commun. (D'après L. B. Arey, *Developmental Anatomy : a Textbook and Laboratory Manual of Embryology*, Saunders Co., Philadelphie, 1965.)

analyses sérologiques et de simples observations oculaires, qui se sont d'ailleurs révélées aussi fiables [36]. Toutes les paires de jumeaux ont été soumises au même test : on leur a simplement demandé de reconstituer ensemble un puzzle représentant un chien situé près de son os. Au départ, le jeu était placé à égale distance des deux enfants, qui étaient filmés durant l'épreuve chronométrée. Les films ont été analysés indépendamment par deux personnes (dont l'une ne pouvait voir les visages des deux enfants à la fois et ignorait l'hypothèse de base). À chaque fois qu'apparaissait une divergence dans l'analyse des comportements filmés, les deux personnes visionnaient ensemble la séquence afin de se mettre d'accord. Il ne s'agit là que de quelques-unes des mesures prises pour garantir la rigueur de l'expérience. Parmi les neuf critères mesurés en rapport avec l'hypothèse de départ, huit l'ont confirmée, dont sept (indiqués ci-après) se sont avérés significatifs au plan statistique :
– 94 % des jumeaux MZ ont réalisé le puzzle dans le temps de trois minutes, pour seulement 46 % des jumeaux DZ ;
– le pourcentage de temps pendant lequel le puzzle est resté à égale distance des deux enfants était supérieur pour les jumeaux MZ ;
– le nombre de regards distraits était supérieur chez les jumeaux DZ ;
– l'attention portée au travail du partenaire a été supérieure chez les jumeaux MZ ;
– les jumeaux MZ ont montré un plus grand nombre d'expressions faciales « positives » (joie, surprise, fierté, etc.) ;
– les gestes agressifs ont été plus nombreux entre les jumeaux DZ (retirer une pièce des mains de l'autre, le bousculer, le frapper, etc.);
– les manifestations de satisfaction mutuelle dans l'achèvement du puzzle se sont avérées plus fréquentes chez les jumeaux MZ.

D'autres tests réalisés par Segal ont confirmé une disposition à coopérer nettement supérieure chez les jumeaux MZ. Ce qui trouble le plus dans ces résultats, c'est qu'ils ont pu être établis grâce à une démarche prédictive identique à celle utilisée pour des êtres beaucoup plus simples, y compris parmi les espèces situées à la charnière du coopéron cellulaire et du coopéron multicellulaire, comme les amibes acrasiales (*cf.* chap. 2). Il serait évidemment stupide d'en conclure qu'un être humain se comporte comme une amibe ! Mais, au-delà de différences évolutives profondes aboutissant à des répertoires comportementaux n'ayant rien de commun entre eux, il reste des propriétés

36. N. L. Segal : « Zygosity testing : laboratory and the investigator's judgment », *Acta Geneticae, Medicae et Gemellologiae,* n° 33, 1984b, p. 515-521.

fondamentales constantes, entrant dans la composition du « gâteau » comportemental (*cf. supra*), et dont la présence tend à maintenir les espèces dans un cadre adaptatif conforme à ce qui marqua l'histoire de leurs ancêtres. Les jumeaux monozygotes, identiques au plan génétique, constituent sans doute un cas extrême permettant de nous révéler la présence de ces propriétés. En quoi pourraient-elles consister ? Il est encore trop tôt pour le savoir précisément. Peut-être en trouverons-nous le contour dans le concept de *reconnaissance de convivialité* (*cf.* chap. 9), où les partenaires familiers sont privilégiés dans l'orientation des comportements sociaux. Pourquoi, alors, des jumeaux MZ seraient-ils plus familiers que des jumeaux DZ, vu qu'ils vivent ensemble depuis la naissance dans les deux cas ? À cette question, deux réponses sont possibles et compatibles à la fois : l'une est suggérée par la figure 10.2, montrant que les jumeaux MZ sont plus étroitement liés pendant la vie fœtale (reliés au même placenta, ils pourraient subir exactement les mêmes influences chimiques, *cf.* chap. 6) ; l'autre explication serait que les jumeaux MZ, qui possèdent déjà les mêmes empreintes digitales, pourraient émettre des odeurs identiques. Ainsi, en se familiarisant à ses propres odeurs [37], chacun des jumeaux monozygotes s'entraînerait du même coup à reconnaître celles de son partenaire, ce que ne pourraient faire les jumeaux dizygotes. Cette interprétation semble d'autant plus plausible que Peter Hepper a démontré que des chiens bergers d'Alsace ou des labradors sont incapables de discriminer par l'odorat des jumeaux MZ (humains) nourris de la même façon alors qu'ils le sont parfaitement pour les jumeaux DZ [38]. En outre, Richard Porter et John Moore ont montré que des enfants de trois à six ans sont parfaitement capables de reconnaître l'odeur de leur frère ou sœur [39]. Bien qu'il soit encore prématuré de parler de preuves, on voit que l'interprétation qui se profile serait une plus grande propension à l'altruisme mutuel et à la coopération chez les jumeaux monozygotes parce que, produisant des indices de reconnaissance plus semblables et se côtoyant étroitement depuis la vie fœtale, ils se trouveraient dans une situation de convivialité beaucoup plus marquée que des jumeaux dizygotes.

Encore une fois, l'interprétation évolutive et les mécanismes

---

37. Chaque être humain éprouve généralement une certaine attirance pour ses propres odeurs corporelles.

38. P. G. Hepper : « The discrimination of human odour by the dog », *Perception*, nº 17, 1988, p. 549-554.

39. Les odeurs proposées imprégnaient des maillots de corps portés pendant trois jours par les différents sujets. R. H. Porter & J. D. Moore : « Human kin recognition by olfactory cues », *Physiology & Behavior*, nº 27, 1981, p. 493-495.

éthologiques sous-jacents apparaissent compatibles avec les interprétations psychanalytiques classiques, qui, ici, font référence au narcissisme comme moteur motivationnel d'une affinité plus étroite reconnue chez les jumeaux vrais [40].

Des parents qui peuvent se sentir

Les jumeaux comme les non-jumeaux sont évidemment capables d'une reconnaissance visuelle *consciente* des visages, pratiquée couramment dans la vie post-natale [41]. Mais les recherches récentes ont également montré que les humains sont *tous* capables de reconnaître par leur odeur des partenaires apparentés [42]. C'est ce qu'ont démontré, par exemple, Richard Porter et son équipe de l'université Vanderbilt.

Confirmant l'histoire d'Isaac rapportée par la Bible (*cf.* introduction), ces chercheurs ont établi que des adultes pouvaient reconnaître olfactivement un vêtement porté par un parent proche (frère ou sœur) non côtoyé depuis un à trente mois (moyenne : sept mois) [43]. Pour cela, ils ont soumis quarante étudiants ou collègues volontaires [44] à un test consistant à reconnaître olfactivement un maillot que leur parent avait porté au cours des trois nuits précédentes [45]. Ledit maillot était présenté en même temps qu'un maillot témoin, porté dans les mêmes conditions par une tierce personne inconnue, mais de sexe et d'âge identiques à ceux du premier porteur. On a pris soin de ne pas mettre en concurrence le maillot d'un fumeur et celui d'un non-fumeur : à chaque fois, les deux porteurs provenaient d'une seule de ces catégories. En outre, on leur a demandé d'exclure l'usage de tout parfum ou déodorant. Un signe distinctif codé, écrit au dos de l'étiquette, permettait de reconnaître l'origine des maillots, mais ni la personne testée ni celle qui était chargée de conduire le test n'en

---

40. E. D. Joseph & J. H. Tabor : « The simultaneous analysis of a pair of identical twins and the twinning reaction », *Psychoanalytic study of the child*, n° 16, 1961, p. 275-299.

41. Dont nous avons vu, au chapitre 6, qu'elle était gravement perturbée par la prosopagnosie.

42. Ce qui n'est pas pour nous surprendre puisque nous avons vu au chapitre précédent qu'une personne est capable de discriminer l'odeur de deux souris qui ne diffèrent que pour un seul gène du complexe majeur d'histocompatibilité (CMH).

43. R. H. Porter, R. D. Balogh, J. M. Cernoch & C. Franchi : « Recognition of kin through characteristic body odour », *Chemical Senses*, n° 11, 1986, p. 389-395.

44. Vingt et une femmes et dix-neuf hommes ; moyenne d'âge : 27 ans.

45. On demandait à ce parent de mettre le maillot immédiatement avant d'aller se coucher puis de le replacer dans un sac plastique hermétique dès le lever, et jusqu'au soir suivant.

connaissaient la signification. Les tests étaient donc réalisés à l'aveugle. À chaque fois, on demanda au sujet de renifler les maillots, puis d'indiquer lequel, selon lui, appartenait à son parent. Dans ces conditions, vingt-sept des quarante personnes ont réalisé une identification correcte du maillot de leur parent, malgré la séparation précédente [46]. Ce résultat, qui ne peut résulter du hasard, est éclairé par l'analyse des réponses des personnes déjà testées (mais avant de connaître leur résultat) à la question : « Êtes-vous sûr(e) de votre choix ? » vingt et un des vingt-deux sujets qui étaient affirmatifs avaient effectivement trouvé la bonne solution, pour seulement six des dix-huit n'ayant pas manifesté la même certitude. D'autres expériences devraient explorer ces phénomènes de façon plus approfondie. Car, si l'aptitude d'une reconnaissance olfactive est démontrée de façon incontestable, nous ignorons encore si elle est intégrée régulièrement, de façon inconsciente, dans l'orientation des activités sociales. Mais une propriété en faveur de cette possibilité a été découverte récemment : à l'instar des souris (*cf.* chapitre précédent), il existerait chez l'Homme une corrélation entre le CMH (appelé HLA dans notre espèce) et des odeurs corporelles susceptibles d'être perçues [47]. Si ces résultats étaient confirmés, cela signifierait que le même système polygénique (HLA) coderait à la fois pour la reconnaissance des cellules (impliquée dans l'immunité) et pour la reconnaissance des individus (impliquée dans les comportements sociaux). Il y aurait là des possibilités d'emplois, pour ceux qui ont le nez fin : ils pourraient contribuer à rechercher des donneurs d'organes compatibles par une méthode peut-être plus artisanale mais certainement moins onéreuse et plus rapide qu'en se livrant à de complexes analyses biochimiques. C'est une piste que l'Assistance publique pourrait explorer...

L'équipe de Richard Porter est également connue pour ses travaux sur la reconnaissance parents-nourrisson. La mère est très sensible aux signaux que lui adresse, très tôt, son chérubin : il lui sourit et la suit des yeux, ce qui la stimule sur le plan de l'émotion. La mère, qui s'estime ainsi à la fois rassurée et gratifiée [48], répond par

46. Il s'agissait de séparations dues à des événements de la vie, et non à une décision des expérimentateurs.

47. R. Ferstl, F. Eggert, B. Pause, M. Schüler, D. Luszyk, E. Westphal, N. Zavazava & W. Müller-Ruchholtz : « Immune system signalling to the other's brain : MHC-specific body scents in humans », *Peripheral signaling of the brain,* publié sous la direction de R. C. A. Frederickson, J. L. McGaugh & D. L. Felten, Hogrefe & Huber, Toronto, 1991, p. 497-502.

48. Cela était déjà connu depuis les études de K. S. Robson et H. A. Moss, « Patterns and determinants of maternal attachement », *Journal of Pediatrics,* nº 77, 1970, p. 976-985.

des soins renforcés. Dans ce duo d'amour qui s'installe, les deux acteurs mettent aussi en jeu des habiletés sensorielles étonnantes, que l'on ne soupçonnait pas il y a quelques années. En outre, un ou deux jours seulement après la naissance, le nouveau-né possède déjà des caractères particulièrement distinctifs pour la vision et l'odorat de sa maman. Ainsi, Porter et ses collègues ont montré que onze mères sur douze étaient capables, quelques heures après l'accouchement, d'identifier leur propre bébé sur une photographie en couleurs présentée parmi trois autres prises sur des nourrissons inconnus, de même sexe, âge et poids corporel, et possédant une quantité comparable de cheveux [49]. Des travaux ultérieurs ont établi que la totalité du visage n'était pas indispensable à cette reconnaissance : les mères restent capables d'identifier leur enfant de moins de trente-six heures sur des photographies en couleur où sont dissimulés les yeux, le nez ou la bouche. Et si on ne leur présente qu'une seule de ces trois composantes, elles réussissent encore une fréquence de choix positifs que le hasard seul ne saurait expliquer [50].

De leur côté, Hubert Montagner, Benoît Schaal, et leurs collègues de l'université de Besançon ont démontré que les mères étaient capables, par flairage dans les jours suivant l'accouchement, d'identifier parmi d'autres un maillot porté par leur nourrisson [51]. La même discrimination a été obtenue depuis avec des mères auxquelles on a fait sentir, les yeux bandés, la tête de leur bébé âgé de six heures seulement, présenté parmi trois autres du même âge [52]. Les pères en semblent incapables lorsqu'ils sont testés dans les mêmes conditions [53], mais ils le deviennent, ainsi que les grands-mères et les tantes [54], si on leur demande de reconnaître le maillot porté par leur enfant âgé de un à deux jours. Mais pour la mère, il semble qu'un temps de contact assez court avec le nourrisson suffise pour aboutir à une

49. R. H. Porter, J. M. Cernoch & R. D. Balogh : « Recognition of neonates by facial-visual characteristics », *Pediatrics*, n° 74, 1984, p. 501-504.

50. R. H. Porter : « Mutual Mother-Infant Recognition in Humans », *Kin Recognition* (sous la direction de P. G. Hepper), Cambridge University Press, Cambridge, 1991, p. 413-432.

51. B. Schaal, H. Montagner, E. Hertling, D. Bolzoni, A. Moyse & R. Quichon : « Les stimulations olfactives dans les relations entre l'enfant et la mère », *Reproduction, Nutrition, Développement*, n° 20, 1980, p. 843-858 ; B. Schaal : « Contributions olfactives à l'établissement du lien mère-enfant », *Éthologie et développement de l'enfant* (sous la direction de R. E. Tremblay, M. A. Provost & F. F. Strayer), Stock, Paris, 1985.

52. M. J. Russell, T. Mendelson & H. V. S. Peeke : « Mother's identification of their infant's odors », *Ethology & Sociobiology*, n° 4, 1983, p. 29-31.

53. M. J. Russell & coll., 1983, *op. cit.*

54. R. H. Porter & coll., 1986, *op. cit.*

reconnaissance. Ainsi, Porter et ses collaborateurs [55] ont demandé à dix-sept mères délivrées par césarienne de reconnaître à l'odorat un maillot déjà porté par leur propre bébé (par rapport à un maillot identique ayant été porté par un autre bébé d'âge voisin). Le test était réalisé vingt-six heures en moyenne après l'opération. Bien que les mères césariennes n'avaient eu que 2,4 heures de contact en moyenne avec leur enfant, treize d'entre elles (sur dix-sept) ont reconnu le bon maillot. Il y a donc bien reconnaissance olfactive car le hasard seul ne saurait rendre compte d'un tel score. Derrière ces résultats, on est tenté de discerner la présence d'une période sensible néonatale chez la femme, rappelant un peu les découvertes réalisées chez la brebis (*cf.* chap. 6).

Pour le nourrisson, il est aussi important d'être reconnu que de reconnaître lui-même l'adulte qui le soigne principalement. Il s'agira généralement de sa propre mère, qui servira de point de départ à son exploration du milieu [56]. Schaal et ses collègues ont démontré qu'au troisième jour après la naissance, le bébé nourri au sein est déjà capable de discriminer l'odeur maternelle. Au contact de cette odeur, il réduit notablement ses mouvements, alors qu'il ne manifeste pas une telle réponse au contact de l'odeur d'une mère inconnue [57]. À deux semaines, les nourrissons préfèrent tourner la tête vers une source d'odeur de la mère (ou de la nourrice) provenant de la poitrine ou des aisselles ; cette capacité n'existe pas chez les nouveau-nés nourris au biberon [58].

Nous sommes tous pleinement conscients que notre appareil visuel et notre perception acoustique nous servent dans la reconnaissance de nos partenaires sociaux, vers lesquels nous orientons certains de nos comportements. Or, bien que nos civilisations du cosmétique ne soient pas disposées à l'admettre, il s'avère que nous sommes aussi des olfactifs, bien au-delà de ce que nous sommes prêts à reconnaître. Cette perception olfactive semble largement émerger au niveau de notre inconscient, à moins qu'il ne s'agisse que d'un « conscient refoulé » sous les tabous de la culture occidentale, et de celles qui lui sont affiliées [59]. Il est plus que vraisemblable que le bébé comme sa

---

55. R. H. Porter, J. M. Cernoch & F. J. McLaughlin : « Maternal recognition of neonates through olfactory cues », *Physiology & Behavior*, n° 30, 1983, p. 151-154.
56. Pour un examen détaillé de ces questions, on pourra se reporter à l'ouvrage de H. Montagner, *L'Attachement, les débuts de la tendresse*, Odile Jacob, Paris, 1988.
57. B. Schaal & coll., *op. cit.*
58. J. M. Cernoch & R. H. Porter, « Recognition of maternal axillary odors by infants », *Child Development*, n° 56, 1985, p. 1593-1598.
59. J'ai vu des indigènes d'Amérique centrale flairer des traces de pas dans la forêt pour tenter d'en reconnaître les auteurs.

mère se familiarisent à leurs odeurs mutuelles ; il est probable également que les apparentés utilisent ces informations olfactives en leur donnant un degré d'importance que nous ignorons. Porter et ses collègues de l'université Vanderbilt ont montré que les personnes auxquelles on a fait renifler un maillot appartenant à une femme qui leur est inconnue sont ensuite capables de retrouver, parmi quatre choix possibles, le maillot appartenant à l'enfant de trois à huit ans de cette femme. Les mêmes capacités de discrimination sont obtenues quand on demande, à l'inverse, de découvrir parmi d'autres le maillot de la mère après avoir flairé celui de l'enfant [60]. Chaque humain possède une odeur individuelle propre corrélée à son génome (complétée par d'autres acquises de l'environnement). Il est plausible que le système HLA (le H2 des humains) soit responsable de la part d'origine génétique de cette odeur individuelle. Si cela est confirmé, la reconnaissance de convivialité, entre différents acteurs ayant appris à se reconnaître à travers une familiarisation préalable, sera corrélée, *in fine,* au génome et à la parentèle. Ce qui reste de spécifiquement humain, dans un tel système, c'est ce que l'Homme fait, à travers ses pratiques culturelles, des capacités qu'il a héritées de son passé évolutif... De nombreuses recherches restent à mener avant que l'on puisse répondre à cette question.

Le choix du partenaire sexuel : l'exogamie [61]

Dans son étude portant sur les Indiens Lacandons du sud du Mexique, l'ethnologue français Jacques Soustelle [62] décrit l'exogamie dans les mariages. Le jeune homme choisit une épouse dans un autre clan que le sien, situé à deux jours de marche dans la forêt. Il est fréquent que l'élue soit l'une de ses cousines germaines (fille d'un oncle maternel). Cet exemple est typique de l'encouragement à l'exogamie modérée (union entre cousins au premier degré), rapporté dans de nombreuses cultures n'ayant pas de relation entre elles [63]. Le phénomène est d'ailleurs ancien, si l'on en croit la lecture de la

60. R. H. Porter, J. M. Cernoch & R. D. Balogh : « Odor signatures and kin recognition », *Physiology & Behavior,* n° 34, 1985, p. 445-448.
61. Recherche d'un partenaire hors du clan.
62. *Op. cit.*
63. Différents cas en sont rapportés dans : *Natural Selection and Social Behavior,* publié sous la direction de R. D. Alexandre & D. W. Tinkle, Chiron, New York, 1981.

Genèse [64] : « Isaac appela Jacob, il le bénit et lui fit ce commandement : " Ne prends pas une femme parmi les filles de Canaan. Lève-toi ! Va en Padân-Aram chez Bétuel, le père de ta mère, et choisis-toi une femme de là-bas, parmi les filles de Laban, le frère de ta mère. Qu'El Shaddaï te bénisse, qu'il te fasse fructifier et multiplier pour que tu deviennes une assemblée de peuples. »

En ordonnant à son fils d'épouser une cousine au premier degré, Isaac élimine inconsciemment le risque lié à la consanguinité, tout en augmentant les perspectives de propagation des gènes de Jacob, par rapport à une union avec une épouse non apparentée. En effet, il y a, en moyenne, un huitième de proximité génétique entre cousins. Pour compléter l'histoire, Jacob obéit à son père puisque, polygame, il épousa deux cousines, les deux filles de Laban, son oncle. Ses deux autres femmes ne lui étaient pas apparentées. Des premières, il eut huit enfants (ce qui, du point de vue du nombre de ses gènes propagés, équivaut à dix enfants issus d'une union totalement exogame), et quatre des secondes. Il est évident que l'on peut invoquer, pour cette coutume de l'exogamie modérée, un déterminisme strictement culturel. Mais elle nous rappelle aussi le concept d'hybridation optimale de Bateson (*cf.* chap. 9), stratégie représentant un compromis entre trop d'exogamie et trop d'endogamie. Existe-t-il, chez les humains, une prédisposition à former des couples selon cette règle ? Il est possible que non. Cependant, d'après certaines recherches, il semble y avoir une tendance à former des couples entre partenaires présentant des affinités de caractères physiques [65]. Et nous avons vu que la perception de ces caractères correspond à une approximation de celle des caractères génétiques [66]. Alors, une hypothèse peut prendre corps, dans une synthèse entre déterminisme évolutif et déterminisme culturel : l'incitation au mariage entre cousins pourrait être une formalisation culturelle (éventuellement fortuite) de l'hybridation optimale. Dans un deuxième temps, la coutume pourrait se trouver favorisée, dans sa compétition avec d'autres stratégies culturelles, par l'avantage d'adaptation biologique qu'elle conférerait à ceux qui la pratiquent. Mais l'exogamie modérée, équivalent humain de l'hybridation optimale, confère-t-elle réellement un avantage adaptatif ? Une réponse à cette question nous a été fournie, sans le savoir, par l'anthropologue français

64. *La Bible de Jérusalem*, Gen., 28, 1-3, Éditions du Cerf, Paris, 1955.

65. Voir en particulier : R. J. H. Russell, P. A. Wells & J. P. Rushton : « Evidence for genetic similarity detection in human marriage », *Ethology and Sociobiology*, n° 6, 1985, 183-187.

66. Référence précédente et N. L. Segal : 1984b, *op. cit.*

Eugène Schreider, dans le dernier article qu'il écrivit à la fin de sa vie [67]. Schreider rapporte une étude réalisée par des chercheurs soviétiques sur des centaines d'enfants ukrainiens [68] : « Les dimensions corporelles apparaissent plus grandes chez les enfants modérément exogames (deux grands-parents originaires de la même localité) que chez les plus endogames (trois ou quatre grands-parents nés dans le même village) ou les plus exogames (quatre grands-parents, tous issus de localités différentes). »

Ce résultat intrigua Schreider, mais il ne parvint pas à l'interpréter. En effet, la théorie de l'hybridation optimale n'étant apparue que plus tard, il ne disposait pas du concept théorique adéquat. Notre interprétation de type sociobiologique consiste en une sorte de coévolution « nature-culture », dont l'idée a déjà été proposée, mais sous d'autres modalités [69]. Évidemment, elle nécessiterait encore bien des preuves avant d'être solidement étayée. Mais elle peut au moins stimuler les chercheurs.

L'évitement de l'inceste

Qu'il y ait hybridation optimale ou exogamie totale, l'une ou l'autre reste bien préférable à l'endogamie (reproduction entre apparentés proches), comme Darwin l'avait déjà vu [70]. Le chapitre 9 a

67. E. Schreider : « Les unions consanguines : mythes, réalités, tabous », *La Recherche*, n° 9, 1978, p. 544-551. Dans cet article, Schreider déplorait incidemment l'attitude de ses collègues de l'époque refusant d'importer des considérations évolutives en anthropologie : « Manifestement, tout n'est pas clair, mais il est impossible de persister dans l'attitude négative des auteurs qui, trahissant une sorte d'émotivité difficile à comprendre, nient toute manifestation d'hétérosis dans l'espèce humaine. »

68. B. A. Nikitiuk & V. N. Filippov, *Voprossy Antropologuil*, n° 49, 1975, p. 2450 (en russe).

69. En particulier, Charles Lumsden et Edward Wilson ont développé une théorie dite de la « coévolution gène-culture » basée sur les prédictions d'un modèle mathématique : « Translation of epigenetic rules of individual behavior into ethnographic patterns », *Proceedings of the National Academy of Sciences of the USA*, n° 77, 1980, p. 4382-4386. Cette théorie nature-culture considère que le cerveau humain serait construit pour assumer plusieurs alternatives culturelles, mais il serait orienté de façon innée à favoriser certains choix plutôt que d'autres.

70. « Mais je crois que, dans la plupart des cas, la fécondité diminue en vertu d'une cause indépendante, c'est-à-dire les croisements entre individus très proches parents. J'ai fait tant d'expériences, j'ai réuni un ensemble de faits si considérable, prouvant que, d'une part, le croisement occasionnel avec un individu ou une variété distincte augmente la vigueur et la fécondité des descendants, et, d'autre part, que les croisements consanguins produisent l'effet inverse, que je ne saurais douter de l'exactitude de cette conclusion. » Traduction française de *L'Origine des espèces*, La Découverte, Paris, 1985, p. 362.

souligné la large distribution du phénomène d'évitement de l'inceste chez les animaux. Ce phénomène se rencontre également dans l'espèce humaine, où il prend la forme d'un tabou universel, d'une interdiction morale absolue des rapports sexuels entre apparentés au premier degré (donc de la reproduction parents-enfants, ou frères-sœurs). L'ethnologue Claude Lévi-Strauss voyait dans le tabou de l'inceste la marque du passage de la nature à la culture [71]. Pour Wilson, les effets de la consanguinité sont tellement désastreux que des prédispositions génétiques à développer des comportements d'évitement de l'inceste ont pu être facilement sélectionnées au cours de l'Évolution de nos ancêtres [72]. Il en veut pour preuve une étude réalisée en Israël par Joseph Shepher, de l'université de Haïfa [73]. Shepher rapporta que sur 2 769 mariages d'enfants élevés en groupes communautaires au moins jusqu'à l'âge de six ans, dans les kibboutz, aucun ne s'était réalisé entre enfants non apparentés provenant du même groupe, bien que les parents n'y fussent pas opposés. Wilson valorise l'hypothèse d'une empreinte précoce d'aversion sexuelle qui, dans ce cas, s'établirait entre enfants non apparentés. Pour des enfants se développant au sein de leur propre groupe familial, l'aversion sexuelle normale jouerait à l'égard de leurs apparentés. Pour Wilson, le tabou de l'inceste ne serait finalement que l'habillage culturel d'un mécanisme biologique hautement adaptatif. Sans rejeter cette interprétation, il n'est pas totalement évident que les prédispositions héréditaires à une telle aversion aient été sélectionnées dans l'espèce humaine. Elles seraient peut-être un caractère conservé depuis des ancêtres communs à l'Homme et à d'autres espèces de primates. C'est ce que suggèrent les travaux des primatologues [74]. L'évitement de l'inceste chez les singes semble en effet largement fondé sur la convivialité entre partenaires et sur des comportements d'évitement social des parents. Mais il est également possible qu'un tabou issu de l'Évolution culturelle lamarckienne ait pu constituer un renforçateur puissant du mécanisme éthologique issu de l'Évolution darwinienne. Dans cette coévolution nature-culture, le bonus d'évitement dû au tabou peut justifier sa distribution à presque toute l'espèce.

---

71. C. Lévi-Strauss, *Les Structures élémentaires de la parenté,* PUF, Paris, 1949.
72. E. O. Wilson, 1978, *op. cit.*
73. J. Shepher : « Mate selection among second-generation kibbutz adolescents and adults : incest avoidance and negative imprinting », *Archives of Sexual Behavior,* n° 1, 1971, p. 293-307.
74. On en trouve une bonne synthèse dans l'article de Bertrand Deputte : « L'évitement de l'inceste chez les primates », *La Recherche,* n° 18, 1987, p. 1333-1342.

Sociobiologie et biodiversité

L'une des causes du succès de la culture occidentale, dans la compétition qui l'a opposée aux autres, réside dans la puissance de sa métaphysique. Nous avons souligné la place du serpent dans des mythes variés (*cf. supra*). Il y symbolise la puissance immanente de la Nature, et suscite crainte, respect et fascination. Le mythe biblique est l'un des rares où le serpent n'est ni adoré ni redouté : il est puni ! À travers cette punition, c'est la Nature elle-même qui est défiée. Cette innovation a semble-t-il accompagné un renforcement de la sédentarisation agricole et citadine de la civilisation circumméditerranéenne : son panthéon s'est vidé des dieux issus des milieux naturels. En échange, il s'est rempli de dieux d'apparence humaine, pouvant même s'hybrider avec les Hommes. Pour remplacer la chasse par l'élevage et la cueillette par les plantations, l'Homme a eu besoin de détruire les biotopes naturels, et de domestiquer certaines de ses proies pour mieux maîtriser leur travail et leur reproduction à son profit. Cette métaphysique du « serpent puni » est devenue une redoutable arme de conquête, comme en atteste l'une des plus grandes tragédies de l'histoire de l'humanité : l'effondrement du redoutable Empire aztèque (vingt-cinq millions de sujets qui adoraient et redoutaient les dieux serpents), en quelques mois, par quatre-cents soudards espagnols menés par un chef pieux et têtu, Hernán Cortés. Ce qu'il en dit dans une lettre adressée peu avant sa mort à Charles Quint est révélateur : « Cette œuvre que Dieu a accomplie par mon intermédiaire est si grande et si merveilleuse [75]... »

Aujourd'hui, la conquête de la planète par la civilisation occidentale et ses divers sous-produits culturels a tellement bien réussi qu'il ne reste plus rien à conquérir. Ce n'est déjà plus le maintien de la biodiversité qui est en cause : c'est la survie de l'Homme lui-même. De grands philosophes français contemporains (en particulier Serge Moscovici, Edgar Morin et Michel Serres [76]) ont perçu ce gigantesque

75. Cité par Bernard Grunberg dans son introduction à l'édition de l'ouvrage : *Hernán Cortés. La conquête du Mexique*, Maspero, Paris, 1982.

76. S. Moscovici, *La Société contre nature*, 10/18, Paris, 1972 ; E. Morin : *Le Paradigme perdu : la nature humaine*, Seuil, Paris, 1973 ; M. Serres, *Le Contrat naturel*, Flammarion, Paris, 1992.

problème sous différentes approches. Mais arrêter le massacre, s'il est encore temps, signifiera d'abord faire évoluer la métaphysique, afin que le respect de la Nature soit sincère. Et la meilleure façon pour que l'Homme respecte la Nature et protège la biodiversité, c'est qu'il commence déjà par l'accepter en lui-même, au lieu de continuer à croire qu'elle est pour lui une entité étrangère. Réhabiliter la Nature dans la nature humaine, puis partir en croisade pour protéger les dernières forêts tropicales du globe et la biodiversité, c'est précisément le parcours personnel d'Edward O. Wilson, le visionnaire, comme le qualifiait Charles Frankel (*cf.* Introduction). Même s'il n'a pas conscience lui-même de ce parcours, je reste persuadé qu'il n'est pas dû au hasard.

Que ce soit en puisant dans l'histoire évolutive ou culturelle de son espèce ou en tirant les leçons de son histoire individuelle, l'Homme doit souvent répondre aux mêmes impératifs adaptatifs que les animaux, puisqu'il vit sur la même planète, qu'il y respire le même air, y boit la même eau et que son organisme fonctionne selon les mêmes règles. Parce que la culture, dont il hérite et qu'il peut contribuer à accroître, apporte beaucoup de réponses à son explication rationnelle du monde, comme Œdipe, il se laisse parfois aller à l'illusion que ses capacités culturelles vont lui permettre de résoudre *toutes* les énigmes. Pourtant, on pourrait imaginer des cerveaux bien plus puissants et rapides que le cerveau humain, déjà admirable. Il nous a fallu plus de deux millénaires pour découvrir les lois de l'hérédité. Un cerveau aussi supérieur au nôtre que l'est ce dernier par rapport à un chimpanzé n'aurait peut-être eu besoin que de quelques minutes : le temps de se promener dans un jardin potager et d'y regarder les différentes gousses de petits pois pour en déduire les fondements de la génétique. Et pour percer tous les secrets de l'Évolution, plus complexes encore, il lui aurait fallu une petite année.

Pourtant, comme les animaux, sans attendre de comprendre les lois de la génétique ni de dévoiler les mystères de l'Évolution, l'Homme s'est comporté comme s'il les connaissait : reconnaissance de parentèle, altruisme de parentèle, mutualisme réciproque, évitement de l'inceste, exogamie modérée et bien d'autres activités auxquelles la sociobiologie s'est intéressée. Pour y parvenir tout en maintenant ses comportements dans une cohérence d'ensemble, l'Homme a fixé dans ses cultures des morales et des métaphysiques chargées d'expliquer l'inexplicable. Les sciences de l'Évolution, et en particulier la biologie, commencent à apporter, aujourd'hui, une partie de la connaissance jusque-là inaccessible. La sociobiologie s'est trouvée à l'avant-garde : il n'est donc pas étonnant qu'elle ait provoqué des réactions émotionnelles de la part de ceux qui défendent un certain conformisme, relié peu ou prou à la métaphysique du « serpent puni ». Il est pour le moins surprenant et paradoxal de constater que la France soit d'une part, un pays qui héberge les philosophes parmi ceux qui sont le plus en avance dans la caractérisation de la crise écologique post-industrielle (*cf. supra*), et, d'autre part, celui où la sociobiologie a été le plus diabolisée, jusqu'à devenir un véritable tabou. Il est grand temps de se souvenir que nulle morale, ni bonne, ni mauvaise, ne réside dans aucune science biologique. Le seul jugement que l'on peut porter sur une science passe par l'évaluation de sa capacité à former des concepts opérationnels dans l'augmentation de la connaissance. La sociobiologie répond à cette définition. Une science que nous jugerions acceptable parce qu'elle nous paraîtrait moralement correcte ne serait qu'une pseudo-science anthropomorphique et, à coup sûr, une vraie idéologie. Une fois intégrée à la culture, la connaissance peut éventuellement participer à la morale. Mais cela ne dépend que de la volonté de la communauté culturelle dans son ensemble, et non pas d'une seule catégorie (les biologistes, les philosophes, ou d'autres). La responsabilité des intellectuels est de garder raison et d'aider, de bonne foi et comme ils le peuvent, la communauté humaine qui les nourrit lorsqu'elle s'interroge sur son avenir.

Le grand écrivain britannique Graham Greene, vers la fin de sa vie, dans l'une des rares interviews qu'il accorda, s'entendit demander : « Qu'est-ce qui, à votre avis, peut encore sauver le monde ? » Il répondit sans hésiter : « Le bon sens ! » Quand on connaît le parcours de l'homme, cette réponse vaut la peine d'être méditée.

Remerciements

Nombreux sont ceux, avisés ou candides, à qui je dois beaucoup pour les informations, les critiques, les documents ou les encouragements qu'ils m'ont fournis à différentes étapes de la réalisation de cet ouvrage. Qu'ils trouvent ici l'expression de ma gratitude, en particulier : Patrick Bateson, Claude Baudoin, Edward Boyse, Stanton Braude, Yves Caubet, Ann Cloarec, Bruno Corbara, Lee Cronk, Frank Eggert, Dominique Fresneau, Solange Garnier, Wayne Getz, Gilles Gheusi, Pierre-Henri Gouyon, Peter Hepper, Bert Hölldobler, Catherine Jaisson, Mark Johnson, Marc Kirsch, Steven Kolmes, Ingrid Kropsch, Hans Kummer, Alain Le Négrate, Alain Lenoir, Michel Lepage, K. Eduard Linsenmair, Claudine Masson, Marie-Françoise Montaron, Charles Noirot, Pekka Pamilo, Roland Perasso, Pascal Poindron, Richard Porter, Jean-Pierre Richard, Ullica Segerstrâle, Pierre-André Taguieff, Aimé Tane, Evelyne Vernet-Maury, Michel Veuille, Bruce Waldman, Edward O. Wilson.

Bibliographie sommaire

La sociobiologie en général :

Axelrod R., *Donnant-donnant. Théorie du comportement coopératif*, Éditions Odile Jacob, Paris, 1992.

Buican D., *La Génétique et l'évolution*, « Que sais-je ? », n° 2273, PUF, Paris, 1986.

Cronin H., *The Ant and the Peacock : Altruism and Sexual Selection from Darwin to Today*, Cambridge University Press, 1992.

Dawkins R., *Le Gène égoïste*, Mengès, Paris, 1978.

Dawkins R., *The Extended Phenotype. The Gene as a Unit of Selection*, Freeman, Oxford, 1982.

Krebs J. R. & N. B. Davies, *Behavioral Ecology*, Blackwell, Oxford, 1991.

Maynard Smith J., *Games, Sex and Evolution*, Harvester & Wheatsheaf, Londres, 1989.

Richards R. J., *Darwin and the Emergence of Evolutionary Theories of Mind and Behavior*, University of Chicago Press, Chicago, 1987.

Ruse M., *The Darwinian Paradigm : Essays on its History, Philosophy and Religious Implications*, Routledge, New York, 1989.

Trivers R., *Social Evolution*, Benjamin/Cummings, 1985.

Veuille M., *La Sociobiologie*, « Que sais-je ? », n° 2284, PUF, Paris, 1986.

Vogel C., Voland E. & A. Rasa (dirigé par), *The Sociobiology of Sexual and Reproductive Strategies*, Chapman & Hall, Londres, 1988.

Wilson E. O., *The Insect Societies*, Harvard University Press, Cambridge (USA), 1971.

Wilson E. O., *La Sociobiologie (la nouvelle synthèse)*, Le Rocher, Monaco, 1987.

La sociobiologie humaine :

Alexander R. D., *The Biology of Moral Systems*, Aldine, Hawthorne, 1987.
Badcock C. R., *Œdipus in Evolution*, Blackwell, Oxford.
Barash D., *Sociobiology and Behavior*, Elsevier, New York, 1982.
Barash D. P., *The Hare and the Tortoise : Culture, Biology and Human Nature*, Penguin, Londres, 1986.
Barkow J. H., Cosmides L. & J. Tooby (dirigé par), *The Adapted Mind*, Oxford University Press, 1991.
Berthoud G., *Sciences sociales et défi de la sociobiologie*, Droz, Genève, 1985.
Betzig L. L., M. Borgerhoff Mulder & P. W. Turke (dirigé par), *Human Reproductive Behavior*, Cambridge University Press, 1988.
Boyd R. & P. J. Richerdson, *Culture and the Evolutionary Process*, University of Chicago Press, 1985.
Dawkins R., *The Extended Phenotype*, Oxford University Press, 1983.
Freedman D., *Human sociobiology*, Free Press, New York.
Gribbin J. & M., *Un pour cent fait la différence. La sociobiologie en question*, Laffont, Paris, 1990.
Hewlett B. (dirigé par), *The Father-Child Relationship*, Aldine, Hawthorne, 1991.
Hinde R. A., *Individuals, Relationships and Culture : Links between Ethology and the Social Sciences*, Cambridge University Press, Cambridge, 1987.
Hrdy S., *Des Guenons et des femmes. Essai de sociobiologie*, Tierce, Paris, 1984.
Hughes A. L., *Evolution and Human Kinship*, Oxford University Press, 1988.
Lopreato J., *Human Nature and Biocultural Evolution*, Allen & Unwin, Boston, 1984.
MacDonald K. B. (dirigé par), *Sociobiological Perspectives on Human Development*, Springer-Verlag, New York, 1988.
Maxwell M., *The Sociobiological Imagination*, SUNY Press, Albany, 1991.
Mithen S. J., *Thoughful Foragers*, Cambridge University Press, 1990.
Smith E. A. & B. Winterhalder, *Ecology, Evolution and Human Behavior*, Aldine, Hawthorne, 1991.
Van der Dennen J. & V. Falger (dirigé par), *Sociobiology and Conflict ; Evolutionary Perspectives on Competition, Cooperation, Violence and Warfare*, Chapman & Hall, 1990.
Wenegrat B., *Sociobiological Psychiatry : Normal Behavior and Psychopathology*, Lexington books, lexington, 1990.
Wilson E. O., *L'Humaine Nature. Essai de sociobiologie*, Stock, Paris, 1979.
Wind J. (dirigé par), *Essays in Human Sociobiology*, vol. 1, Academic Press, Londres, 1985.
Wood J. W., *Human Reproductive Ecology*, Aldine, Hawthorne, 1991.

La polémique et le sociobiologisme :

Caplan A. L. (dirigé par), *The Sociobiology Debate*, Harper & Row, New York, 1978.

Christen Y., *L'Heure de la sociobiologie*, Albin Michel, Paris, 1981.

Grassé P. P., *L'Homme en accusation*, Albin Michel, Paris, 1980.

Jacquard A., *Le Temps de la réflexion*, Gallimard, Paris, 1980.

Langaney A., *Le Sexe et l'innovation*, Le Seuil, Paris, 1979.

Lewontin R., S. Rose & L. Kamin, *Nous ne sommes pas programmés. Génétique, hérédité, idéologie*, La Découverte, Paris, 1985.

Lumsden C. & E. O. Wilson, *Le Feu de Prométhée*, Mazarine, Paris, 1984.

Ruse M., *Sociobiology : Sense or Nonsense ?*, Reidel, Boston, 1979.

Sahlins M., *Critique de la sociobiologie. Aspects anthropologiques*, Gallimard, Paris, 1980.

Thuillier P., *Les Biologistes vont-ils prendre le pouvoir ? La sociobiologie en question*, Complexe, Bruxelles, 1981.

Tort P. (dirigé par), *Misère de la sociobiologie*, PUF, Paris, 1985.

Index

Table des matières

CET OUVRAGE
A ÉTÉ TRANSCODÉ
ET ACHEVÉ D'IMPRIMER
PAR L'IMPRIMERIE FLOCH À MAYENNE
EN MARS 1993

N° d'impression : 33905.
N° d'édition : 7381-0207-1.
Dépôt légal : avril 1993
Imprimé en France